铁路职业教育铁道部规划教材

（高 职）

工程测量

曹 毅 主编
戴力斌 主审

中国铁道出版社有限公司

2019 年·北京

内 容 简 介

全书共分十四章，完整地介绍了铁路工程建设勘测、设计、施工、维修养护等阶段的测量工作；介绍了铁路工程测量中常用仪器设备，包括水准仪、经纬仪、全站仪和GPS系统的功能、操作方法、维护和检验校正等方面的知识；介绍了小区域控制测量、地形测量、铁路线路、纵横断面测量、既有线测量及施工测量等建设阶段测量工作内容、施测方法及精度要求。附录提供了部分测量专业名词英汉对照表。全书结合《新建铁路工程测量规范》，反映现代测量领域的最新科技成果、技术方法，培养学生的实际工作能力。

本书实用于高职高专学校铁道工程、铁道工务、土木工程、路桥工程、建筑工程等专业测量课程的教材，也可供广大工程技术人员参考。

图书在版编目（CIP）数据

工程测量/曹毅主编. —北京：中国铁道出版社，2008.2（2019.7重印）
铁路职业教育铁道部规划教材. 高职
ISBN 978-7-113-08592-6

Ⅰ.工… Ⅱ.曹… Ⅲ.工程测量-高等学校：技术学校-教材 Ⅳ.TB22

中国版本图书馆 CIP 数据核字（2008）第 005973 号

书　　名：工程测量
作　　者：曹　毅

责任编辑：刘红梅　　电话：010-51873133　　电子信箱：mm2005td@126.com
封面设计：陈东山
责任印制：金洪泽

出版发行：中国铁道出版社有限公司（100054，北京市西城区右安门西街8号）
印　　刷：三河市兴达印务有限公司
版　　次：2008年2月第1版　　2019年7月第7次印刷
开　　本：787 mm×1 092 mm　1/16　印张：14.25　字数：356千
书　　号：ISBN 978-7-113-08592-6
定　　价：38.00元

前言

本书由铁道部教材开发小组统一规划，为铁路职业教育规划教材。本书是根据铁路高职教育铁道工程专业教学计划“工程测量”课程教学大纲编写的，由铁路职业教育铁道工程专业教学指导委员会组织，并经铁路职业教育铁道工程专业教材编审组审定。

编写本书的指导思想是突破职业岗位需要，强化技能训练，贯入新技术、新设备、新规范，使学生在掌握必要的基本理论基础上，具备从事铁路工程测量实际工作的能力，同时具备一定的职业拓展和职业迁移的能力。全书共分十四章及附录，较完整地介绍了铁路工程建设勘测、设计、施工、维修养护等阶段的测量工作；介绍了铁路工程测量中常用仪器设备，包括水准仪、经纬仪、全站仪和GPS系统的功能、操作方法、维护和检验校正等方面的知识；介绍了小区域控制测量、地形测量、铁路线路、纵横断面测量、既有线测量及施工测量等建设阶段测量工作内容、施测方法及精度要求；附录提供了部分测量专业名词英汉对照表。全书力求结合铁路工程测量的生产实际，剔除了部分理论性强的内容和公式推导，结合《新建铁路工程测量规范》，反映现代测量领域的最新科技成果、技术方法，培养学生的实际工作能力。

本书由湖南交通工程职业技术学院曹毅主编，戴力斌主审，郑智华、黄小兵协助编写，其中第八章、第九章、第十二章、第十四章由郑智华编写，第四章、第五章、第十三章及附录由黄小兵编写，其余章节由曹毅编写。湖南交通工程职业技术学院任开、刘小毛、郭宗伟、欧龙海等同学完成了部分文字录入和习题试做工作，在此表示感谢。

由于编者水平有限，加之时间仓促，书中难免有缺点和错误，恳请读者批评指正。

编　者

2008年1月

目录

第一章 绪 论

本章提要:本章简要介绍测量学的分类和工程测量的任务;重点介绍地面点位置的表示方法及相关重要概念;工程测量的实质、工作原则及基本要求。

第一节 测绘科学的分类和工程测量学的任务

测绘科学研究对象主要是地球的形状、大小和地表面上各种物体的几何形状及其空间位置,目的是为人们了解自然和改造自然服务。

测绘科学是一门既古老而又在不断发展的科学,按照传统可分为:

1. 大地测量学

大地测量学是研究在广大地面上建立国家大地控制网,测定地球形状、大小和地球重力场的测绘科学。大地测量学又分为常规大地测量学与卫星大地测量学等。在大地测量中必须考虑地球的曲率。

2. 地形测量学

地形测量学是研究小区域地表面各类物体形状和大小的测绘科学。

3. 摄影测量学

摄影测量学是利用摄影像片来研究地球形状和大小的测绘科学。因获得像片的方法不同,摄影测量学又可分为地面摄影测量学和航空摄影测量学等。

4. 工程测量学

城市建设、大型厂矿建筑、水利枢纽及道路修建等在勘测设计、施工放样、竣工验收和工程监测保养等方面的测绘工作,统称为工程测量学。

此外,制图学和测绘仪器制造也是测绘科学中的重要分支。

目前,测绘科学在仪器制造、卫星定位测量、地理信息、遥感技术等方面发展迅速,突出表现为仪器电子化、智能化、全天候化;测量成果信息化;与先进科学技术交融化。

测绘科学用途十分广泛,在政治、经济、军事、科技和文化教育方面都有重要的用途。地震预测预报、海底资源勘测、近海油井钻探、地下电缆、管网埋设、灾情监视与调查、宇宙空间技术以及其他科学研究方面无不需要测绘工作的配合,已成为影响国家安全、社会进步的重要因素,随着社会生产和科学技术的发展,测绘科学的应用将会更加广泛。

在国民经济和国防建设中,工程测量占有重要地位。工程测量的应用涉及各个方面,例如城市、工厂、矿山和水利等建设,铁路、公路、水运等交通线路的建设,以及农业、林业的开发和建设中,都要用到工程测量。任何建设项目都需要测绘工作先行,所以测绘工作者常被称为建设的尖兵。

工程测量的主要任务有测绘、测设和监测。测绘是把地面上的情况描绘到图纸上,为设计和规划提供资料。测设是把图纸上设计的建筑物和构筑物桩定到地面上,提供施工依据。监测是对建筑物施工过程中和竣工后所产生的各种变形进行的变形观测。

第二节　地面上点位的表示方法

一、地球的形状和大小

测量工作的主要研究对象是地球的自然表面,即岩石圈的表面,但它是不规则的。我国西藏与尼泊尔交界处的珠穆朗玛峰高达 8 844.43 m,太平洋西部的马里亚纳海沟深达 11 022 m。尽管有这样大的高低起伏,但相对于地球庞大的体积来说仍可忽略不计。地球的表面形状十分复杂,不便于用数学式来表达。通过长期的测绘工作和科学调查,了解到地球表面上的海洋面积约占 71%,陆地面积约占 29%,因此人们把地球总的形状看作是被海水包围的球体,也就是设想有一个静止的海水面,向陆地延伸而形成一个封闭的曲面。由于潮汐影响,海水时高时低,所以取其平均的海水面作为地球形状和大小的标准,它所包围的形体为大地体。地球上的任一质点受到地球引力与离心力的合力,这个合力就是大家熟悉的重力(图 1-1)。

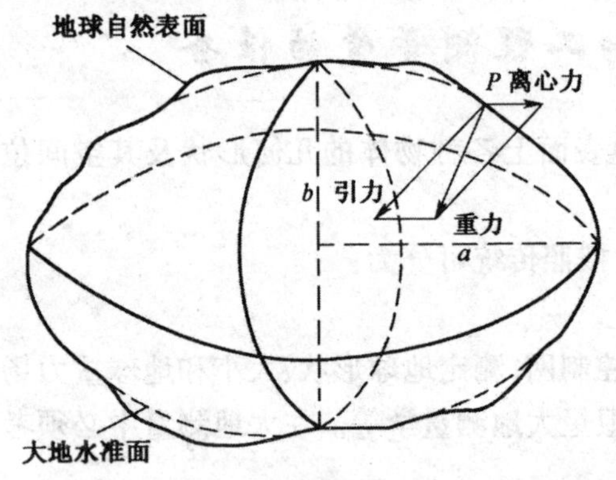

图 1-1　地球引力与离心力的合力

静止而不流动的水面上的每一个分子,各自都受到重力的作用,在重力场位相同时这些水分子便不流动而成静止状态,形成一个重力场等位面,这个静止的水面称为水准面。水准面是一个处处与重力方向垂直的连续曲面。水准面有无数个,其中与平均海水面吻合并向大陆、岛屿内延伸而形成的闭合曲面称为大地水准面。

测量工作取得重力方向的一般方法是,用细绳悬挂一个垂球 G,如图 1-1 所示,细绳即为悬挂点 O 的重力方向,通常称它为垂线或铅垂线方向。

经过长期的测量实践研究证明,大地体与一个以椭圆的短轴为旋转轴的旋转椭球的形状十分近似,其表面称为参考椭球面,如图 1-2 所示。当对测量成果的要求不十分严格时,大地体可简化为参考椭球体,不需要改正。因此,大地水准面和铅垂线便成为实际测绘工作的基准面和基准线。

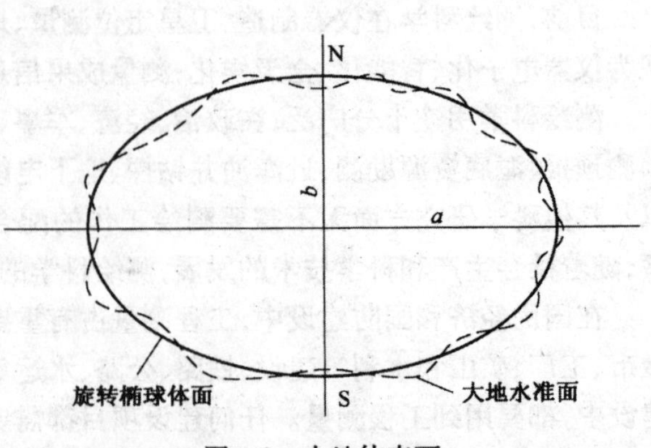

图 1-2　大地体表面

椭球体的基本元素是:

长半轴:a

短半轴:b

扁 率: $$\alpha=\frac{a-b}{a} \tag{1-1}$$

几个世纪以来,许多学者曾分别测算出参考椭球体的元素值。我国目前所采用的参考椭球体为1980年国家大地测量参考系,其原点在陕西省泾阳县永乐镇,称为国家大地原点。由于参考椭球体的扁率很小,在普通测量中可把地球作为圆球看待,其半径为

$$R=\frac{1}{3}(a+a+b)=6\,371\text{ km} \tag{1-2}$$

二、地面点位的表示方法

(一)大地坐标系和高程

地面上的物体大多具有空间形状,如丘陵、山地、河谷、洼地等。为了研究空间物体的位置,数学上采用投影的方法加以处理。一个点在空间的位置,需要 x、y、z 三个量来确定。在测量工作中,通常用该点在基准面上的投影位置和该点沿投影方向到基准面的距离来表示。

在图1-3中,NS为椭球的旋转轴,N表示北极,S表示南极。通过椭球旋转的平面称为子午面,而其中通过原格林尼治天文台的子午面称为起始子午面。子午面与椭球面的交线称为子午圈,也称为子午线。

通过椭球中心且与椭球旋转轴正交的平面称为赤道面,它与椭球面相截所得曲线称为赤道。其他平面与椭球面旋转轴正交,但不通过球心,这些平面与椭球面相截所得曲线称为平行圈或纬圈。

起始子午面和赤道面,是在椭球面上确定某一点投影位置的两个基本平面。在测量工作中,点在椭球面上的位置用大地经度 L 和大地纬度 B 表示。如图1-3所示,P 点的大地经度,就是通过该点的子午面与起始子午面的夹角;P 点的大地纬度,就是通过该点椭球面的法线与赤道面的交角。大地经度 L 和大地纬度 B 统称为大地坐标。

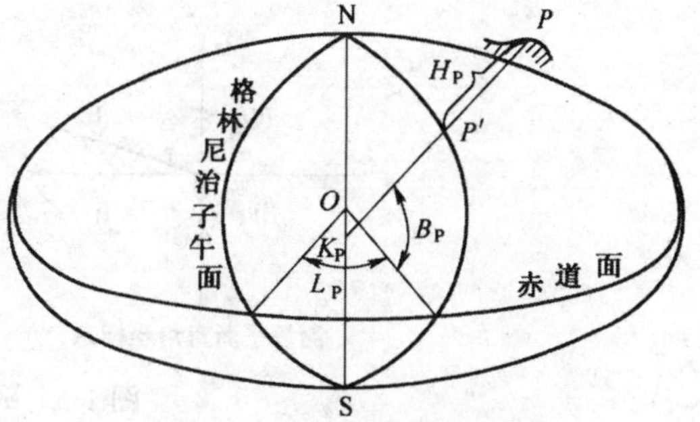

图1-3 大地椭球面各要素

用经度、纬度表示 P 点位置的坐标系是在球面上建立的,故称为球面坐标,亦称为地理坐标。大地经度 L 从起始子午面算起,在原格林尼治以东的点从起始子午面向东计,由0°到180°称为东经;在原格林尼治以西的点则从起始子午面向西计,由0°到180°称为西经。我国各地的经度都是东经。大地纬度 B 从赤道面起算,在赤道以北的点的纬度由赤道面向北计,由0°到90°,称为北纬;在赤道以南的点,其纬度由赤道面向南计,也是由0°到90°,称为南纬。我国疆域全部在赤道以北,各地的纬度都是北纬。

一般测量工作中,以大地水准面作为基准面,某点沿铅垂线方向到大地水准面的距离,称为该点的绝对高程或海拔,简称高程,用 H 表示,如图1-4中 H_A 及 H_B。如果是到任意一个水准面的距离,则称为该点的相对高程,如图1-4中 H'_A 及 H'_B。

我国的高程以黄海平均海水面高为基准,并在青岛验潮站附近的观象山上建立水准原点,其高程为72.260m(称1985年国家高程基准)。全国布置的国家高程控制点——水准点,都是以这个水准原点为基准进行测算的。

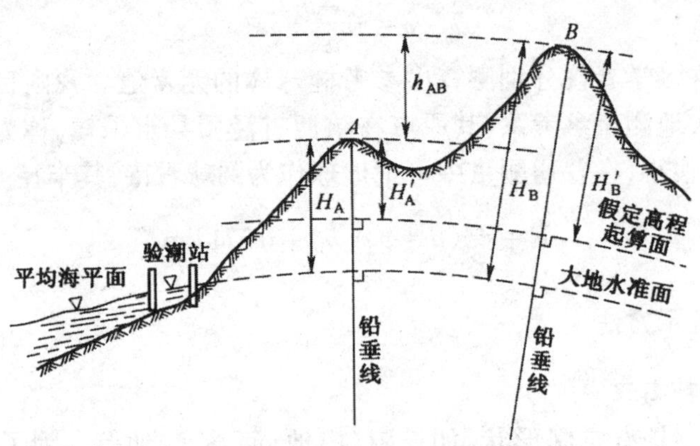

图 1-4　大地水准面及高程

(二)平面直角坐标

在小区域内进行测量工作若采用大地坐标来表示地面点位置则不方便,通常是采用平面直角坐标。在研究小范围地面形状和大小时,常把球面的投影面当作平面看待,采用平面直角坐标来表示地面点在投影面上的位置。测量工作中所用的平面直角坐标与解析几何中所介绍的基本相同,只是测量工作以 x 轴为纵轴,表示南北方向;以 y 轴为横轴,表示东西方向,如图 1-5 所示。这是由于在测量工作中以极坐标表示点位时其角度是以北方为准按顺时针方向计算的夹角,而数学则是从横轴按逆时针计的缘故,把 x 轴与 y 轴纵横互换后,全部平面三角学公式都同样能在测量计算中应用。

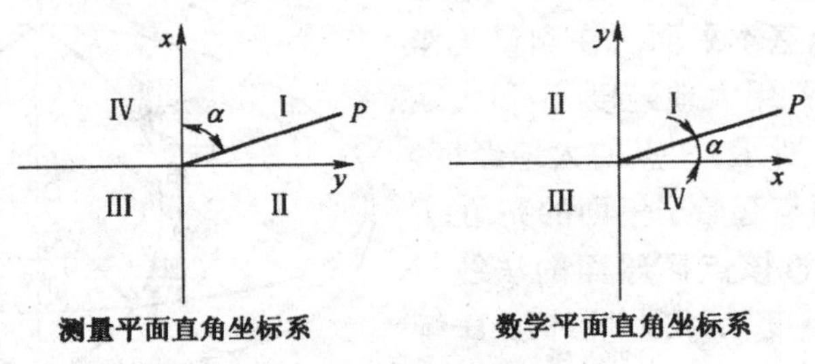

图 1-5　平面直角坐标系

为实用方便,测量平面直角坐标的原点有时是假设的。假设原点的位置应使测区内各点的 x、y 值为正。

(三)高斯—克吕格坐标

当测区范围较小,地球表面的一部分可看作平面。如果测区范围较大,不能把地球很大一块地表面当作平面看待,必须采用适当的投影方法来解决这个问题。投影方法有多种,测量工作中通常采用的是高斯投影。高斯投影的方法是把地球简化为圆球,设想把一个平面卷成一个横圆柱,把它套在圆球外面,使横圆柱的中心轴线通过圆球的中心,使圆球面上一根子午线与横圆柱相切,即这条子午线与横圆柱重合。将这一子午线两侧一定宽度内的点投到相应的圆柱面上,如图 1-6 所示,然后过南北极的母线,将横圆柱切开展平。

与横圆柱圆周相切的子午线称为中央子午线,中央子午线投影到圆柱上是一条直线;赤道圈在横圆柱上的投影展开后也为一条直线。把横圆柱剪开展平后,呈现两条正交的直线,一条为 x 轴,即中央子午线;另一条是 y 轴,即横圆柱与赤道面的交线。

在高斯投影中,为了使投影后图上的点位准确,对子午线两侧的投影面宽度应该加以限制。一般采取把全球分为许多部分，再进行分别投影的办法。高斯投影是把地球球面按一定经度间隔，一般按 6°、3°、1.5°等几种，划分成若干个带状面，每个带状面为一个投影带，简称为 6°带、3°带、1.5°带。投影带从首子午线开始，自西向东每隔经度差 6°进行带的划分。如 0°～6°，6°～12°，…，354°～360°共分为 60 个带，这样划分的带为 6°带。每带正中的一条子午线称为中央子午线。中央子午线的经度 λ_0 可用下式表示：

$$\lambda_0 = 6N - 3 \tag{1-3}$$

式中 N ——带号。

某一地区的带号 N 可用下式计算：

$$N = \frac{\lambda}{6} \quad (\text{最后取商的整数} + 1) \tag{1-4}$$

式中 λ ——某地的经度。

如果用等于或稍大于 1∶10 000 的比例尺测图时，投影范围还应该缩小，可采用 3°带。我国的经度范围西起 73°，东至 135°，按 6°带可分为 11 带（13～23 带），按 3°带可分为 22 带，6°带与 3°带的分带情况，如图 1-7 所示。

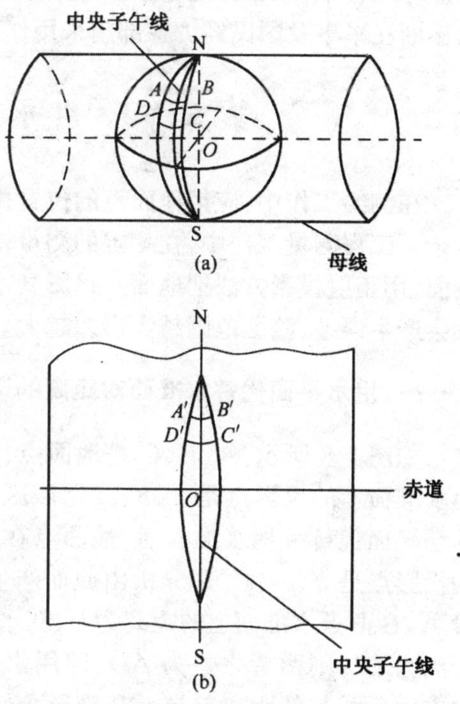

图 1-6 高斯投影图

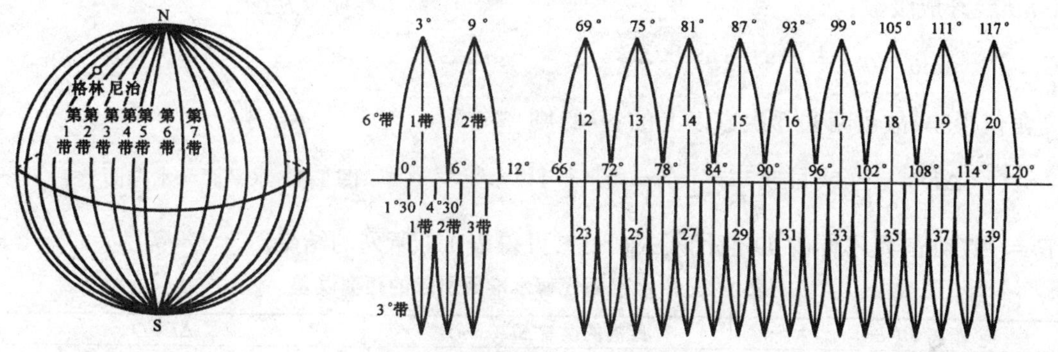

图 1-7 高斯投影的分带情况

高斯投影的平面直角坐标，在各投影带为独立系统，纵轴为各带的中央子午线，横轴为赤道投影。纵坐标从赤道起向北为正，向南为负；横坐标从中央子午线起，向东为正，向西为负。我国位于北半球，故所有纵坐标值 x 都是正值，而各带的横坐标值 y 则有正有负。横坐标出现负值使用不方便，故将坐标纵轴往西移动 500 km。

如有一点 B，其坐标 $Y_B = -163\,780$ m，移轴后坐标值变为 $500\,000 - 163\,780 = 336\,220$ m。为了说明该点所在的投影带，可在点的横坐标值前面写出带号，如 B 点位于 20 带内，则其横坐标值为 $Y_B = 20\,336\,220$ m。

（四）地心坐标系

由于卫星大地测量日益发展，常用球心空间直角坐标系来表示空间一点的位置。这种坐标系的原点设在椭球的中心 O，用相互垂直的 x、y、z 三个轴表示，x 轴通过起始子午面，z 轴为椭球旋转轴，故也称地心坐标系，它与大地坐标有一定的换算关系。目前球心空间直角坐标已逐渐在军事及国民经济各部门采用作为实用坐标。

第三节　用水平面代替水准面的限度

在测绘工作中，应把地面点的位置投影到椭球面上或圆球面上，但其计算和绘图工作均很复杂。工程测量工作中，在一定的测量精度要求和测区面积不大时，往往以水平面直接代替水准面，用正射投影方法把地面点投影到水平面上，以简化测绘工作。但是用水平面代替水准面时会产生误差，测区范围越大误差越大。下面将讨论用水平面代替水准面的限度。

一、用水平面代替水准面对距离的影响

如图 1-8 所示，A、B、C 是地面点，它们在大地水准面上的投影点是 a、b、c，用该区域中心点的切平面代替大地水准面后，地面点在水平面上的投影点是 a、b'、c'，现分析由此而产生的影响。设 A、B 两点水准面上的距离为 D，在水平面上的距离为 D'，则两者之差为 ΔD，即用水平面代替水准面所引起的距离差异。在推导公式时，近似地将大地水准面视为半径为 R 的球面，则有：

$$\Delta D = D' - D = R(\tan\theta - \theta)$$

将 $\tan\theta$ 展开成级数：

$$\tan\theta = \theta + \frac{1}{3}\theta^3 + \frac{2}{15}\theta^5 + \cdots$$

因 θ 角值很小，故可略去 5 次方以上的各项，则

$$\Delta D = \frac{D^3}{3R^2} \text{或写成} \frac{\Delta D}{D} = \frac{D^2}{3R^2} \quad (1\text{-}5)$$

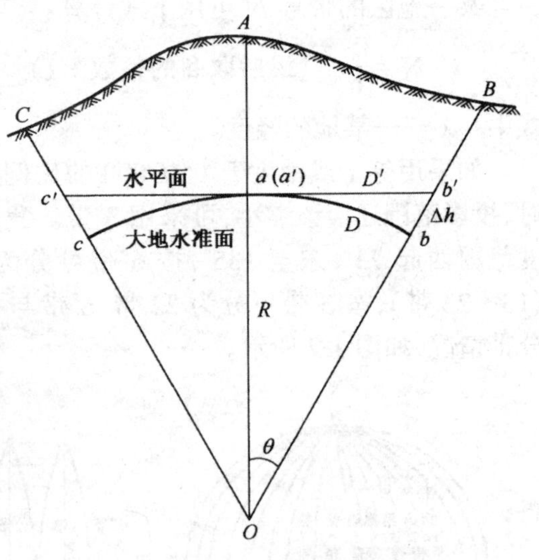

图 1-8　水平面与水准面

用 $R = 6\,371$ km 及不同的 D 值代入式(1-5)，可得表 1-1 所列的结果。

表 1-1　用水平面代替水准面引起的距离误差

距离 D(km)	距离的误差 ΔD(mm)	$\Delta D/D$
10	8.2	1/1 220 000
25	128.3	1/200 000
50	1 026.5	1/50 000

半径在 10 km 范围内，用水平面代替水准面所产生的距离误差为其长度的 1/1 220 000，而目前最精密的距离测量的容许误差为其长度的 1/1 000 000。因此，在半径小于 10 km 的范围内，用水平面代替水准面对于距离测量所产生的影响可忽略不计。

二、用水平面代替水准面对高程的影响

由图 1-8 可知

$$(R + \Delta h)^2 = R^2 + D'^2$$

$$2R\Delta h + \Delta h^2 = D'^2$$

$$\Delta h=\frac{D'^2}{2R+\Delta h}$$

上式中可用 D 代替 D'，Δh 与 $2R$ 相比可略去不计，则

$$\Delta h \cong \frac{D^2}{2R} \tag{1-6}$$

用不同 D 值代入式中，得表 1-2 的结果。

表 1-2　用水平面代替水准面引起的高差误差

距离 D(km)	Δh(mm)
0.1	0.78
0.5	19.6
1.0	78.5

由表可见，即使距离很短，地球曲率对高差的影响也很明显。因此在高程测量中，即使在较小的范围内，也必须考虑地球曲率的影响。

第四节　测量工作概述

一、工程测量的实质

测量工作的实质是确定地面点的位置，点的位置是以坐标 x、y 和高程 H 表示。实际工作中，通常不是直接测出地面各点的坐标和高程，而是测出他们的水平角 β、水平距离 D 以及各点之间的高差。再根据控制点的坐标、方向和高程，推算出其坐标和高程，以确定它们的点位。高程测量、角度测量、距离测量及方位角的确定是工程测量的基体工作。水平角、水平距离、高程及方位角称为确定点位的要素。

二、测量工作的原则

从事测绘工作时，需要测定很多碎部点，即地物点和地貌点的平面位置和高程。由于任何一种测量工作都会产生不可避免的误差，所以每次测量时都必须采取一定的程序和方法，以防止误差的积累。若从一个碎部点开始，逐点进行施测，测得需要测量各点的位置，其位置可能是很不准确的，因为前一点的测量误差，将会传递到下一点，积累起来，最后可能达到不可容许的程度。

为防止误差的连续积累，实际测量工作中应遵循“从整体到局部、先控制后碎部”的原则，在测区内先选择一些对整个测区碎部起到全面联系和控制作用的点作为控制点，组成控制网，以较高精度测定各控制点的平面位置和高程，称为控制测量。以控制点为基础，测定控制点与其周围碎部点间的相对位置，称为碎部测量。

测量工作有内业和外业之分。为了确定地面点的位置，利用测量仪器和工具在现场进行测角、量距和测高差等工作，称为测量外业。将外业观测数据、资料在室内进行整理、计算和绘图等工作，称为测量内业。测量成果的质量取决于外业，但外业又要通过内业才能得出成果。因此，不论外业或内业，都必须坚持“边工作边校核”、“步步、站站校核”的原则，才能保证测量成果的质量和工作效率。

为保证测量质量，必须要进行多余观测，以检查测量成果的精度。

三、测量工作的基本要求

测量工作是各项工程建设的“尖兵”。平面图、断面图、地形图是工程师的“眼睛”。因此，测量成果质量的优劣，直接影响某项工程建设设计方案的优劣，也影响施工质量的好坏。这就要求测绘技术人员应该对工作严肃认真，实事求是，精益求精。一定要按有关“规范”的要求办事。要尊重客观事实，不合格的资料和数据绝对不能采用，数据不合格的要重测，测至合格为止。并力争测出精度较高的数据，绘出既精细又美观的图纸。

记录时应使用2H铅笔，要工整、清楚，不准随意涂改。随意涂改记录是一种违章行为，应坚决杜绝。为防止错误，记录员听到观测员所报数据后，应回报一遍，观测员应在确认无误后进行下一步观测。

测量仪器是测量人员的工作武器，价值比较贵重，应倍加爱护。工作时要轻拿轻放，妥善保管，要养成细心、谨慎并能按操作规程正确操作仪器的良好习惯。使用完入库后，应按要求保养。

测量工作强调集体主义精神。测量是以小组(队)为单位进行工作的，组员之间需要密切的配合和有良好的协作精神，力戒互相埋怨，不允许从个人爱好兴趣出发，不顾整体利益，影响测量工作的质量。

测量工作的特点是实践性强，并贯穿于工程勘测设计、施工、维修养护工作的全过程，是一门重要的专业课。学习时，应该充分利用测量实习的机会，多练仪器操作基本功，熟练操作仪器；切实掌握施测原理、施测步骤和操作方法；并应具备测量计算和绘图的技能。这样才能顺利完成测量工作的任务，保证工程建设顺利进行。

1. 测量学研究的对象是什么？
2. 什么是水准面、大地水准面？我国的高程起算基准面是怎样确定的？
3. 什么叫绝对高程和相对高程？什么叫高差？
4. 确定地面点的基本测量工作是什么？
5. 测量工作的原则及其作用是什么？
6. 北京某点的经度为116°28′，试计算它6°带的带号，并计算它所在带的中央子午线的经度是多少？
7. 测量学对你所学的专业起什么作用？学完后应达到哪些要求？

第二章

水 准 测 量

本章提要：本章主要介绍水准测量的原理；水准仪构造、使用及检校；水准路线施测方法及成果处理；水准测量误差来源及消除方法；自动安平水准仪、精密水准仪的基本构造和使用。

第一节　高程测量概述

一、高程测量的概念

地面上某点的高程是这个点沿着铅垂线方向至大地水准面的距离，一般用 H 表示。高程是确定地面点位置的基本要素之一，测定地面上各点高程或两点之间的高程差的测量工作叫做高程测量。

二、高程测量的种类

高程测量的方法有水准测量、三角高程测量、GPS、气压高程测量等几种。水准测量是利用仪器的水平视线来确定地面点的高低起伏；三角高程测量是测量竖直角及水平距离以求定两点之间高程差的方法；气压高程测量是利用气压计测定两点之间高程差的方法。水准测量精度较高，是高程测量中最主要的方法。全站仪的普及，使三角高程广泛地运用在高程测量中。随着 GPS 技术的推广和运用，用 GPS 测量可以直接确定点的三维坐标。气压高程测量精度较差，在工程测量中很少使用。

三、水准原点

为了建立全国统一的高程系统，我国国家测绘总局在青岛建立验潮站，在近岸一点上利用水位标尺长期记录海水潮汐的水位升降。根据多年的记录求出这个点的平均位置，即平均海水面，作为全国高程系统的起算面，称为黄海平均海水面。在验潮站附近地面埋设固定标志，用精密水准测量的方法与验潮站的水位标尺相联系，测定它的高程，作为全国高程的起点，称为水准原点。标志的式样如图 2-1 所示，为平截锥形花岗石柱，玛瑙标心，上加铜盖保护，铜盖上又加石盖。

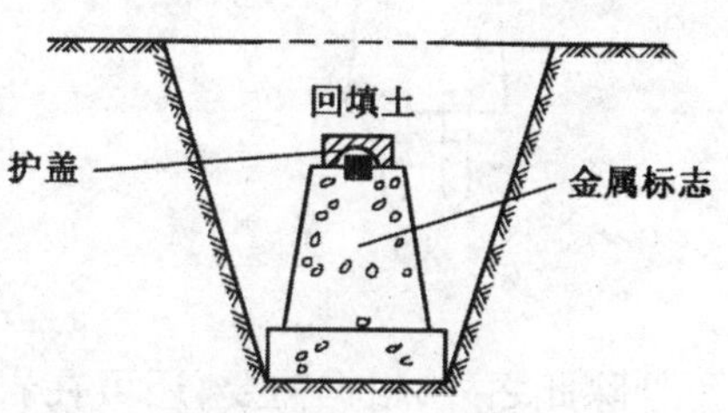

图 2-1　水准原点

国家测绘局国测发〔1987〕198 号文《关于启用 1985 国家高程基准及国家一等水准网成果的通告》中规定：1985 国家高程基准是采用青岛验潮站 1952～1979 年验潮资料计算确定的，依此推算的青岛国家水准原点高程值确定为高出该基准 72.260 m。

四、水 准 点

从青岛水准原点出发，在全国各地埋设一系列永久性的稳固标石，并用精密水准测量方法测定这些标石点的高程。这些具有国家统一高程的稳固点，称为水准点，常用“BM”表示。我国按一、二、三、四等不同精度的水准测量建立各级国家水准点，沿河流、交通线路遍布全国。水准点的高程用水准测量方法从水准原点引出，逐级测定。由于各级水准点的用途及精度要求不同，因此对各级水准测量的路线布设、点的密度、使用仪器及具体操作在规范中都有相应的规定。

国家水准点的标志或标石，如图 2-2 所示，一般有：金属水准标志、墙上水准标志、混凝土基本水准标石。

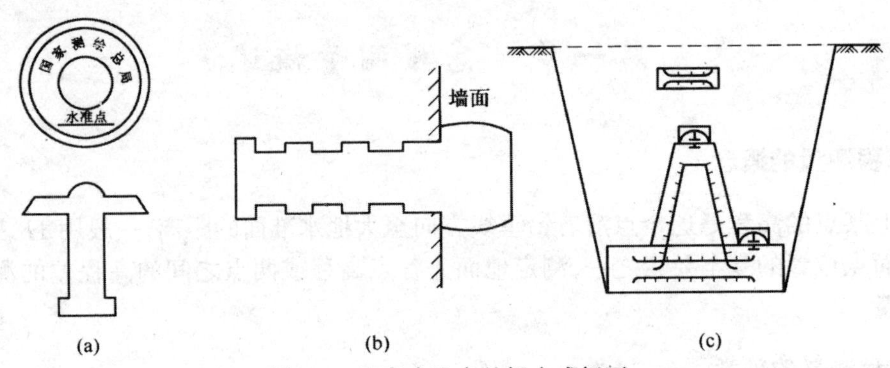

图 2-2　国家水准点的标志或标石

(a)金属水准标志；(b)墙上水准标志；(c)混凝土基本水准标石

为了进一步满足工程建设和地形测图的需要，以国家三、四等水准点为起始点，进行工程水准测量或图根水准测量，通常统称为普通水准测量，也称等外水准测量。普通水准测量的精度较国家等级水准测量低一些，水准路线的布设及水准点的密度可根据具体工程和地形测图的要求而灵活设置，并根据需要可埋设临时木制水准点和混凝土永久性水准点，其式样如图 2-3所示。

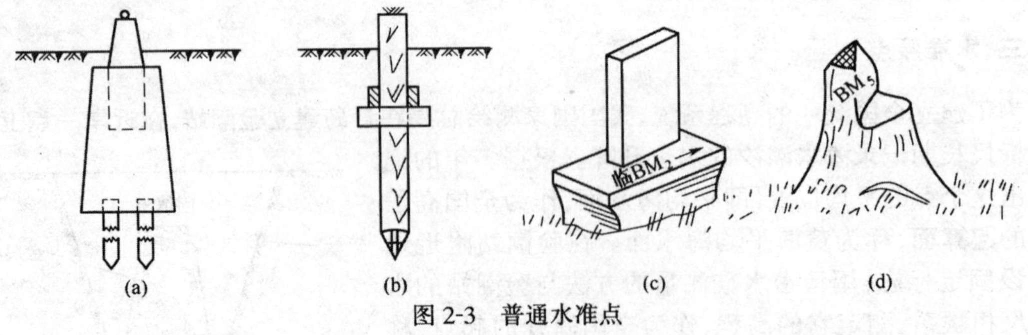

图 2-3　普通水准点

除此之外，根据需要，还可在岩石、大树根、桥台或其他固定建筑物基础上设置水准点。

第二节　水准测量原理

图 2-4 中，已知 A 点高程 H_A，欲求 B 点高程 H_B。若能够设法求出 A、B 两点的高差 $h_{AB}=H_B-H_A$，即 A、B 两点高程的差值，就能根据 A 点高程 H_A 推算出 B 点高程 H_B。

在 A、B 两点间安置一台能提供水平视线的仪器——水准仪，在 A、B 两点上竖立有刻划的尺子——水准尺。根据仪器的水平视线，在 A 点尺上读数，设为 a，在 B 点尺上读数，设为 b。

则 B 点对 A 点的高差

$$h_{AB}=a-b \tag{2-1}$$

待求点 B 的高程

$$H_B=H_A+h_{AB} \tag{2-2}$$

设测量前进方向为 A 至 B。每一仪器位置称为一测站。在每一测站上，与测量前进方向相反的观测方向，称为后视方向，后视方向上的观测点称为后视点，后视点上尺读数称为后视读数，用 a 表示。与测量前进方向一致的观测方向，称为前视方向，前视方向上的观测点称为前视点，前视点上尺读数称为前视读数，用 b 表示。换句话，在已知高程点上水准尺读数称后视读数，在待定高程点上水准尺读数称前视读数。

高差的符号有正有负，当 B 点比 A 点高时，前视读数 b 比后视读数 a 要小，高差为正；当 B 点比 A 点低时，则前视读数 b 比后视读数 a 要大，高差为负。

由式(2-2)根据高差推算高程，称为高差法。

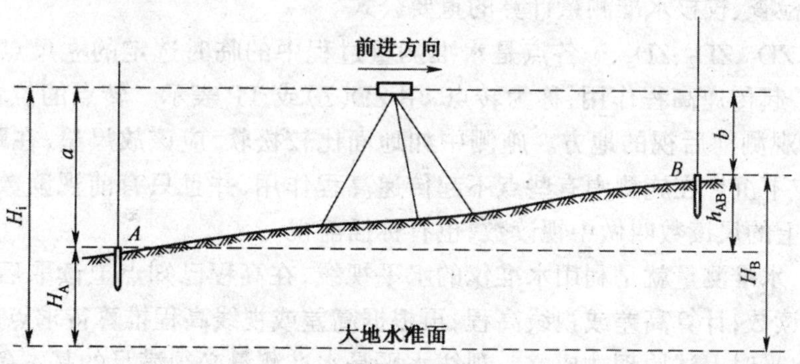

图 2-4　水准测量高差法原理图

在断面测量和各种工程的施工测量中，安置一次仪器常常要求出许多点的高程。这时，为便于计算，可以先求出水准仪水平视线的高程，简称视线高程 H_i，再分别计算各待定点的高程。

视线高程　$$H_i=H_A+a \tag{2-3}$$

待定点高程　$$H_B=H_i-b \tag{2-4}$$

由式(2-4)利用视线高程推算高程，称为仪高法。

当两点相距很远或高差较大时，安置一次仪器不可能测定其高差。此时必须分成若干段，多次放置仪器，才能完成施测任务。

如图 2-5 所示，已知水准点 A 的高程，欲测定 B 点高程。在起、终点中间，逐段安放仪器，测出各段高差：

$$h_1=a_1-b_1$$

$$h_2=a_2-b_2$$

$$\cdots$$

$$h_n=a_n-b_n$$

以上各式相加：

$$\sum h = \sum a - \sum b \tag{2-5}$$

从图 2-5 中可看出各段高差的代数和即终点对于起点的高程差。

$$H_B - H_A = h_{AB} = \sum h = \sum a - \sum b \tag{2-6}$$

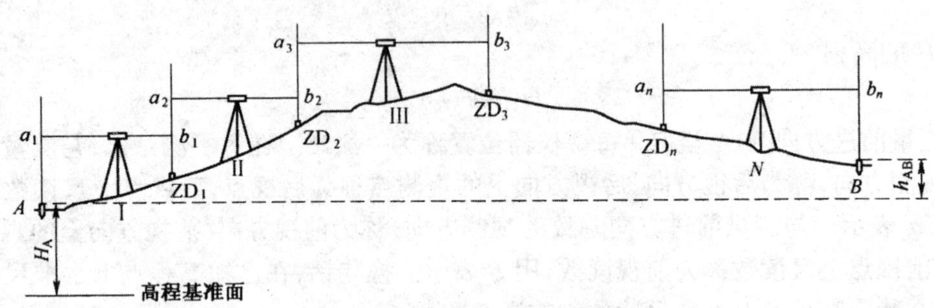

图 2-5　水准测量仪高法原理图

公式(2-6)就是重要的三项相等关系式，它可以说明任何一段水准路线，在该段路线上终点对起点的高程差等于各段高差的代数和，又等于后视读数之和减前视读数之和。三项相等关系式是用来检查、校核水准测量计算的重要公式。

图 2-5 中，ZD_1、ZD_2、ZD_3、…各点是水准测量过程中的临时选定的立尺点，既有前视读数又有后视读数，起传递高程作用，称为转点，用 ZD(Z)或 TP 表示。转点的位置必须选在比较坚实而且便于观测前后视的地方。施测中如地面比较松软，应该放尺垫，在踩实的尺垫上立尺，可防止转点下沉。在施测中有些点不起传递高程作用，并且只有前视读数，则该点称为中间点。中间点上的尺读数叫做中视读数，也有称插前视。

综上所述，水准测量就是利用水准仪的水平视线，在高程已知点上读取后视读数，在待求点上读取前视读数，计算高差或视线高程，再根据高差或视线高程推算待求点的高程。必须指出，只在视线水平时上述原理才成立。视线水平是水准测量必须满足的基本条件，为水准测量提供水平视线的仪器叫水准仪。

第三节　水准测量的仪器和工具

水准测量常用的仪器和工具有水准仪、水准尺和尺垫。

一、水准仪的类型

水准仪按其精度划分，可分为 DS_{05}，DS_1，DS_3 等。D、S 分别为“大地测量”和“水准仪”汉语拼音的第一个字母，通常可以省略 D 而只写 S，05、1、3 是指仪器所能达到的每公里往返测高程偶然中误差，单位是 mm。其型号及主要用途见表 2-1。

表 2-1　水准仪型号及用途

水准仪系列型号	DS_{05}	DS_1	DS_3
每公里往返测高程偶然中误差(mm)	≤0.5	≤1	≤3
主要用途	国家一等水准测量及科学研究工作	国家二等水准测量及其他精密水准测量	国家三、四等水准及一般工程水准测量

二、DS_3 型微倾式水准仪

由水准测量原理可知，水准仪必须能提供一条水平视线。不论何种类型的水准仪，都是根据这一要求制造的。图 2-6 是常用的微倾式 S_3 型水准仪。

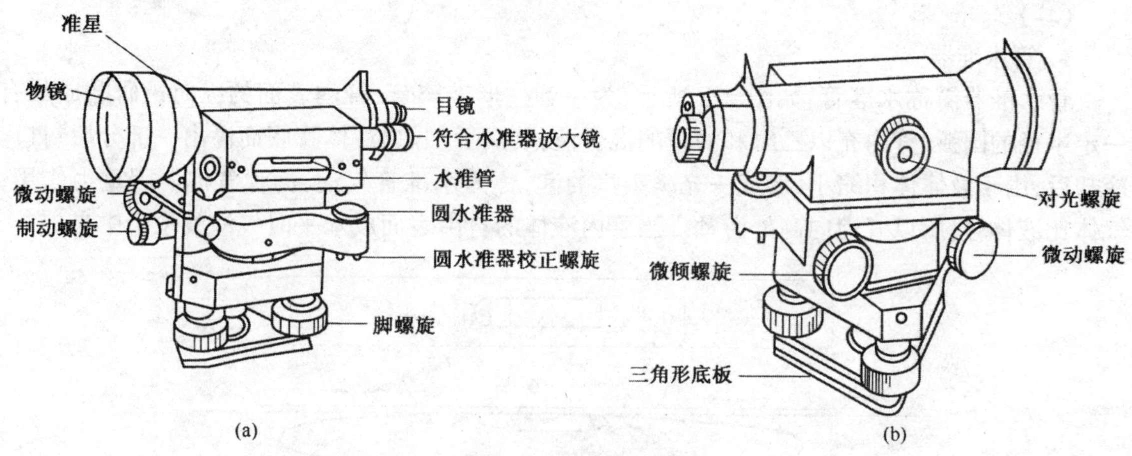

图 2-6　水准仪外形图

微倾水准仪由望远镜、水准器、支架、基座和三脚架构成。下面分别介绍微倾水准仪的各部结构。

(一)望 远 镜

望远镜是提供水平视线和进行照准读数的设备。它主要由物镜、十字丝、目镜、对光透镜和对光螺旋等部分组成。现代望远镜的物镜、目镜、对光透镜都采用组合透镜，图 2-7 是 S_3 型水准仪望远镜的构造剖面图。

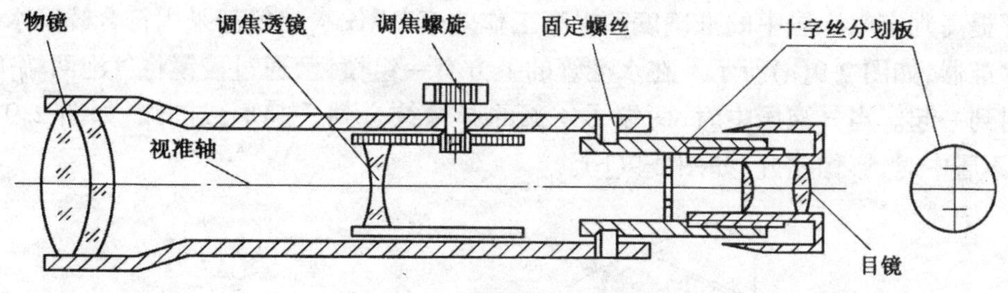

图 2-7　S_3 型水准仪望远镜构造

十字丝分划板装在十字丝环上，用三个或四个校正螺丝固定在望远镜筒上，分划板上竖直的一根丝，称为竖丝，中间一根长横丝称为中丝，上下两根短横丝称为视距丝，用来测量仪器和目标之间的距离。十字丝用来精确地对准目标和读取读数。

十字丝交点与物镜光心的连线，称为视准轴，即通常所说的“望远镜视线”。所谓视线水平，就是指视准轴水平。

物镜光心与目镜光心的连线称为光轴，望远镜筒的对称轴称为几何轴。良好的望远镜，视准轴、光轴、几何轴三者应重合，在对光过程中就不会改变视准轴的位置，保证观测的正确结果。

对于眼睛视力的调节：用目镜对光螺旋看清十字丝。对于物体的调节：用物镜对光螺旋看清物像。物像平面与十字丝平面不重合而产生的视像错动现象，造成读数误差，称为视差。视差对测量精度影响较大,必须消除。消除视差的方法,当看清十字丝后,眼睛不眨动,保持观测者的明视距离不会改变,转动物镜对光螺旋,当物像最清晰时,使物像应在十字丝平面上,可以消除视差。眼睛在镜外动一下,检查是否有视差存在,如果还有视差,而物像又很清晰,说明原来十字丝未看得很清晰,故再微调目镜对光螺旋,如此则可顺利消除视差。

(二)水 准 器

1. 管水准器

管水准器简称水准管,如图 2-8 所示,为一圆柱形玻璃管,管内表面的纵向被研磨成具有一定半径的圆弧,管内充以乙醚和酒精的混合液,装满后加热,液体膨胀而溢出一部分后封口。冷却后,由于液体体积缩小,形成一充满蒸汽的泡,称为水准管气泡,简称气泡。因重力作用,气体比液体轻,所以气泡向高处游动。当管内液体的自由表面成水平时气泡就位于中央。

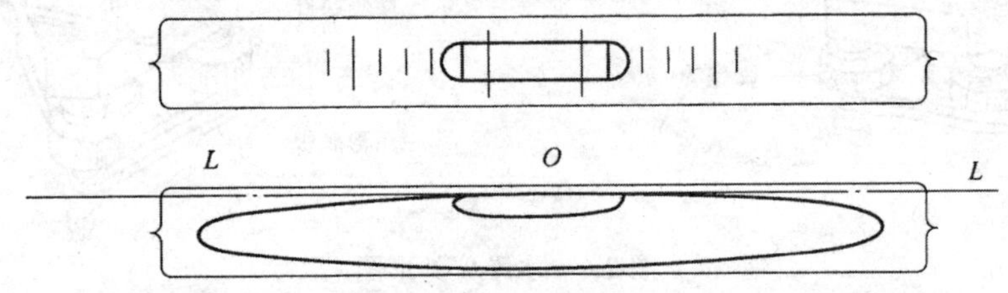

图 2-8 水准管

水准管内表面纵向圆弧的中点,称为水准管零点。过零点与纵向圆弧相切的直线,叫水准管轴,如图 2-8 中 $L—L$。当气泡中心 M 与零点重合时,为气泡居中,此时 $L—L$ 处于水平状态。水准管表面有刻划线,单位刻划线对应的圆心角称为水准管的精度,用 τ 表示。S_3 水准仪的水准管精度为 $\tau = 20''/2\,\text{mm}$。

2. 符合水准器

为了提高判定气泡居中的准确度和提高工作效率,现代水准仪都采用符合棱镜水准器,简称符合水准器,如图 2-9(a)所示。在水准管的上方有一组棱镜,通过棱镜将气泡两端 1/4 弧的影像折射到一起。当气泡居中时,两端 1/4 弧的影像符合到一起形成圆弧,如图 2-9(c)的上图;气泡不居中时,影像错开,如图 2-9(b)。

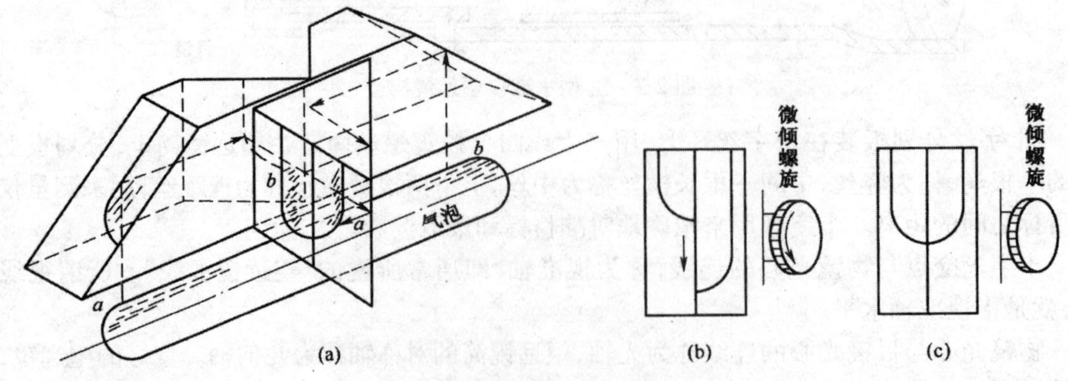

图 2-9 符合水准器

为了获得水准仪的水平视线,要求水准管轴与视准轴相互平行,为此将水准器与望远镜连成一个整体,管水准器通过四个校正螺丝连接在望远镜旁边,以检查和校正水准器,使之达到这一要求。

3. 圆水准器

圆水准器，简称圆水准，又叫水准盒，如图 2-10 所示。

圆水准器顶面内壁是半径为 0.5～2 m 的球面，球面中央刻有 7～8 mm 的小圆圈。圆圈的中点即是圆水准器的零点。过零点的法线即是圆水准器的轴线，称圆水准轴，常以 $L_0—L_0$ 表示。气泡居中，$L_0—L_0$ 处于铅直状态。

圆水准轴与水准仪旋转轴，即竖轴平行，圆水准轴铅垂时，竖轴铅垂，水准仪基本处于水平状态。通过调整微倾螺旋，使管水准轴水平，从而使视准轴水平，得到水平视线。

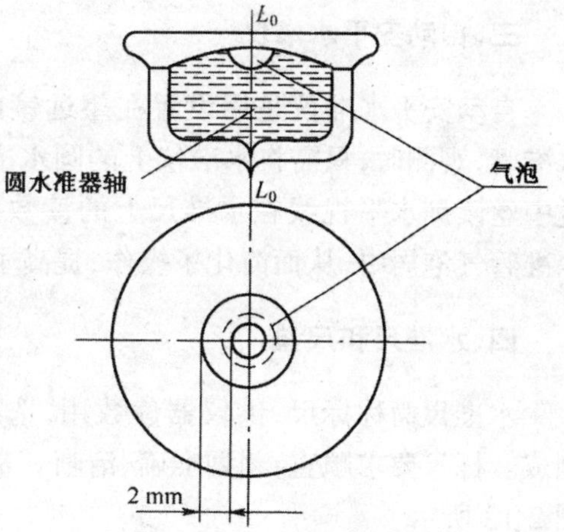

图 2-10 圆水准器

(三)支架和基座

在望远镜与符合水准器的结合体下，有一支架。支架的一端用有弹性的钢片与望远镜连接固定，另一端装有微倾螺旋，可以使望远镜连同水准管在竖直面内作微小转动（一般为 ±10′～±15′）。

为了支承并水平转动仪器，需要一个基座。仪器的竖轴与支架连成一个整体插入基座的轴套里，使望远镜能绕竖轴转动。为了控制其转动，使视准轴易于对准目标，在竖轴与基座之间，装置一套制动、微动螺旋，其构造如图 2-11 所示。微动架 G_1、G_2 与望远镜相连，当拧紧制动螺旋时，制动片压紧基座轴套，使望远镜不能转动。此时如果旋转微动螺旋，由于微动弹簧的作用，竖轴连同制动套环一起作微小转动。当松开制动螺旋时，微动螺旋也将失去其使望远镜微动的作用。

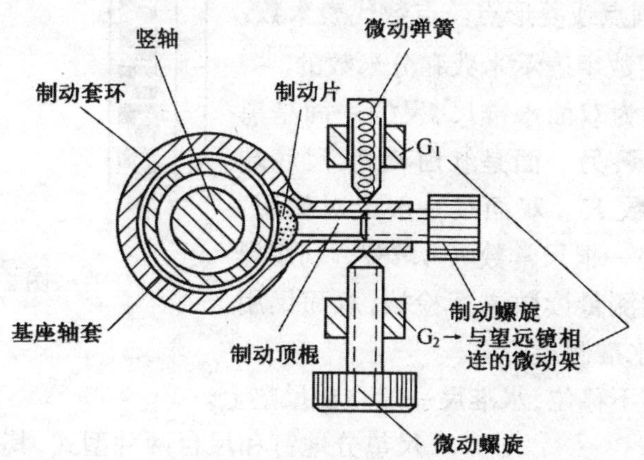

图 2-11 制动、微动螺旋

基座部分主要由轴座、脚螺旋和联结板所组成，起到支承仪器上部和与三脚架的连接作用。

(四)三 脚 架

三脚架简称脚架，如图 2-12 所示。脚架顶部称为架头，架头上有中心连接螺旋（也有些仪器的中心连接螺旋在仪器箱中)，用它将水准仪牢固地连接在架头上。架腿多为伸缩式，松开蝶形螺旋可调节架腿长度。

图 2-12　三脚架

三、自动安平水准仪

自动安平水准仪是用设置在望远镜内的自动补偿器代替水准管，观测时，只需将水准仪上的圆水准器气泡居中，便可通过中丝读到水平视线在水准尺上的读数。由于仪器不用调节水准管气泡居中，从而简化了操作，提高了观测速度。

四、水准尺和尺垫

水准尺简称标尺，供仪器读数用，选用优质木料或玻璃钢制成。标尺要求顺直，刻划准确、清晰。常见的形式有直尺(整体式标尺)和塔尺两种形式，如图 2-13 所示。

直尺长 3 m。塔尺全长 5 m，由三段尺套插而成，携带方便，但接合处易损坏，造成尺长不准而影响测量精度。

测量时为了使标尺竖直，尺上装有水准器，直尺还装有手环。

尺的刻划是红白格或黑白格相间，每一格 1 cm 或 0.5 cm，每 5 cm 组成一个分划组，分划组型式多样，如图 2-13 所示。水准尺的零点一般都在尺底部，由零点起往上每 1dm 处均注有数字。dm 的位置有的尺在字头，有的在字脚，也有其他形式的。注字有正字和倒字两种，超过 1 m 的加注圆点或菱形点。点数代表米数，如$\dot{7}$表示 1.7 m。也有用数字表示米数和分米数的。

还有一种水准尺称为双面水准尺，尺的一面是黑白刻划，尺底端起点为零，另一面是红白刻划，尺底端起点不为零，而是一常数 K。双面尺一般成对使用，一根尺常数为 4.687，另一根尺常数为 4.787。利用黑红面尺零点差可对水准测量读数进行检核，双面尺用于三、四等精度以下的水准测量中。

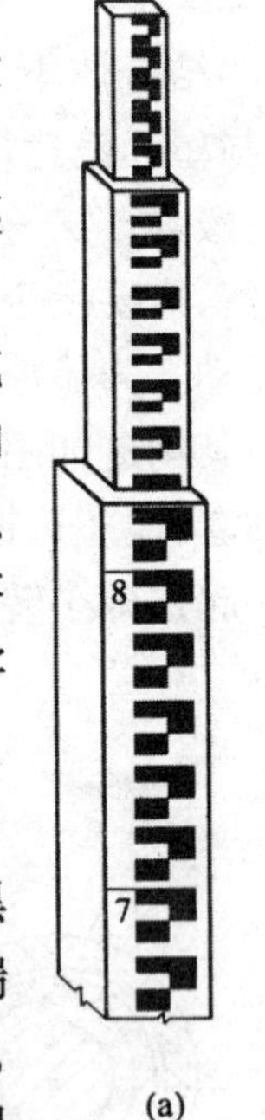

(a)

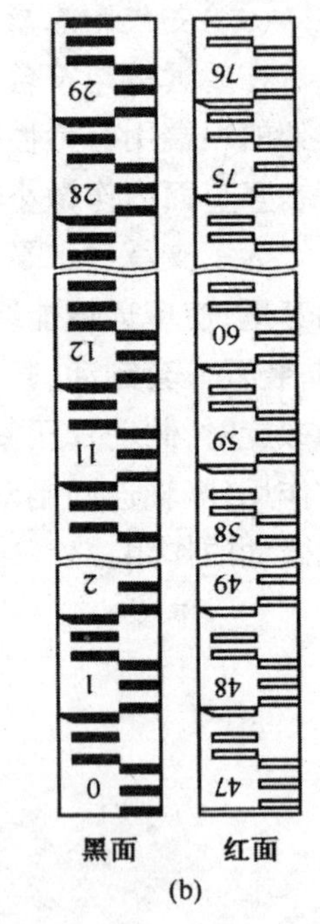

(b)

图 2-13　标尺

为了使立尺点固定不移位，水准尺一般立在尺垫上。

尺垫分地钉和尺台两种型式，其一般形式如图 2-14 所示，用铁铸成。不同等级的水准测量，规定用不同重量的尺垫。中间凸出部位为立尺点。在水准测量中，为使高程得到可靠的传递，转点在前后视中不能移位，故常用尺垫作转点。使用时把它牢固地踏在地面上，在其突起的顶部立水准尺。

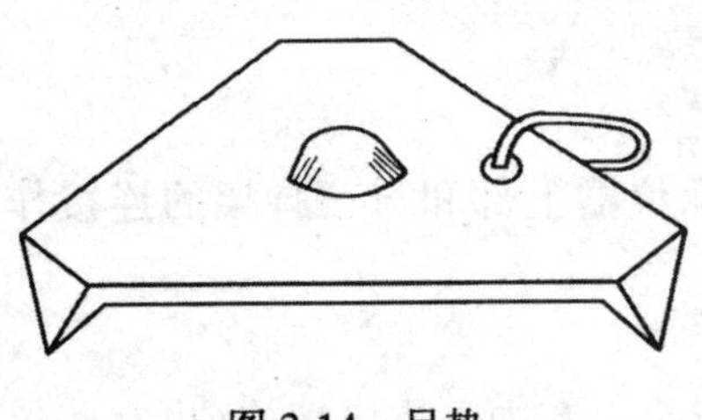

图 2-14　尺垫

第四节 水准仪的使用

一、微倾式水准仪的安置与使用

(一)置 镜

首先将仪器箱平放在地上,将三脚架皮带松开,并抽出伸缩腿,按需要调节架腿的长度,然后叉开三腿,斜度要适当,不得过陡或过缓,架头大致水平且与操作者肩部大致平齐。开箱,认清仪器在箱中的位置,松开制动螺旋,双手握住仪器(一只手握望远镜,一只手握基座),取出安放在架头上。为确保安全,握住望远镜的手不要松开,另一手旋紧中心连接螺旋,使仪器与架头可靠联结,此时握住望远镜的手才能松开。在斜坡上安置仪器时,两个架腿要放在下坡方向。

(二)使竖轴竖直——“粗平”

1. 使圆气泡大致居中

水准仪架腿围绕架头,可先后、左右转动。先固定两个架腿,移动一条架腿使圆气泡大致居中,如图 2-15 所示,气泡随架腿的移动方向而运动。

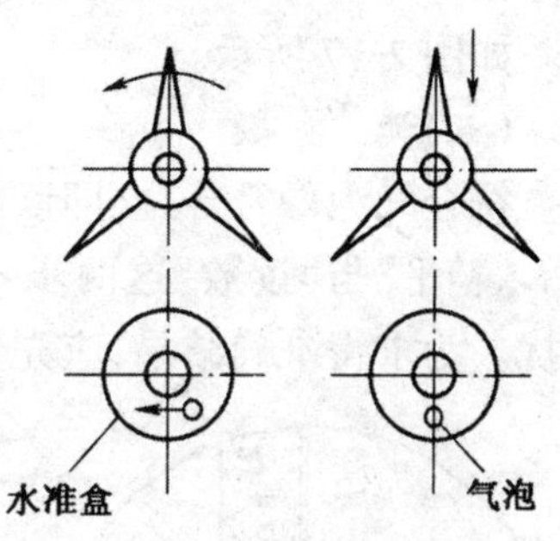

图 2-15 气泡居中方法(粗调)

2. 仔细调整圆气泡居中

将望远镜平行于任意两个脚螺旋,如图 2-16 中①、②。相对旋转①、②,使圆气泡移到圆水准器中心并垂直于①、②的连线上,如图示气泡由 $a \rightarrow b$,再旋转脚螺旋③,使气泡居中,即气泡由 $b \rightarrow c$。

当两手同时旋转两个脚螺旋时,两手应相对方向转动,气泡会迅速移动。利用脚螺旋使圆水准气泡居中的规律是以左手大拇指为准,气泡移动的方向与左手大拇指转动方向一致。

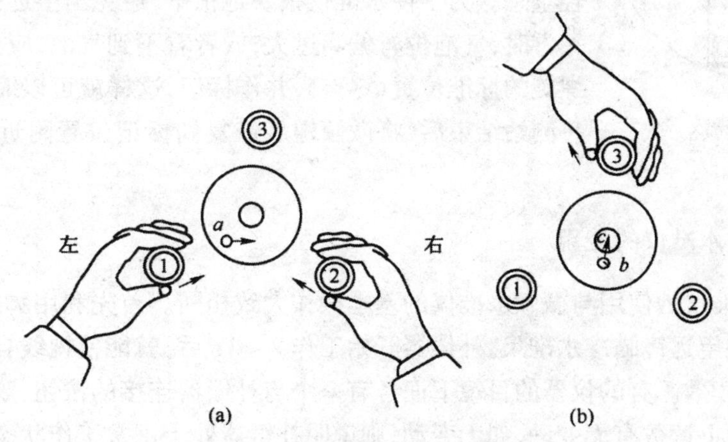

图 2-16 气泡居中方法(微调)

(三)瞄 准

1. 调清十字丝

将望远镜对向背景较亮处(如白墙),转动目镜对光螺旋,看清十字丝,注意看清而不仅仅是看见。

2. 大致瞄准⇔大致对光

利用望远镜筒上的照门和准星，如“射击”那样对准目标，转动物镜对光螺旋初步看清标尺或标尺附近景物。有时虽然已经瞄准了标尺，但由于标尺或附近景物未成像于十字丝平面上，所以仍然看不清标尺，在镜外大致瞄准目标后，要立即调节物镜对光螺旋。在视场内看见标尺或附近景物时，再转动望远镜大致瞄准，在镜内看见标尺时，固定制动螺旋。

3. 准确对光→准确瞄准

大致瞄准后，再转动物镜对光螺旋，使标尺分划清晰，转动微动螺旋使十字丝竖丝对准水准尺或靠水准尺一边，仔细对光，消除视差。

(四)精　　平

精平就是使望远镜视线精确地处于水平状态，这是能否正确读数的关键一步。转动微倾螺旋，使符合水准气泡影像符合对齐。符合气泡左半部的影像移动方向与右手大拇指转动微倾螺旋方向相同。如图 2-17 所示。

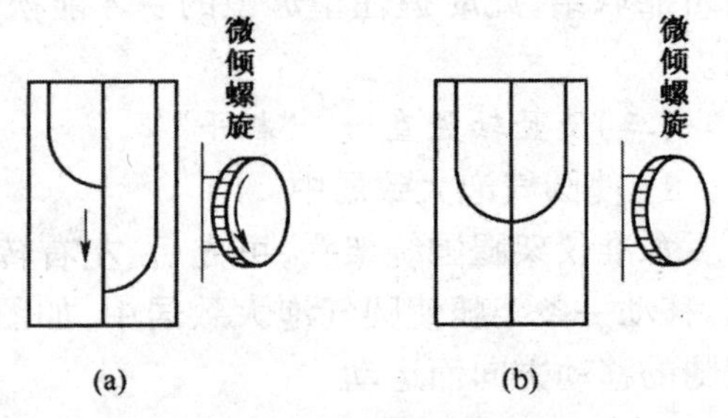

图 2-17　气泡符合对齐

(五)读　　数

符合气泡像符合，立即读出横丝截在尺上的读数。“精平”与“读数”这两步不允许再有其他工作干扰。为求得准确结果，应先估读毫米数，然后依次读出米、分米、厘米，加上估读的毫米，如图 2-18 所示，先估读 4 mm，再读出 1.35 m，全读数是 1.354 m。为了记录方便，常将小数点省略，读为 1354，每次读够四个数码，如 0.995 m 读为 0995。

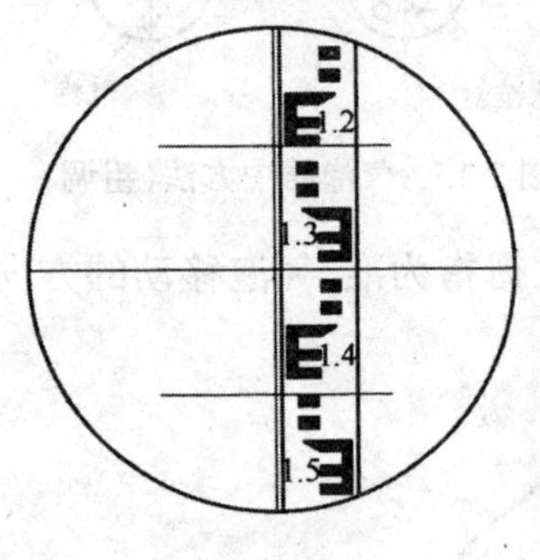

图 2-18　读数

如为倒像望远镜，读尺要由上而下、由小到大地读数。

在旋转微倾螺旋时，速度不宜快，力求均匀，手眼配合，要有轻重感。为了使水准仪很快地精平，避免当望远镜从一方转到另一方时，气泡位置偏离过大，或者看不到气泡，应预先确定出微倾螺旋的标准位置(零点)，并作标记，这样就可以缩短精平的时间。每测站结束后，将微倾螺旋恢复到标记位置附近，以便于下一次精平。

二、自动安平水准仪的使用

自动安平水准仪的使用与微倾水准仪的基本操作大致相同。首先利用脚螺旋使圆水准器气泡居中，然后将望远镜瞄准水准尺，补偿器开始工作 2～3 s 后，就能使视线自动安平，即可用十字丝横丝进行读数。有的仪器的目镜下面各有一个与补偿器连接的按钮，观测时，用手轻轻按动按钮，观察尺上读数有无变动，如无变动，则说明补偿器处于正常工作状态，否则必须进行修理。有的仪器没有这种按钮，则可微微拧动脚螺旋，使望远镜倾斜，此时读数应和原来读数一样，否则说明补偿器发生故障，需进行修理。自动安平水准仪的补偿器中的金属吊丝相当脆弱，因此使用时要防止剧烈震动以免损坏。

第五节 水准测量的方法

一、水准测量的方法和记录

水准点布设完毕，即可按拟定的水准路线进行水准测量。图 2-19 为一般水准测量的实测例子。具体施测步骤如下：

在离 BM_A 适当距离处选择点 ZD_1，安放尺垫，在 BM_A、ZD_1 两点上分别竖立水准尺。在距 BM_A 点和 ZD_1 点大致等距离处安置水准仪，瞄准后视点 BM_A，精平后读得后视读数 a_1 为 1.732，记入水准测量手簿（表 2-2）。旋转望远镜，瞄准前视点 ZD_1，精平后读得前视读数 b_1 为 0.571，记入手簿。计算出 BM_A、ZD_1 两点高差为 +1.161 m。此为一个测站的工作。

ZD_1 上的水准尺不动，将 BM_A 点水准尺立于点 ZD_2 处，水准仪安置在 ZD_1、ZD_2 点之间，与上述相同的方法测出 ZD_1、ZD_2 点的高差，依次测至终点 B。

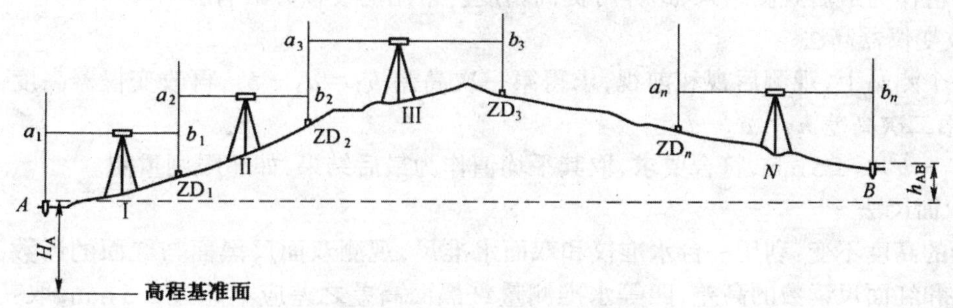

图 2-19　一般水准测量实例图

表 2-2 为用高差法计算高程的记录手簿。

表 2-2　水 准 测 量 手 簿

点号	后视读数	前视读数	高　差	高　程(m)	备　注
BM_A	1 732			40.093	BM_A 的高程为绝对高程，本表使用单位为 m
ZD_1	1 526	0 571	+1 161	41.254	
ZD_2	1 624	0 605	+0 921	42.175	
ZD_3	0 713	0 612	+1 012	43.187	
ZD_4	1 314	1 634	−0 921	42.226	
B		2 912	−1 598	40.668	
校核计算	$\sum a=6\,909$ $\sum a-\sum b=+0\,575$	$\sum b=6\,334$	$\sum h=+0\,575$	$H_B-H_{BMA}=+0\,575$	

在测量中安放仪器的位置称为测站；用仪器观测的目标叫测点。测点可用它的编号（点号）或用点的里程数表示。测点与测站在以后各章的记录手簿中经常用到。

水准测量的记录计算应该正确无误，所以必须进行校核工作。应注意计算校核只能用来检查计算有无错误，不能检查测量成果的精度是否合格。

由于地区和习惯的差异以及施测目的不同，各部门所用的记录手簿往往不一样，但是主要的项目基本相同。初学者只要掌握了基本的形式，将来工作熟悉后就能举一反三。

在进行水准测量记录时，要做到“三要”：

1. 要复诵

读数列入记录时,边记边复诵,避免听错记错。如观测者兼作记录时,记完后可再看一下标尺读数,以资复核。

2. 要清楚

按规定格式填写,字迹清晰端正,字高为横格高的 2/3,不要挤满格子。点号要记清,前、后视读数不得遗漏,不得颠倒。

3. 要原始记录

在现场当场用铅笔填写在记录簿中,不得誊抄,以免转抄错误。写错的数字,应在错的数字处画一横线,将正确数字写在上方,不得用橡皮擦改。

二、水准测量的测站校核方法

测站校核是检查在每个测站上所测得的高差是否符合精度要求,把超限的结果作废,以免由于各测站上的大误差而引起总高差超限,造成返工。当测站高差符合精度要求时才能采用,取其平均值作为最后观测结果,这样可提高精度。常用的校核方法有:

1. 改变仪器高法

在一个测站上,观测后视和前视,求得第一次高差 $h_1=a_1-b_1$,再改变仪器高度,重复测一次,得第二次高差 $h_2=a_2-b_2$。

当 $h_1-h_2\leqslant\pm5\,\text{mm}$,符合要求,取其平均值作为最后结果,如超限则重测。

2. 双面尺法

仪器的高度不变,利用一台水准仪和双面水准尺,观测双面尺黑面与红面的读数,分别计算黑面尺和红面尺读数的高差,四等水准测量红黑面高差之差应不超过 ±5 mm,取其平均值作为最后结果。否则,需要检查原因,重新观测。

上述测站校核只能发现读数有无错误,但不能发现诸如立尺点变动、前视读数时忘记调节气泡像符合等错误,也不能评定一条水准路线的精度。

三、水准路线

水准测量进行的路线,称为水准路线。在水准测量中,为了避免观测、记录和计算中发生人为粗差,并保证测量成果能达到一定的精度要求,必须布设某种形式的水准路线。利用一定的条件来检核所测成果的正确性。在一般的工程测量中,水准路线主要布设形式有以下三种:

1. 附合水准路线

如图 2-20(a)所示,从高级水准点 BM_A 开始,沿待定高程点 1、2、3 诸点进行水准测量,最后附合到另一个高级水准点 BM_B 所构成的水准路线,称为附合水准路线。从理论上说,附合水准路线上各点间高差的代数和,应等于两个高级水准点间的已知高差。

2. 闭合水准路线

如图 2-20(b)所示,从水准点 BM_A 出发,沿待定高程点 1、2、3、4 诸点进行水准测量,最后回到水准点 BM_A 的环形路线,称为闭合水准路线。从理论上讲,路线上各点之间的高差代数和应等于零。

3. 支水准路线

如图 2-20(c),从已知水准点出发,沿待定高程点进行水准测量,这样既不闭合又不附合的水准路线,称为支水准路线。支水准路线要进行往、返观测,以资检核。

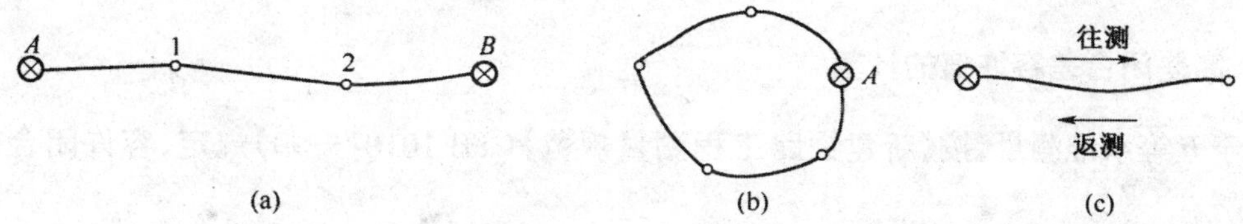

图 2-20 水准路线

(a)附合水准路线;(b)闭合水准路线;(c)支水准路线

以上简述的三种水准路线的布设形式,可根据需要进行选择。这三种形式本身就包括了校核内容。

第六节 水准测量成果计算

水准测量成果计算时,要先检查野外手簿,计算各点间高差。经检核无误,则根据野外观测高差计算高差闭合差。若闭合差符合规定的精度要求,则调整闭合差,最后计算各点的高程。

一、高差闭合差的计算

1. 闭合水准路线

闭合水准路线的高差代数和理论值为

$$\sum h_{理}=0 \tag{2-7}$$

而实测高差之和不一定为零,即产生高差闭合差:

$$f_h=\sum h_{测} \tag{2-8}$$

2. 附合水准路线

附合水准路线的各待定高程点间高差的代数和在理论上应满足:

$$\sum h=H_{终}-H_{始} \tag{2-9}$$

式中 $\sum h$——附合水准路线两端水准点高差的精确值;

$H_{终}$——终点的已知高程;

$H_{始}$——起点的已知高程。

$H_{终}$ 和 $H_{始}$ 是高级水准点的高程,其误差对低一级的水准测量来说可以忽略不计。所以计算闭合差时不考虑其误差的影响。

在实际测量中会产生误差,因而实测高差与按式(2-10)算得的 $\sum h$ 并不符合,即产生高差闭合差

$$f_h=\sum h_{测}-(H_{终}-H_{始}) \tag{2-10}$$

式中 f_h——高差闭合差;

$\sum h_{测}$——附合水准路线两端水准点高差的实测值。

3. 支水准路线

对于支水准路线往返测所得高差,理论上应是绝对值相等,符号相反,所以其闭合差即是:

$$f_h = \sum h_{往} + \sum h_{返} \tag{2-11}$$

二、高差闭合差容许值的计算

对于五等水准测量，按《新建铁路工程测量规范》(TB 10101—99)规定，容许闭合差的计算为

$$f_{h容} = \pm 30\sqrt{L}\ \text{mm} \tag{2-12}$$

式中 L——水准路线长度，以千米计。

在山区当其平均每千米单程测站多于25个时，则往返测高程容许闭合差按式(2-13)计算。

$$f_{h容} = \pm 6\sqrt{n}\ \text{mm} \tag{2-13}$$

式中 n——两水准点间单程测站数。

《工程测量规范》规定，图根水准测量容许闭合差按下式计算。

$$f_{h容} = \pm 40\sqrt{L}\ \text{mm} \tag{2-14}$$

$$f_{h容} = \pm 12\sqrt{n}\ \text{mm} \tag{2-15}$$

式中 L——水准路线长度，以千米计；

n——测站数。

当 $f_h \leqslant f_{h容}$ 时，说明符合精度要求，观测成果可用，但必须进行闭合差的调整。

上述水准路线的高差闭合差和闭合差的容许值的计算，在外业工作现场必须进行，以用来检查观测成果的精度。符合要求时，该项工作方告结束，否则返工重测。

三、高差闭合差的调整

高差闭合差的调整是根据对同一条水准路线进行的等精度观测(即各测站或每千米产生的误差相等)的假设进行计算。闭合差的调整原则是将闭合差按相反的符号按测站数或距离成正比例分配于各段高差上。

1. 按测站数分配

$$\Delta h_i = -\left(\frac{f_h}{N}\right) \times n_i \tag{2-16}$$

式中 Δh_i——第 i 测段的高差改正数；

N——水准路线的总测站数；

n_i——第 i 测段的测站数。

2. 按距离分配

$$\Delta h_i = -\left(\frac{f_h}{D}\right) \times d_i \tag{2-17}$$

式中 D——水准路线的总长；

d_i——第 i 测段的长度。

因 Δh 值很小，分配时 D 和 d 可以10 m、100 m或km为单位进行计算。

改正数算出后，必须加以适当调整，使改正数之和与闭合差的绝对值相等，而符号相反。即

$$\sum \Delta h = -f_h \tag{2-18}$$

改正数经调整满足式(2-18)的要求后，计算观测高差与其改正数之和，求出改正后的高差，然后按改正后的高差计算各点的高程。

【例】 按表 2-3 所列闭合水准路线的成果，调整高差闭合差，并计算高程。

解：(1)高差闭合差的计算

$$f_h = \sum h_{测} = +0.024\,\text{m} = +24\,\text{mm}$$

(2)容许闭合差的计算

$$f_{h容} = \pm 6\sqrt{n} = \pm 6\sqrt{16} = \pm 24\,\text{mm}$$

$f_h \leqslant f_{h容}$，闭合差可以调整。

表 2-3 闭合水准路线闭合差调整

测 点	测站数	实测高差 (m)	高差改正数 (mm)	改正后的高差 (m)	高 程 (m)	备 注
BM_1					57.141	BM_1 的高程为已知
	4	−1.999	−6	−2.005		
A					55.136	
	3	−1.430	−4	−1.434		
B					53.702	
	5	+1.825	−8	+1.817		
C					55.519	
	4	+1.628	−6	+1.622		
BM_1					57.141	
Σ	16	+0.024	−24	0	0	

(3)高差改正数的计算

$$每个测站的改正数 = -\frac{f_h}{N} = -\frac{24}{16} = -1.5\,\text{mm}$$

$$\Delta h_1 = -1.5 \times 4 = -6\,\text{mm}$$

$$\Delta h_2 = -1.5 \times 3 = -4.5\,\text{mm}，取 -4\,\text{mm}$$

$$\Delta h_3 = -1.5 \times 5 = -7.5\,\text{mm}，取 -8\,\text{mm}$$

$$\Delta h_4 = -1.5 \times 4 = -6\,\text{mm}$$

检核： $\sum \Delta h = (-6) + (-4) + (-8) + (-6) = -24\,\text{mm}$

(4)求改正后的高差

$$h_{1改} = (-1.999) + (-0.006) = -2.005\,\text{m}$$

$$h_{2改} = (-1.430) + (-0.004) = -1.434\,\text{m}$$

$$h_{3改} = (+1.825) + (-0.008) = +1.817\,\text{m}$$

$$h_{4改} = (+1.628) + (-0.006) = +1.622\,\text{m}$$

检核： $\sum h = (-2.005) + (-1.434) + (+1.817) + (+1.622) = 0$

(5)计算高程

$$H_A = 57.141 - 2.005 = 55.136\,\text{m}$$

$$H_B = 55.136 - 1.434 = 53.702\,\text{m}$$

$$H_C = 53.702 + 1.817 = 55.519\,\text{m}$$

$$H_{BM_1} = 55.519 + 1.622 = 57.141\,\text{m}$$

检核无误。

第七节　水准仪的检验与校正

水准仪经长期使用或长途运输后，仪器各部件相对位置可能发生变化，为保证测量成果的正确性，必须对水准仪进行定期检验与校正。

根据水准测量原理，水准仪必须提供一条水平视线，才能正确地测出两点间的高差。微倾水准仪(图 2-21)应满足的主要条件是：

(1)圆水准器轴($L'L'$)应平行于仪器竖轴(VV)；

(2)十字丝横丝应垂直于仪器竖轴(VV)；

(3)水准管轴(LL)应平行于视准轴(CC)。

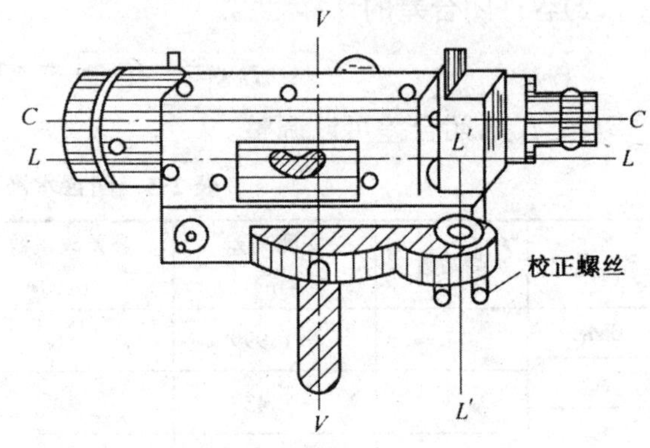

图 2-21　微倾水准仪

一、圆水准器轴应平行于仪器竖轴

1. 检验方法

设圆水准器轴与竖轴不平行，它们相差一个 δ 角。首先转动脚螺旋使圆气泡居中，如图 2-22(a)，这时圆水准器轴处于铅垂位置，但竖轴与铅垂方向偏离一个 δ 角。将圆水准器绕仪器轴旋转 180°，此时圆气泡偏离中心，如图 2-22(b)，其偏离的值为 2δ。

2. 校正方法

先用脚螺旋使气泡向中心方向移回一半，如图 2-22(c)，其余一半用校正针拨动圆水准器的校正螺丝，使气泡居中(图 2-22(d))。这种检验校正，需重复进行数次，直至仪器竖轴旋转到任何位置气泡都居中为止。

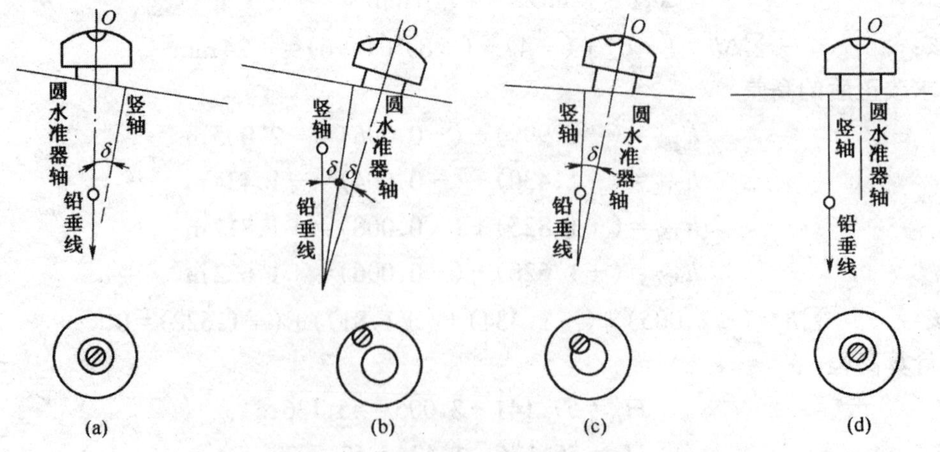

图 2-22　圆水准器轴的检验和校正

二、十字丝横丝应垂直于竖轴

1. 检验方法

整平仪器后，瞄准墙上一固定点 M，拧紧水平制动螺旋，转动水平微动螺旋，如 M 点始终在十字丝横丝上移动，则说明条件满足，否则必须进行校正。

2. 校正方法

松开十字丝环上相邻的两个校正螺丝(图 2-23)，微微转动十字丝环，再做观察，直至横丝不离开墙上固定点为止，最后拧紧松开的校正螺丝。

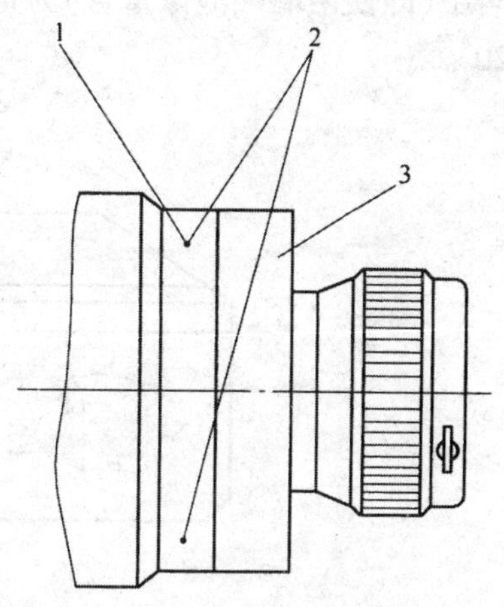

图 2-23 十字丝横丝的检验和校正

1—物镜筒；2—目镜筒固定螺钉；3—目镜筒

三、水准管轴应平行于视准轴

1. 检验方法

设水准管轴和视准轴不平行，即它们之间形成一个 i 角。当水准管气泡居中时，视线将倾斜 i 角，显然，标尺至水准仪距离越远，读数误差也越大。当仪器的前视距离与后视距离相等时，前后视读数产生的误差相等，则根据后视读数减前视读数求得高差不受影响，如图 2-24 所示。

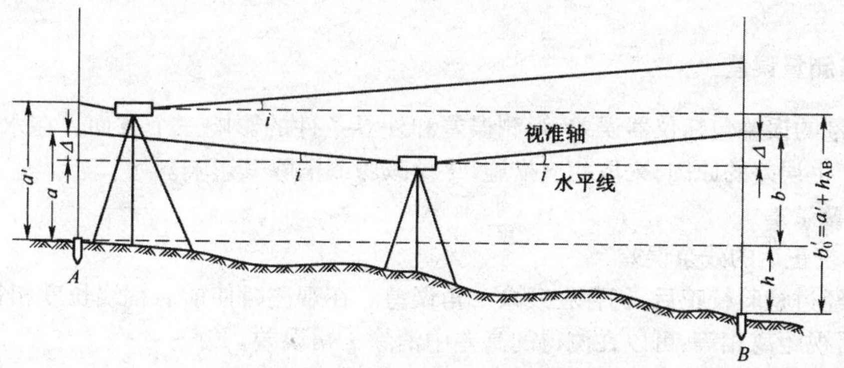

图 2-24 水准管轴与视准轴的平行检验

为此，在平坦地面上选择 A、B 两点($AB \approx 100\,\text{m}$)，各打下木桩或安放尺垫，并在 A、B 两点中间Ⅰ处安置仪器，测出 A、B 两点间的正确高差 h。然后将仪器搬到距离 A 点 2～3 m 的Ⅱ处，当气泡居中时分别读取 A 尺和 B 尺的读数为 a' 和 b'。这时由于水准仪距 A 尺很近，因此忽略 i 角的影响，即将 a' 当做视线水平时的读数，则可计算出仪器在Ⅱ处时，B 尺上水平视线的正确读数应为

$$b_0' = a' - h \tag{2-19}$$

实际测出的 b' 与计算得到的 b_0' 若相等，则表明视准轴平行水准轴；否则，两轴不平行，其夹角为

$$i = (b' - b_0')\rho''/D \tag{2-20}$$

式中，$\rho'' = 206\,265''$，DS_3 水准仪的 i 角不得大于 20″，否则应对水准仪进行校正。

2. 校正方法

仪器仍在Ⅱ处，转动微倾螺旋使十字丝横丝对准应有的 B 尺上读数 b_0'，此时视准轴处于水平位置，而气泡不居中了(符合水准器气泡两个半像错开)。用校正针拨动水准管一端的上下两个校正螺丝(图 2-25)，先松一个，再紧另一个，将水准管一端升高或降低，至使符合气泡

居中(即使两端气泡像重合)为止。校正后的仪器必须进行高差检测,反复多次,直到 i 角小于 20″。

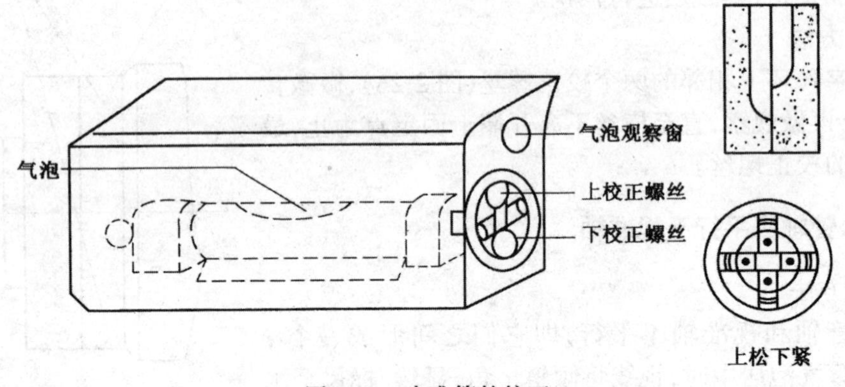

图 2-25　水准管的校正

第八节　水准测量的主要误差来源及其注意事项

一、水准测量误差

水准测量的误差包括仪器误差、观测误差和外界条件的影响三个方面。在水准测量作业时,应根据产生误差的原因,采取相应措施,尽量减弱或消除其影响。

(一)仪器误差

1. 仪器校正后的残余误差

水准仪经过检验校正后,仍存在残余 i 角误差。在观测时使前后视线长度相等,或一段线路内,总前后视距离相等,可以在测得的高差中消除 i 角误差。

2. 水准尺误差

水准尺分划不准确、尺长变化、尺身弯曲及尺底的零点差都会直接影响水准测量的精度。当水准测量的精度要求较高时,应将标尺进行检验,并在测量的成果中加以修正。水准尺每米真长的误差往往与高差的大小成正比,而与视线的长度无关。在普通水准测量中,只要按图 2-19 所示,两标尺交替放置,就可以使这种误差适当地得到消除。

因标尺长期使用而使底端磨损,或标尺底部在观测时粘上泥土,这就相当于改变了标尺底部的零线位置,称为标尺零点误差。零点误差在成对使用水准尺时,可采取设置偶数测站的方法,来消除其对高差的影响;也可在前、后视中使用同一根水准尺来消除。

(二)观测误差

1. 水准管气泡居中误差

水准测量中,视线的水平是以气泡居中为根据的,由于气泡居中存在误差,使视线偏离水平位置,从而带来读数误差。观测时应使用微倾螺旋使气泡两个半像严密重合。

2. 读数误差

水准尺的估读误差与望远镜放大率、人眼的分辨能力及视线长度有关。在作业中,应遵循不同等级的水准测量,对望远镜放大率和最大视线长度的规定,保证读数精度。

3. 视差的影响

水准测量中,视差会给观测结果带来较大的误差。观测前必须反复调节目镜环和对光螺旋,使标尺的分划像与十字丝平面重合,以消除视差。为了减弱残余视差的影响,观测读数时应保持头部正直。

4. 水准尺倾斜的影响

在测量时,由于水准尺扶得不直而引起的误差大小与读数大小成正比,与尺子倾斜角的平方成正比。因此在地面坡度较大时,标尺更要严格扶直。有的标尺装有圆水准器,便于标尺立直,以减少这种误差的产生。若无圆水准器时,根据现场地形情况,也可采取将尺前后慢慢摇动,读取最小读数,即为竖直时的读数。

(三)外界条件的影响

1. 地球曲率与大气折光的影响

大地水准面是一个曲面,在测量中用水平视线观测读数,将产生以水平面代替水准面对高程测量的影响;当视线通过不同密度的介质会产生折射,使实际视线并不水平而呈弯曲状,从而产生大气折光的影响。

测量中,保持前后视距离相等,地球曲率和大气折光的影响将得到消除或大大减弱。但近地面的大气折光变化十分复杂,在同一测站的后视、前视中就可能发生变化,所以即使保持前、后视等距,大气折光误差也不能完全消除。观测时,应限制视线的长度,同时使视线离地面一定高度(一般规定不低于 0.3 m)以减弱折光变化的影响。此外,还应选择有利时间观测,尽量避免在不利的气象条件下进行作业。

2. 仪器或尺垫下沉(或上升)的影响

在观测时,读完后视读数而尚未读取前视读数时,因土质松软而仪器下沉,这时前视读数减小,而使测得的高差增大;同样,如果在迁站过程中转点的标尺下沉,则下一测站的后视读数就会增大,而使测得的高差也增大。仪器下沉或转点标尺下沉的误差会随着测站数的增加而积累。由于土壤的弹性等因素,也可能使仪器或标尺上升,仪器上升或转点标尺上升引起的误差同样会随着测站数的增加而积累。为了减少这类误差的影响,应选择土质坚硬的地点安置仪器和设置安放尺垫的转点,且要踩紧脚架,踏实尺垫,并防止碰动。同时由于这类误差在一定程度上与观测延时的长短成正比,因此观测时,由后视读数转至前视读数的时间要尽量缩短。迁站时动作要迅速,以减弱其影响。

3. 温度影响

温度的变化不仅引起大气折光的变化,而且当烈日直射仪器时,会使仪器各部分的光学透镜及金属部件因温度的急剧变化而发生变形,致使测量成果受到影响。尤其是水准管受到烈日直晒时,水准管本身和管内液体温度升高,气泡向着温度高的方向移动,而影响仪器水平,产生气泡居中误差,因此进行水准测量观测时,要用伞遮住仪器,避免烈日直接照射。

在山区,在一段水准路线里,严格讲,很难做到对于每个测站都能使前后视距离相等。所以,为了消除或减弱水准轴与视准轴不平行所产生的误差以及地球曲率与大地折光影响等,在山区水准路线尽可能走“之”形或使总的前视距离之和与后视距离之和大致相等。

二、注意事项

在水准测量中,测量精度达不到要求而导致返工的原因是多方面的。为了消除或减弱水准测量中产生的仪器误差、操作误差或外界环境影响的误差,除要求测量人员自身认真负责以外,还应注意以下事项:

(1)在测量中应尽量用目估或步测保持前后视距相等,以消除水准管轴不平行于视准轴所产生的误差、地球曲率与大气折光的影响,同时选择适当的观测时间,限制视线观测长度和高度来减少折光的影响。

(2)水准仪位置应选择坚实的地方,脚架要踩实,观测速度要快,以减少仪器的下沉。转点时要用尺垫,取往返观测结果的平均值来抵消转点下沉的影响。

(3)读数要准确,读数前要仔细对光,消除视差,要使水准管气泡居中,读完以后,应检查气泡是否居中。

(4)在测量前应检查塔尺相接处是否严密,清除标尺底部泥土。在测量中,扶尺者要身体站正,双手扶尺,保证扶尺竖直。

(5)记录应按格式当场填写,字迹要整齐、清楚、端正。当记错或算错时,应在错字上画一条线,再将正确数字写在错数上方。

(6)测量时要严格执行操作规程,工作要细心,加强校核,防止错误。在高温烈日观测时应注意及时撑伞遮阳。

1. 什么是水准原点?什么是水准点?它们在测量工作中的作用是什么?

2. 在水准测量中,如何规定高差的正负号?高差的正负号说明什么问题?

3. 什么叫视差?产生的原因是什么?如何检查它是否存在?怎样消除?

4. 圆水准器和水准管的作用有何不同?符合水准器有什么优点?

5. 什么叫视准轴?什么叫水准管轴?在水准测量中,为什么在瞄准水准尺读数之前必须用微倾螺旋使水准管气泡居中?

6. 水准测量时,在什么立尺点上放尺垫?在什么立尺点上不能放尺垫?

7. 水准测量中为什么要求前后视距等长?

8. 水准仪有哪些轴线?它们之间应满足哪些条件?

9. 设 A、B 两根水准尺,其中一根尺尺底磨损,问测量时应采取什么措施才能使测量成果不受影响?

10. 水准测量观测过程中,如果水准尺倒放或用错横丝,将会出现什么问题?

11. 如图 2-26 所示,在水准点 BM_1 至 BM_2 间进行水准测量,试填入水准测量记录表,并计算(已知 $H_{BM_1}=138.952\,m$, $H_{BM_2}=142.110\,m$)。

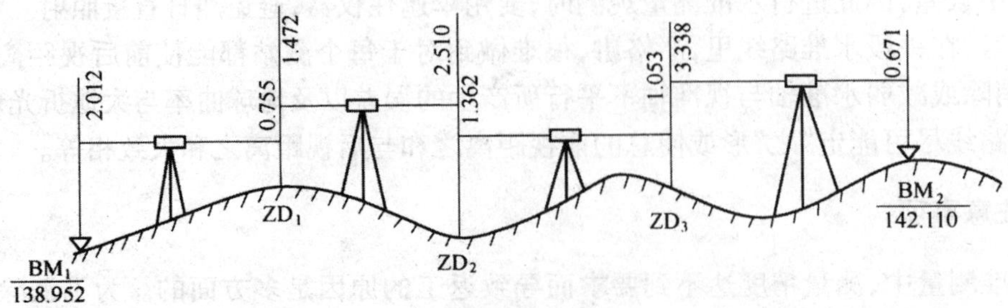

图 2-26 题11图

12. 完成下表图根水准的内业计算。

点号	距离 (km)	测的高差 (m)	改正数 (mm)	改正后高差 (m)	高 程 (m)
BMA					24.383
	1.8	4.673			
1					
	2.3	−3.234			
2					
	3.4	5.336			
3					
	2.0	−6.722			
BMA					
Σ					
辅助计算	$f_h=$ $f_{h容}=$				

13. 由水准点 A 进行支水准路线，来引测 1 点高程。设水准点 A 的高程为 $H_A=49.051\,m$，$h_{往}=+1.332\,m$，$h_{返}=-1.340\,m$，往、返均测了 7 站，计算 1 点高程。

14. 设 A、B 两点相距 80 m，仪器安置在中点 C，测得 A 点尺上的读数 $a_1=1.321\,m$，B 点尺上的读数 $b_1=1.117\,m$；现将仪器搬到距 B 点 3 m 处，测得 A 点尺上的读数 $a_2=1.695\,m$，B 点尺上的读数 $b_2=1.466\,m$。问：

(1) A、B 两点正确高差为多少？

(2) 该仪器水准管轴是否平行于视准轴？如不平行，应如何校正？

15. 在有多个测站的一条水准路线上，如果在某个测站上无法使前后视距离相等，采用什么方法可以消除视准轴与水准管轴不平行对观测结果的影响？

第三章

角 度 测 量

本章提要：本章主要介绍角度测量的原理和方法；经纬仪构造、使用及检校；经纬仪测量角度的误差来源及消除方法。

第一节　角度测量原理

确定地面点的位置时，常要进行角度测量。角度测量包括水平角测量和竖直角测量。水平角测量用于求算点的平面位置，竖直角测量用于测定高差或将倾斜距离改化成水平距离。

一、水平角测量原理

地面一点到两目标点的方向线，垂直投影到水平面上的夹角称为水平角，用 β 表示。如图 3-1 所示，A、B、O 是地面上任意三点，通过 OA 和 OB 分别作两个竖直面，它们与水平面 P 的交线 O_1A_1 和 O_1B_1 的夹角 β 就是 OA 与 OB 之间的水平角。地面上任意两方向间的水平角就是过该两方向的两个竖直面所夹的二面角。

设在二面角棱线 OO_1 上，水平地安置一个 0°～360°顺时针刻划的度盘，度盘中心过 OO_1 线，再安装一个既能绕 OO_1 轴水平方向转动，又能在一个竖面内俯仰转动，用于照准目标的望远镜。当望远镜分别照准 A 和 B 目标时，所得两个竖面与度盘相交，这两条交线在度盘上的读数分别为 a 和 b，则

水平角
$$\beta = b - a \tag{3-1}$$

即，面向观测角，右边目标读数减去左边目标读数。

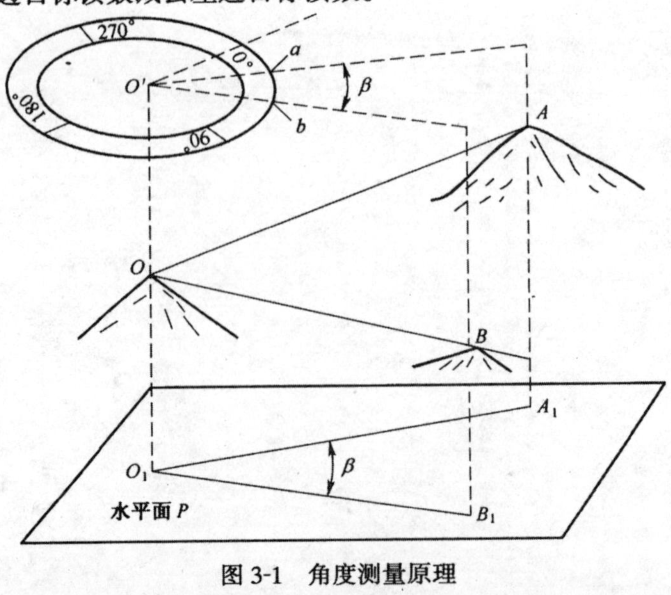

图 3-1　角度测量原理

二、竖直角测量原理

在同一竖直面内,视线方向与水平线的夹角称为竖直角,用 α 表示。如图 3-2 所示。视线方向在水平线之上,竖直角为仰角,角值为正,用 $+\alpha$ 表示;视线方向在水平线之下,竖直角为俯角,角值为负,用 $-\alpha$ 表示,如图 3-2 所示。

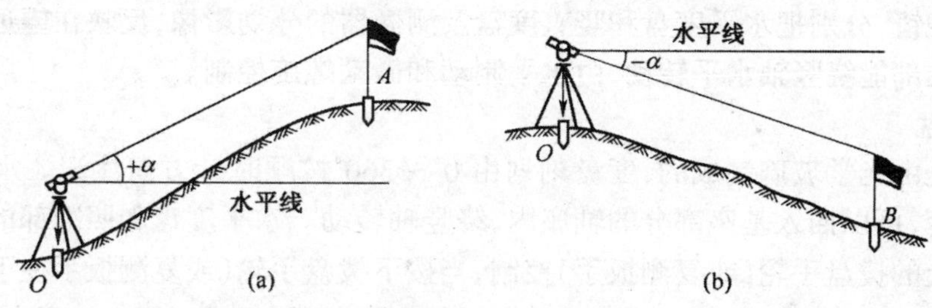

图 3-2 竖直角

竖直角测量就是利用望远镜照准目标的方向线与水平线分别在竖直度盘上的读数,计算出竖直角的,两读数之差即为竖直角的角值。经纬仪就是测量水平角和竖直角的主要仪器。

第二节 光学经纬仪

工程上常用的经纬仪,按其精度来分有 DJ_6、DJ_2 等几种类型。"D"和"J"分别为大地测量和经纬仪的汉语拼音第一个字母,"6"和"2"代表该仪器的精密度。由于生产厂家不同,经纬仪的构造也不完全一样,但其基本构造是一致的。

一、DJ_6 级光学经纬仪

(一) 总体构造

图 3-3 为北京光学仪器厂生产的 DJ_6 级光学经纬仪及其部件名称,图 3-4 为经纬仪结构简图。仪器主要由照准部、水平度盘和基座组成,通过轴和轴套结合在一起。

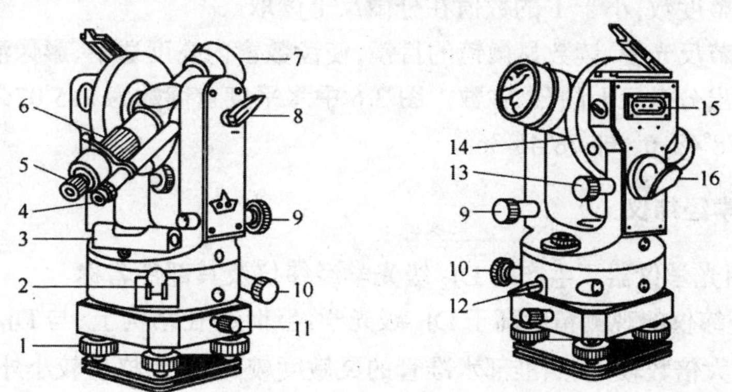

图 3-3 DJ_6 级光学经纬仪

1—脚螺旋;2—复测钮;3—管水准器;4—读数窗;5—目镜调焦螺旋;6—望远镜对光螺旋;7—物镜;8—垂直制动螺旋;9—垂直微动螺旋;10—水平微动螺旋;11—轴座固定螺旋;12—水平制动螺旋;13—望远镜制动螺旋;14—竖直度盘;15—竖盘指标水准管;16—采光镜

1. 照准部

照准部是上部转动部分的总称,包括望远镜、水准器、横轴、竖直度盘、读数设备等。

望远镜用于精确照准目标,能绕横轴旋转,由望远镜制动和微动螺旋来控制其俯仰。照准部水准管用以指示水平度盘水平、竖轴竖直。在横轴的一端固定装有竖直度盘,并设有竖盘水准管和竖盘水准管微动螺旋。读数设备是比较复杂的光学系统,光线由反光镜进入仪器,通过一系列透镜和棱镜,分别把水平度盘和竖直度盘及测微器的分划影像,反映在望远镜旁的读数显微镜内。照准部能绕竖轴水平转动,由水平制动和微动螺旋控制。

2. 水平度盘

水平度盘是由光学玻璃制成的,度盘刻划由 0°～360°按顺时针方向注记。水平度盘的下端为一空心轴套,可以插入基座部分的轴座内,绕竖轴转动。水平度盘和照准部的离合关系由装置在照准部上的拨盘手轮(或复测扳手)控制,当按下拨盘手轮(或复测扳手往下扳)时,水平度盘随照准部一起转动,读数不变;当打开拨盘手轮(或复测扳手往上扳)时,照准部转动,水平度盘不动,读数变化。若按下拨盘手轮的同时转动拨盘手轮,可使水平度盘位置变动。或直接拨动度盘变位手轮改变水平度盘读数。

3. 基座

基座用来支承整个仪器,并借助中心螺旋使经纬仪与脚架结合。基座上的轴座固定螺旋将照准部固定在基座上,三个脚螺旋用来整平仪器。

(二)读数系统

光学经纬仪的水平度盘和竖直度盘上的刻度,通过一系列棱镜和透镜成像在镜旁的读数显微镜内,观测者通过显微镜读数。图 3-5 为 DJ_6 光学经纬仪的读数系统光路图。

国产的 DJ_6 级光学经纬仪,大多数采用分微尺测微器进行读数。在读数显微镜内能看到两条有分划的分微尺以及水平度盘和竖直度盘分划的影像,如图 3-6 所示。水平度盘和竖直度盘上相邻两分划影像的间隔与分微尺的全长相等,度盘分划值为 1°,分微尺全长读数也为 1°。分微尺等分成 6 大格,每大格注记一个数字,从 0～6,每大格分为 10 小格。因此,分微尺每一大格代表 10′,每一小格代表 1′,可以估读到 0.1′,即 6″。读数时,以分微尺的 0 线作指标线,在度盘上读出整度数,小于 1°的数值在分微尺上读取。

读数时,先调节反光镜、读数显微镜的目镜,使读数窗内亮度适中、影像清晰。先读度盘分划线的度数,再读出分微尺上的分、秒数。图 3-6 中水平度盘读数为 215°07.5′,即 215°07′30″;竖直度盘读数为 78°48.6′,即 78°48′36″。

二、DJ_2 级光学经纬仪

图 3-7 为苏州光学仪器厂生产的 DJ_2 级光学经纬仪及其部件名称。

DJ_2 级光学经纬仪的观测精度高于 DJ_6 级光学经纬仪,在结构上,与 DJ_6 级光学经纬仪相似,除望远镜的放大倍数较大、照准部水准管的灵敏度较高、度盘格值较小外,主要表现为读数设备的不同。DJ_2 级光学经纬仪的读数设备有如下两个特点:

(1)DJ_6 级光学经纬仪采用单指标读数,受度盘偏心的影响。DJ_2 级光学经纬仪采用对径符合读数法,相当于利用度盘上相差 180°的两个指标读数并取平均值,可减少度盘偏心的影响。

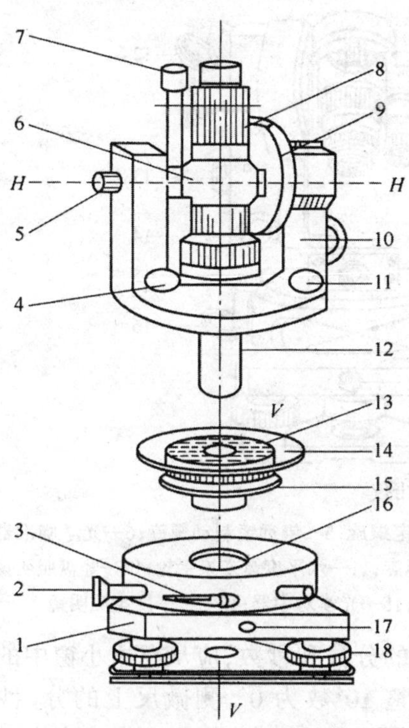

图 3-4 照准部、度盘、基座结构图

1—基座;2—水平微动螺旋;3—水平制动螺旋;4—望远镜微动螺旋;5—望远镜制动螺旋;6—横轴;7—光学读数显微镜;8—望远镜;9—竖直度盘;10—支架;11—竖盘水准管微动螺旋;12—旋转轴;13—度盘轴套;14—水平度盘;15—复测盘;16—竖轴轴套;17—固定螺旋;18—脚螺旋

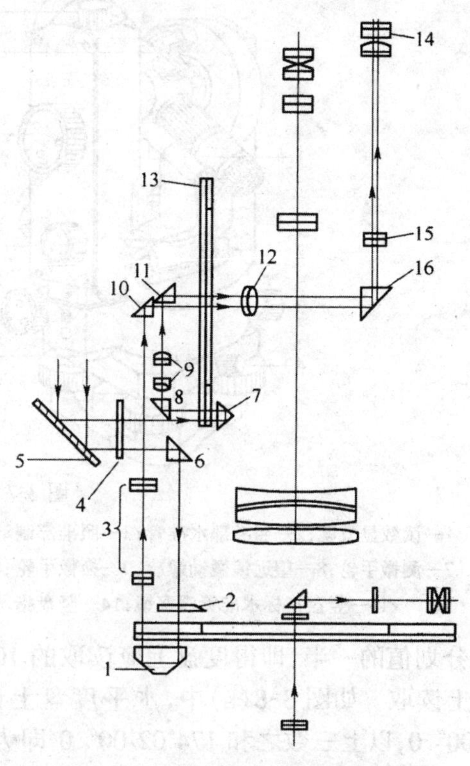

图 3-5 经纬仪读数系统光路图

1—折光棱镜;2—聚光镜;3—显微物镜;4—进光镜;5—反光镜;6—折射棱镜;7—折光棱镜;8—直角折光棱镜;9—显微物镜;10—折射棱镜;11—折射棱镜;12—读数窗;13—竖直度盘;14—读数目镜;15—读数物镜;16—转像棱镜

(2)DJ_2 级光学经纬仪在读数显微镜中只能看到水平度盘或竖直度盘中的一种,读数时,可通过转动换像手轮,选择所需要的度盘影像。

图 3-8 是在读数显微镜中分别看到的水平度盘和竖直度盘的影像。大窗为度盘的影像,每隔 1°注一个数字,度盘分划值为 20′。小窗为测微尺的影像,左边注记数字从 0 到 10 以分为单位,右边注记数字以 10″为单位,最小分划为 1″,估读到 0.1″。当转动测微轮时,使测微尺由 0′移动到 10′时,度盘正倒像的分划线向相反方向各移动半格(相当于 10′)。

读数时,先转动测微轮,使正、倒像的度盘分划线精确重合,然后找出临近的正、倒像相差 180°的两条分划线,并注意正像应在左侧、倒像在右侧,正像分划的数字就是度盘的度数;再数出正像分划线与倒像分划线间的格数,乘以度

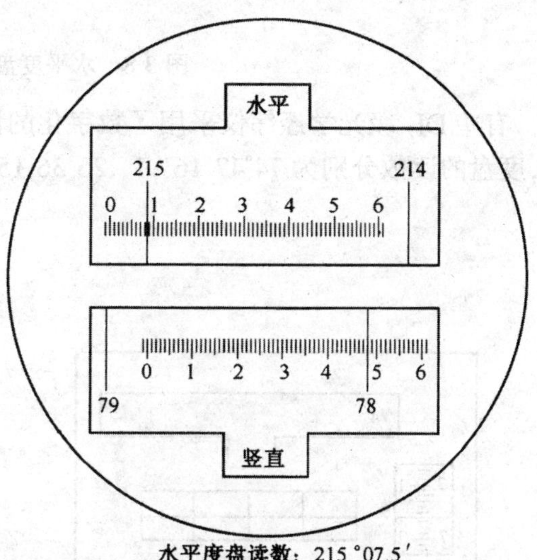

水平度盘读数: 215 °07.5′
竖直度盘读数: 78 °48.6′

图 3-6 经纬仪读数

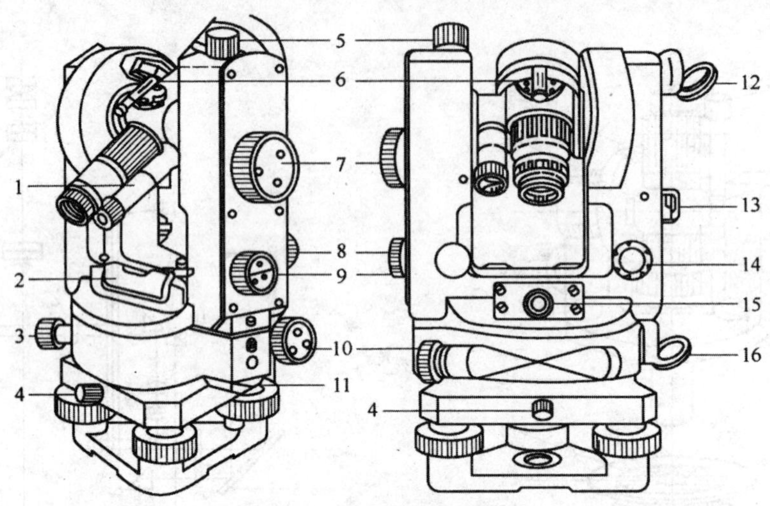

图 3-7　DJ_2 级光学经纬仪

1—读数显微镜;2—照准部水准管;3—照准部制动螺旋;4—座轴固定螺旋;5—望远镜制动螺旋;6—光学瞄准器;7—测微手轮;8—望远镜微动螺旋;9—换像手轮;10—照准部微动螺旋;11—水平度盘变换手轮;12—竖盘照明镜;13—竖盘指标水准管观察镜;14—竖盘指示水准管微动螺旋;15—光学对中器;16—水平度盘照明镜

盘分划值的一半,即得度盘上应读取的 10′数;不足 10′的分数和秒数,应从左边小窗中的测微尺上读取。如图 3-8(a)中,水平度盘上读数为 174°,整 10′数为 0′,测微尺上的分、秒数为 2′00″.0,以上三数之和 174°02′00″.0 即为度盘的整个读数。同法,图 3-8(b)中竖直度盘的读数为 91°17′16″.2。

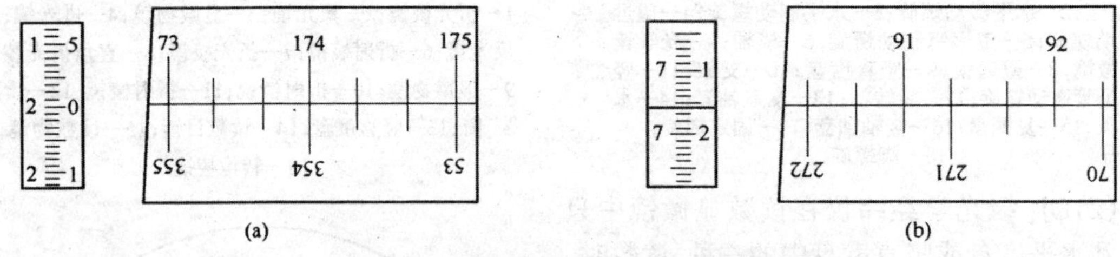

图 3-8　水平度盘和竖直度盘的影像图

有些 DJ_2 级光学经纬仪采用了数字化的读数,读数原理与上述相同,如图 3-9、图 3-10 所示,度盘的读数分别为 74°47′16″.1 、25°36′15″.4 。

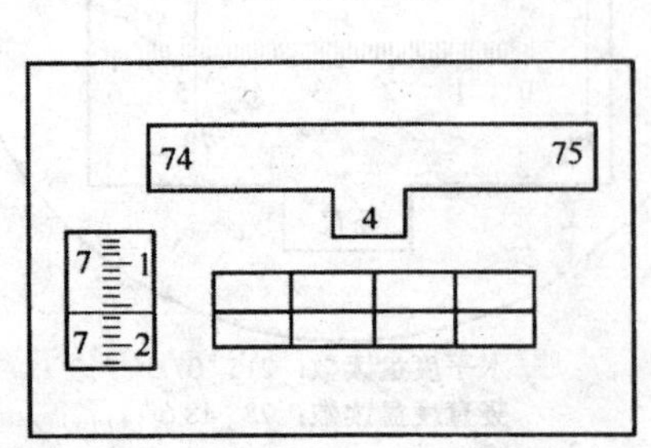

图 3-9　DJ_2 级光学经纬仪度盘读数 1

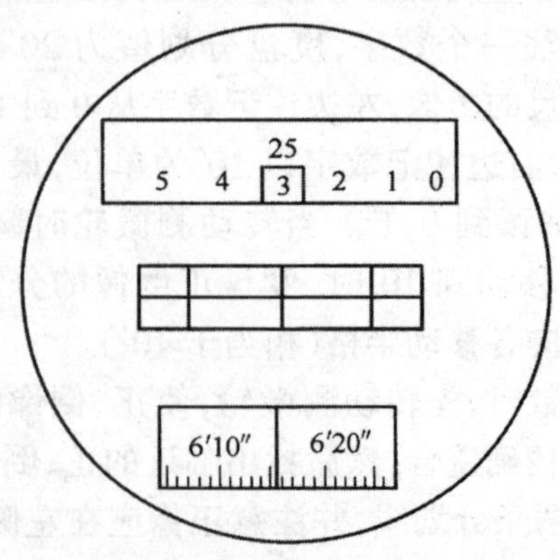

图 3-10　DJ_2 级光学经纬仪度盘读数 2

第三节　水平角测量

一、经纬仪的使用

经纬仪的使用包括安置、调焦照准、读数几项基本操作。

(一)经纬仪的安置

进行角度测量时,首先要将经纬仪安置于测站点上。仪器的安置包括对中、整平两个步骤。

1. 对中

对中的目的是把仪器中心安置在测站点的铅垂线上。先张开三脚架,调节脚架使其高度适宜,目估架头水平,并使架头中心初步对准测站点木桩。安装仪器,拧紧中心螺旋,挂上垂球。如垂球尖离桩上小钉较远,则需平移三脚架,使垂球大致对准小钉,然后稍松中心螺旋,在架头上移动仪器,使垂球尖端对准小钉中心,误差在 2 mm 以内,再拧紧中心螺旋。

2. 整平

整平的目的是使仪器的竖轴竖直、水平度盘水平。通过转动基座上的三个脚螺旋,使仪器照准部上的水准管气泡在任意方向都居中来实现整平。先松开水平制动扳手,转动照准部,使管水准器大致平行于两个脚螺旋的连线,如图 3-11(a)所示,两手同时向内或向外旋转脚螺旋(气泡移动的方向和左手大拇指运动方向一致)使气泡居中;之后转动照准部 90°,如图 3-11(b),单独旋转第三个脚螺旋,使管水准气泡居中;按上述过程反复几次,直到照准部转至任何位置气泡都居中时为止,此时,仪器竖轴竖直、水平度盘水平。整平误差不得大于一格。

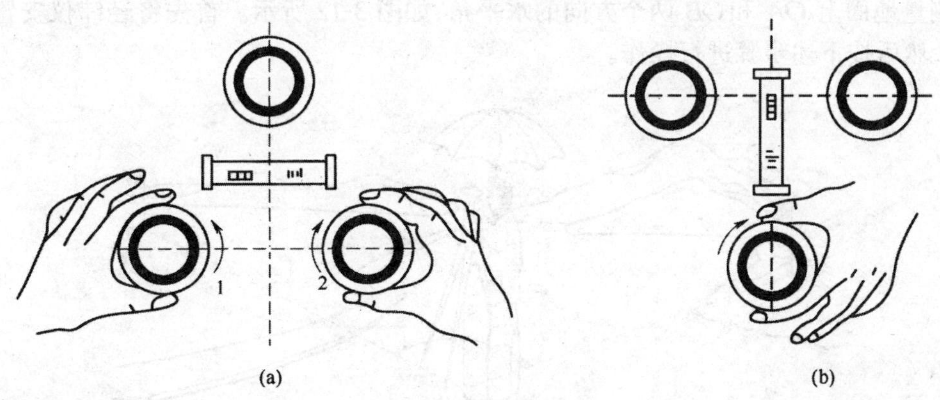

图 3-11　经纬仪的整平

现代光学经纬仪,一般都带有光学对中器,这种仪器对中和整平是联合进行的。现将其具体操作步骤叙述如下:

(1)脚架置于测站上,将经纬仪与脚架联结并移动脚架,目估仪器中心大致和地面测站点相接近,注意使架头大致水平。

(2)安好仪器后,先转动对中器上的目镜调焦螺旋,使光路清晰,可以从对中器的目镜中看清一个小圆圈或十字丝的影像。然后再转动对中器上的物镜调焦螺旋(或推拉对中器上的目镜调焦螺旋,相当于物镜调焦)看清地面点。将一个脚架插入地面固定,用两手把住另外两个脚架,并慢慢移动这两个脚架的位置,此时目视对中目镜,直至在目镜中看到测站点时,便停止转动脚架，并将其踏实。再转动脚螺旋，使测站点处在对中器分划中间位置。

(3)松开脚架腿的联结螺旋，升降架腿(其中两个)，使圆水准器的气泡居中，然后拧紧脚架联结螺旋。这时对中器视线移动很小。

(4)转动脚螺旋，精确整平。

(5)松开仪器中心螺旋，移动仪器基座，使测站点处于圆圈正中间，即处于精确对中位置，然后拧紧中心螺旋。

(6)按上述(4)、(5)步骤反复1～2次，即可达到对中整平同时好的目的。

(二)调焦照准

照准前先进行目镜调焦，使十字丝清晰，然后利用望远镜上的照门和准星粗略照准目标，进行物镜调焦，使目标清晰。转动照准部和望远镜微动螺旋，精确照准目标。测水平角时，是使十字丝的竖丝单丝与目标重合，或竖丝双丝夹住目标，并尽量照准目标的底部；测竖直角时，是使十字丝的横丝精确地照准目标。不便直接瞄准地面点时，在地面点上悬挂垂球，距离远时竖立花杆作为观测目标。

(三)读　数

调节反光镜及读数显微镜目镜，使度盘与测微尺影像清晰，亮度适中，根据仪器的读数设备，按前述的读数方法读数。

二、水平角测量方法

观测水平角的常用方法有测回法和方向观测法。

(一)全测回法

全测回法是测角的基本方法，这种方法适用于观测两个方向之间的单角。

若测量地面上 OA 和 OB 两个方向的水平角，如图3-12所示。首先将经纬仪安置在测站点 O 上，然后按下述步骤进行操作。

图3-12　全测回法

1．盘左位置(竖盘在望远镜的左侧，也称正镜)

先照准目标 A 点，读取水平度盘读数 $a_{左}$，设为0°12′12″，记入测角记录手簿表3-1中；顺时针转动照准部，照准目标 B 点，读取水平度盘读数 $b_{左}$，设为72°08′48″，记入手簿，并计算盘左位置的水平角 $\beta_{左}$，$\beta_{左}=b_{左}-a_{左}=71°56′36″$。

以上完成了盘左半个测回(也称上半测回)的观测。

2．盘右位置(竖盘在望远镜右侧，也称倒镜)

倒转望远镜成盘右位置，先瞄准目标 B 点，读取水平度盘读数 $b_{右}$，设为 252°08′30″记入手簿；逆时针转动照准部，照准目标 A 点，读取水平度盘读数 $a_{右}$，设为 180°12′00″，记入手簿，计算盘右位置的水平角 $\beta_{右}$，$\beta_{右}=b_{右}-a_{右}=71°56'30''$。

完成了盘右半个测回（也称下半测回）的观测。

盘左、盘右两个半测回合称一个测回。上、下半测回测得角值较差，$\Delta\beta=\beta_{左}-\beta_{右}$ 满足表 3-2 要求，取其平均值作为一测回角值，即 $\beta=(\beta_{左}+\beta_{右})/2=71°56'33''$，将结果记入手簿。

表 3-1 测回法测角记录手簿

测站	测回数	目标	竖盘位置	度盘读数（° ′ ″）	半测回读数（° ′ ″）	一测回读数（° ′ ″）	各测回平均数	备注
0	1	A	左	0 12 12	71 56 36	71 56 33	71 56 36	
		B		72 08 48				
		A	右	180 12 00	71 56 30			
		B		252 08 30				
0	2	A	左	90 08 42	71 56 42	71 56 39		
		B		162 05 24				
		A	右	270 08 30	71 56 36			
		B		342 05 06				

表 3-2 两半测回间水平角角值较差的限差（″）

仪器型号	两半测回间水平角角值较差的限差
J_2	15
J_6	30

数据来源：《新建铁路工程测量规范》（TB 10101—99）。

在计算角值时，若被减数小于减数时，应先在被减数上加 360°，再计算角度，水平角不应出现负值。

有时为了提高测角精度，可以观测几个测回。

（二）*方向观测法*

方向观测法，适用于观测两个以上的方向。当观测方向多于三个时，每半测回都从一个选定的起始方向（零方向）开始观测，在依次观测所需的各个目标之后，应再次观测起始方向（称为归零），称水平方向观测法，如图 3-13 所示。

1．观测

（1）盘左位置（上半测回）。选择距离适中、通视良好、成像清晰且垂直角较小的方向作为零方向。假设 A 目标为零方向，将水平度盘读数拨至略大于 0°00′00″，照准 A 目标，读取水平度盘读数，然后顺时针方向依次照准目标 B、C、D 并读数，为了校核，再次照准目标 A 读数。A 方向的两次读数差，称为半测回归零差。检查半测回归零差有无超限，如果超限，则应重测；若合格，则继续进行下半测回观测。当观测方向数不超过 3 时，可不归零。

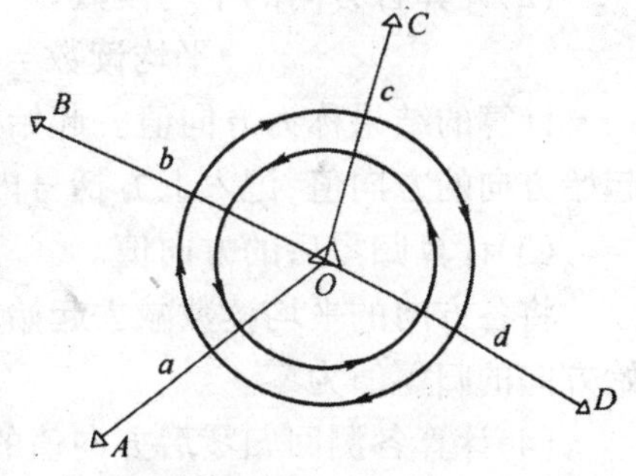

图 3-13 方向观测法

（2）盘右位置（下半测回）。倒转望远镜成盘右位置后，照准起始方向 A 读数，逆时针方向转动照准部，依次照准 D、C、B 方向并读数，最后再照准 A 得相应读数，其半测回归零差仍不应超过限差，完成了一个测回的观测工作。

方向观测法的测回数，应根据测量设计的测角精度要求，结合所用的仪器等级选定，具体要求可查阅《新建铁路工程测量规范》。每测回间零方向读数的变动值应：

J_2 型仪器
$$\frac{180^\circ}{m}+\frac{i'}{2}+\frac{i''}{m} \tag{3-2}$$

式中 m——测回数；

i'——度盘最小分划值，取 20′；

i''——测微器秒格的全分划数，取 600″。

2. 记录与计算

方向观测法的记录格式如表 3-3 所示，记录时根据观测顺序，依次将各数据记入表中。

表 3-3 方向观测法记录手簿

测站	测回数	目标	水平度盘读数(° ′ ″)		2c	(平均)方向值	归零方向值	各测回平均方向值	水平角值
			盘左	盘左		(° ′ ″)	(° ′ ″)	(° ′ ″)	(° ′ ″)
3	1	A	0 02 06	180 02 16	−10″	(0 02 10) 0 02 11	0 00 00		
		B	52 33 41	232 33 49	−8″	52 33 45	52 31 35		
		C	91 21 24	271 21 30	−6″	91 21 27	91 19 17		
		D	138 42 40	318 42 54	−14″	138 42 47	138 40 37		
		A	0 02 03	180 02 15	−12″	0 02 09			
3	2	A	90 01 20	180 01 32	−12″	(90 01 21) 90 01 26	0 00 00	0 00 00	
		B	142 33 01	232 33 05	−4″	142 33 03	52 31 42	52 31 34	
		C	181 20 43	271 20 50	−7″	181 20 46	91 19 25	91 19 21	
		D	228 42 07	318 42 11	−4″	228 42 09	138 40 48	138 40 42	
		A	90 01 10	270 01 21	−11″	90 01 16			

计算步骤：

(1)计算两倍照准差 $2c$ 值。

$$2c=\text{盘左读数}-(\text{盘右读数}\pm180^\circ)$$

检查一个测回内 $2c$ 值的互差有无超限，如果超限，则应重测。

(2)计算各方向的平均读数。

$$\text{平均读数}=[\text{盘左读数}+(\text{盘右读数}\pm180^\circ)]/2$$

计算的结果称为方向值。起始方向有两个平均值，应将此两数值再次平均，所得的值作为起始方向的方向值，记入上方括号内。

(3)计算归零后的方向值。

将各方向的平均读数减去起始方向的平均读数(括号内)，即得各方向的归零方向值。起始方向的归零值为零。

(4)计算各测回归零后方向值的平均值。

取各测回同一方向归零后的方向值的平均值作该方向的最后结果。在取平均值之前，应计算同一方向归零后的方向值各测回之间的差数有无超限，如果超限，则应重测。

(5)计算各目标间水平角值。

相邻两方向值相减即可求得水平角值。

水平方向观测法的观测限差，见表 3-4。

表 3-4 水平方向观测法观测限差(″)

仪器型号	光学测微器两次重合读数之差	半测回归零差	各测回同方向两倍视轴差(2c)的互差	各测回同方向值互差
J_1	1	6	9	6
J_2	3	8	13	10

数据来源：《新建铁路工程测量规范》(TB 10101—99)。

三、水平角观测注意事项

(1)仪器安置的高度应合适，脚架踏实，中心螺旋拧紧，观测时手不要扶脚架，转动照准部及使用各种螺旋时，用力要轻。

(2)若观测目标的高度相差较大，特别要注意仪器整平。

(3)对中要准确。测角精度要求越高，或边长越短，则对中应越严格。

(4)观测时要消除视差，尽量用十字丝交点处照准目标底部或桩上小钉。

(5)按观测顺序记录水平度盘读数，注意检查限差，如有超限立即重测。

(6)水准管气泡应在观测前调好，一个测回过程中不允许再调，如气泡偏离中心超过两格时，应再次整平重测该测回。使用 J_2 进行方向观测时，观测过程中，气泡偏离整置中心不得超过半格。

(7)观测时，应选择在成像清晰稳定的时间内进行，宜将仪器置于阴影下 20～30 min 之后进行。观测过程中，不得使仪器受日光直接照射。

第四节 竖直角测量

一、竖直度盘的构造

如图 3-14 所示，竖直度盘固定在望远镜横轴的一端，与横轴垂直，且二者中心重合。当望远镜绕横轴转动时，竖直度盘随之转动。用于读取竖直度盘读数的指标与竖盘水准管固连在一起，当竖直度盘随望远镜一起转动时，读数指标不动，通过转动竖盘水准管微动螺旋，调整竖盘水准管气泡居中，可使指标处于正确位置。

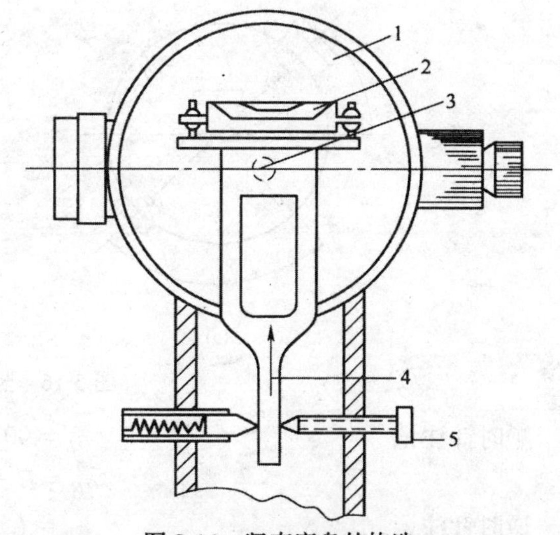

图 3-14 竖直度盘的构造

1—竖直度盘；2—竖盘指标水准管；3—横轴；4—竖盘读数指标；5—竖盘水准管微动螺旋

竖直度盘也是由玻璃制成的，其度盘刻划按 0°～360°注记，其形式有顺时针和逆时针方向注记两种。当望远镜视线水平、竖盘水准管气泡居中时，读数窗的指标线标定的读数应为整数，称为起始读数，盘左为 90°，如图 3-15(a)；盘右为 270°，如图 3-15(b)。

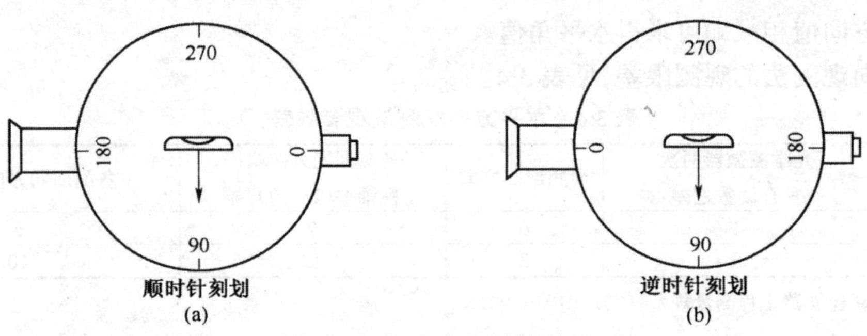

图 3-15 竖直度盘刻划形式

为使指标处于正确位置,每次读数前都要将竖盘水准管的气泡调节居中很不方便,现在许多经纬仪在竖盘光路中安装补偿器,用以取代竖盘水准管,使仪器在一定的倾斜范围内能读得相应于竖盘水准管气泡居中时的读数,称竖盘指标自动归零,其原理与自动安平水准仪的自动安平补偿原理基本相同。

二、竖直角计算公式

进行竖直角测量时,望远镜照准待测目标,转动竖盘水准管微动螺旋,使竖盘水准管气泡居中,此时读出的竖盘读数,与水平视线读数之差就是要测的竖直角值。

(一)竖直角计算

竖直角仰角值为正;俯角值为负。由于光学经纬仪的竖盘有顺时针、逆时针两种注记形式,竖直角计算公式略有不同,确认竖直角计算公式方法如下:

将望远镜慢慢抬高,这时观察竖盘读数,如果读数比起始读数增加了,则公式应为:α=读数-起始读数;如果读数比起始读数减小,则公式应为:α=起始读数-读数。

如图 3-16 所示,顺时针注记的竖盘,盘左的起始读数为 90°,望远镜照准高处目标,竖盘读数为 L,读数减少了;盘右的起始读数为 270°,望远镜仍照准高处目标,竖盘读数为 R,读数增加了,所以求竖直角的公式应为

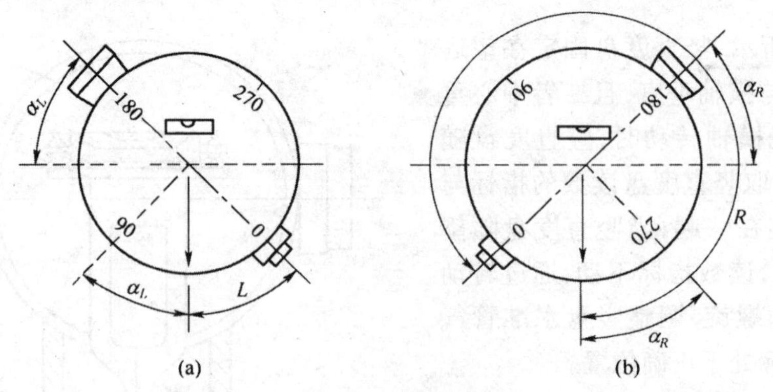

图 3-16 竖盘读数

顺时针注记

$$\alpha_L = 90° - L$$
$$\alpha_R = R - 270° \tag{3-3}$$

逆时针注记

$$\alpha_L = L - 90°$$
$$\alpha_R = 270° - R \tag{3-4}$$

竖直角 $$\alpha=\frac{1}{2}(\alpha_L+\alpha_R) \tag{3-5}$$

(二)竖盘指标差

实际工作中,由于仪器搬运或安装过程的振动等原因,当视线水平、竖盘水准管气泡居中时,竖盘读数不是应读的正确起始读数,它与正确起始读数之差,称为竖盘指标差,用符号 x 表示,如图 3-17 所示。

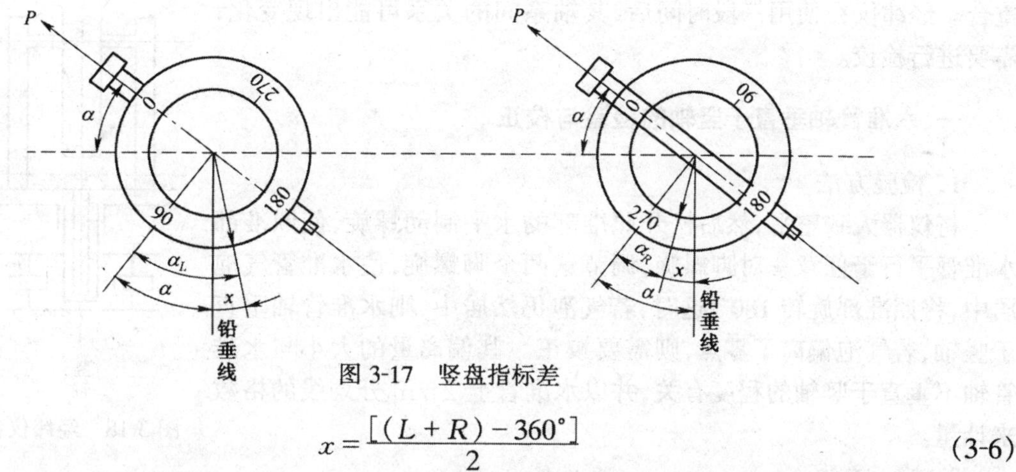

图 3-17 竖盘指标差

$$x=\frac{[(L+R)-360^\circ]}{2} \tag{3-6}$$

指标差 x 可以用来检查观测质量。同一测站上观测不同目标时,指标差的变动范围,对于 DJ_6 级经纬仪来说不应超过 25″。另外,在精度要求不高或不便纵转望远镜时,可先测定 x 值,以后只作正镜观测,加入指标差改正,求得正确的竖直角值。

顺时针注记
$$\alpha_L=90^\circ-(L-x)$$
$$\alpha_R=(R-x)-270^\circ \tag{3-7}$$

逆时针注记
$$\alpha_L=(L-x)-90^\circ$$
$$\alpha_R=270^\circ-(R-x) \tag{3-8}$$

三、竖直角的观测

用经纬仪采用测回法观测竖直角的步骤如下:

(1)在测站上安置经纬仪,对中、整平。确定仪器竖直角计算公式。

(2)盘左位置,转动望远镜照准目标,使十字丝横丝切于目标,转动竖盘水准管微动螺旋,使竖盘水准管气泡居中,读取竖盘读数 L,记入竖直角观测手簿,如表 3-5 所示。

(3)倒镜成盘右位置,再照准目标,并使竖盘水准管气泡居中,读取竖盘读数 R,记入手簿。

(4)根据公式计算竖直角。

表 3-5 竖直角观测手簿

测站	目标	盘位	竖盘读数 (° ′ ″)	半测回竖直角 (° ′ ″)	指标差 x	一测回竖直角 (° ′ ″)	备 注
O	A	左	94 33 24	−4 33 24	−18″	−4 33 42	竖盘为顺时针注记形式 $\alpha_L=90^\circ-L$ $\alpha_R=R-270^\circ$
		右	265 26 00	−4 34 00			
O	B	左	81 34 00	+8 26 00	−6″	+8 25 54	
		右	278 25 48	+8 25 48			

第五节　经纬仪的检验与校正

为了能正确地测出角度，经纬仪应满足下列主要条件(图3-18)：水准管轴应垂直于竖轴；视准轴应垂直于横轴；横轴应垂直于竖轴；为瞄准目标方便，十字丝竖丝应垂直于横轴；光学对中器的视线应与竖轴的旋转中心线重合。经纬仪在使用一段时间后，其轴系间的关系可能出现变化，需要进行检校。

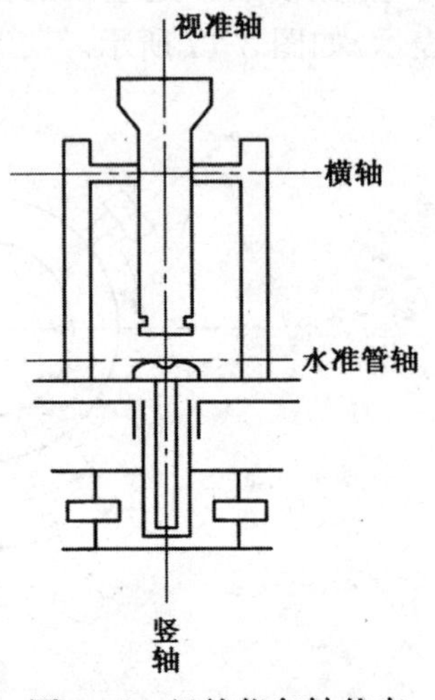

图 3-18　经纬仪各轴状态

一、水准管轴垂直于竖轴的检验与校正

1. 检验方法

将仪器大致整平，然后松开照准部的水平制动螺旋，使照准部水准管平行于任意一对脚螺旋，调节这两个脚螺旋，使水准管气泡居中，将照准部旋转 180°，这时，若气泡仍然居中，则水准管轴垂直于竖轴，若气泡偏离了零点，则需要校正。其偏离量的大小与水准管轴不垂直于竖轴的程度有关，并以水准管上 2 mm 分划线的格数来计量。

2. 校正方法

先旋转脚螺旋，使气泡退回偏离量的一半，再用校正针拨动水准管一端的校正螺丝，使气泡居中。反复进行几次，直至度盘处于任意位置，气泡偏离中点不大于半格为止。

管水准器校正好以后，可进行圆水准器的检验与校正。首先用管水准器将仪器整平，看圆水准器气泡是否居中，如有偏离，用校正针拨动圆水准器下面的三个校正螺丝，使气泡居中即可。这时圆水准器轴平行于竖轴。

二、十字丝竖丝垂直于横丝的检验与校正

1. 检验方法

整平仪器，用十字丝交点照准一个清晰的目标点 P，转动望远镜微动螺旋，使 P 点沿竖丝上下移动，如 P 点移动的轨迹始终在竖丝上，说明十字丝竖丝垂直于横轴；如 P 点移动的轨迹明显偏离竖丝，如图 3-19(b)所示，则需校正。

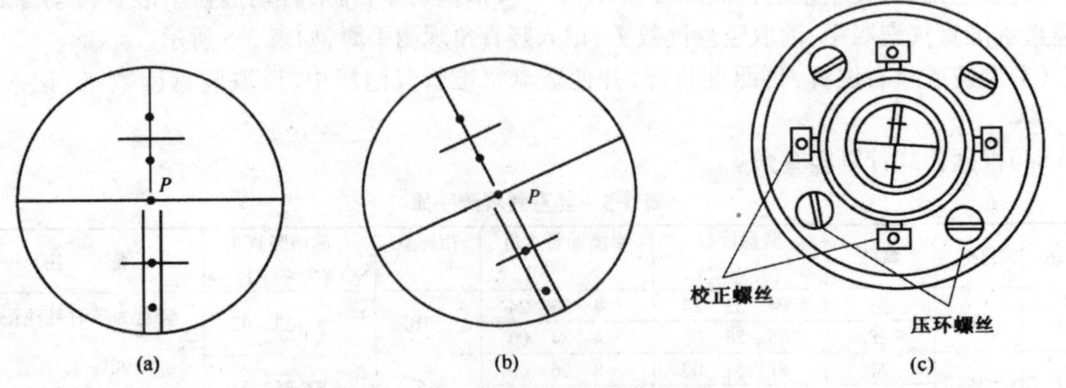

图 3-19　十字丝竖线垂直于横丝的检验与校正

2. 校正方法

校正时,微微旋松十字丝环的四个固定螺丝,如图 3-19(c)所示,转动十字丝环,直到望远镜上下移动时,P 点移动的轨迹始终在竖丝上为止,最后应拧紧固定螺丝。有的仪器没有固定螺丝,而是通过旋动相邻的两十字丝校正螺丝转动十字丝环校正的。反复进行,直至条件满足为止。

三、视准轴垂直于横轴的检验与校正

(一)读数法

1. 检验方法

整平仪器,首先以盘左位置照准远处水平方向一目标 P,读取读数 m_L,然后倒转望远镜成盘右位置,仍然照准目标 P,读取读数 m_R,如果视准轴垂直于横轴,则 $m_L - m_R = \pm 180°$。否则,有视准误差 c,需要校正。误差值 $c = \frac{1}{2}(m_L - m_R \pm 180°)$。

2. 校正方法

设仍在盘右位置,旋转水平微动螺旋,使水平度盘读数对准正确的读数 m_M,$m_M = \frac{1}{2}(m_L + m_R \pm 180°)$,十字丝交点偏离了 P 点,此时,调整十字丝环左右两个校正螺丝,一松一紧,使十字丝交点重新照准 P 点即可。

这种方法适用于 DJ_2 经纬仪,对单指标的 DJ_6 经纬仪,只有在度盘偏心差很小时才能见效,否则 $2c$ 中包含了较大的偏心差,校正将得不到正确的结果。因此,对 DJ_6 经纬仪最好采用四分之一法。

(二)四分之一法

1. 检验方法

选择较平坦地面,在相距约 100 m 的 A、B 两点的中点 O 安置仪器,在 A 点竖立一标志,在 B 点横放一根水准尺或毫米分划尺,使其尽可能与视线 OB 垂直,标志与水准尺的高度大致与仪器同高。如图 3-20(a)所示,盘左位置照准 A 点,固定照准部,倒转望远镜,在 B 尺上读数,定出 B_1 点;再以盘右位置照准 A 点,如图 3-20(b),固定照准部,倒转望远镜,在 B 尺上读数,定出 B_2 点;如果 B_1 与 B_2 重合,则说明视准轴垂直于横轴,如果 B_1 与 B_2 不重合,则需要校正。

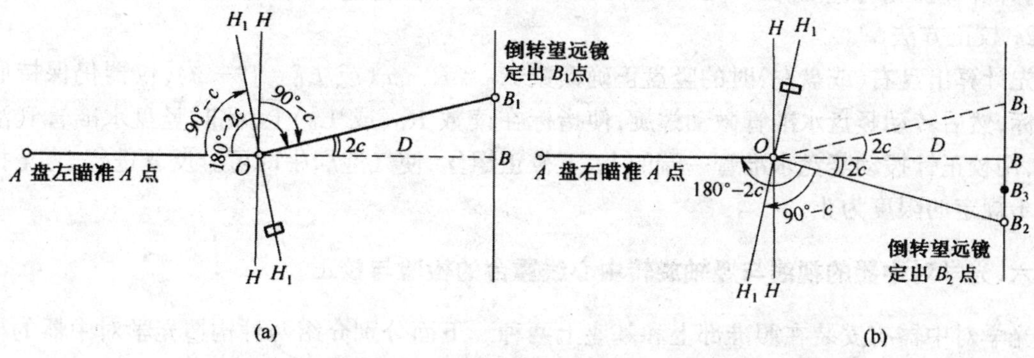

图 3-20　四分之一法检验与校正视准轴与横轴的垂直

2. 校正方法

由图 3-20(b)可知,OB_1 偏离 AO 的延长线 $2c$(c 为视准轴误差),OB_2 亦偏离 AO 的延长线 $2c$,因此,校正时,先由 B_2 点(盘右位置)向 B_1 点量$\frac{1}{4}B_1B_2$ 的长度,定出 B 点,然后,用校正针拨动十字丝左右两个校正螺丝,平移十字丝分划板,使十字丝交点与 B 点重合即可。反复进行,直至条件满足为止。

四、横轴垂直于竖轴的检验与校正

1. 检验方法

如图 3-21 所示,选择一较高的墙面,在离墙面 20~30 m 处安置仪器,盘左位置照准墙上高处一点 P,然后俯下望远镜至水平位置,用十字丝交点在墙上标出一点 P_1,倒转望远镜成盘右位置,再照准部高处点 P,而后再俯下望远镜至水平位置,用十字丝交点在墙上标出一点 P_2。如果 P_1 与 P_2 重合,说明仪器的横轴垂直于竖轴,否则就需要校正。

2. 校正方法

如图 3-21 所示,在墙上定出 P_1P_2 的中点 P_M,水平微动照准部,用十字丝交点瞄准 P_M点,然后固定照准部,将望远镜抬高指向 P 点,此时,十字丝交点偏差 P 而照准在P'点,校正望远镜横轴一端支架上的偏心轴环,使横轴一端升高或降低,致使十字丝交点移动,并精确照准 P 点为止。

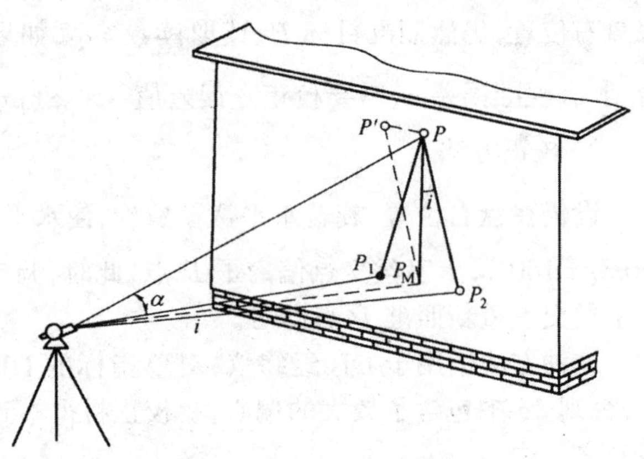

图 3-21 检验与校正示意图

由于近代光学仪器的制造工艺能确保横轴与竖轴垂直,且将横轴密封起来,故使用时,一般只进行检验,如需要校正,应由专业检修人员进行。

五、竖盘指标差的检验与校正

1. 检验方法

整平仪器,用盘左、盘右观测同一目标,使竖盘指标水准管气泡居中,分别读取竖盘读数 L 和 R,计算竖盘指标差 x,$x=(L+R-360°)/2$。若 x 值超过 1′时,应进行校正。

2. 校正方法

先计算出盘右(或盘左)时的竖盘正确读数 $R_0=R-x$(或 $L_0=L-x$),仪器仍保持照准原目标,然后转动竖盘水准管微动螺旋,使指标在读数 R_0(或 L_0)上,此时竖盘水准管气泡不居中,用校正针拨动竖盘水准管一端的上、下校正螺丝,使气泡居中即可。反复进行,直至指标差小于规定的限度为止。

六、光学对中器的视线与竖轴旋转中心线重合的检验与校正

光学对中器有安装在照准部上和基座上两种。下面分别介绍两种构造光学对中器的检验与校正方法。

(一)安装在照准部上的光学对中器的检验与校正

1. 检验方法

安置经纬仪于平坦的场地,并仔细地整平仪器。在脚架的中央地面上固定一白纸,调节对中器目镜,直至目镜中看清刻划圆圈(或十字丝)为止,然后将圆圈中心(或十字丝交点)标记于地面纸上,得到 a 点,再转动照准部 180°,若 a 点仍位于圆圈中心,则条件满足,否则需要校正。

2. 校正方法

将照准部平转 180°后的刻划中心再标记于地面纸上,得到 b 点,可得出 ab 的分中点 c,先卸下圆形护盖,然后调整光学对中器的校正螺丝,使对中器刻划中心(竖向视线)对准中点 c 即可。

(二)安装在基座上的光学对中器的检验与校正

1. 检验方法

在平坦无风的场地上安置好经纬仪,在脚架中央地面上固定一白纸,仔细整平仪器后,挂上垂球,在纸上精确定出静止的垂球尖点的位置(仪器中心点)A 点,从对中器中观察 A 点是否在刻划圆圈中心(或十字丝交点上),若 A 点不在刻划中心,则需要校正。

2. 校正方法

用校正针调整对中器目镜后的校正螺丝,使刻划中心与纸上标记的 A 点重合为止。

以上检校也应反复进行,直至条件满足为止。

上面叙述了经纬仪检验与校正的内容和方法。由于后一项检校往往是在前一项检校好的基础上进行的,所以经纬仪的检校必须按上述次序进行。

第六节 水平角测量的误差

水平角测量的误差来源主要有仪器误差、观测误差及自然条件影响。研究这些误差的成因及性质从而找出削弱其影响的方法,有利于提高水平角观测成果的质量。

一、仪器误差

仪器误差主要是仪器本身制造不精密、结构不完善及检校后的残余误差。

校正不完善的误差,如视准轴不垂直横轴的残余误差、横轴不垂直于竖轴的残余误差,可在观测中采用盘左、盘右两个位置取平均值的方法来消除其影响。水平度盘分划不均匀的误差,可采用变换度盘位置的方法来消除。度盘的偏心误差,可通过取同一方向盘左、盘右两读数的平均值的方法来加以消除。竖轴倾斜误差对水平角观测的影响,不能用观测方法来消除,观测目标越高,影响越大,因此在山区测量时,要特别注意检查仪器的整平。

二、观测误差

1. 对中误差

仪器对中误差给水平角观测带来的误差与测站点到目标点的距离、水平角大小有关,距离越短、角度越大,误差越大,观测时应把对中误差限制到最小限度。

2. 整平误差

在观测过程中,水准管气泡偏离一格就会影响水平角的精度。观测目标的倾斜角越大,影响也越大。

3. 照准误差

照准误差与望远镜放大率、目标的形状、亮度、人眼的分辨能力、视差的消除程度等因素有关。为了减少照准误差对测角的影响，观测时应尽量照准目标的底部。

4. 读数误差

读数误差主要取决于仪器的读数设备、观测者操作的熟练程度。读数中如果照明情况不佳、反光镜进光情况不好，读数显微镜目镜没调好，则估读的误差就会增大。

三、外界条件影响

外界条件影响的因素较多，大风影响仪器的稳定，强阳光直接照射、大气折光，影响照准精度。在观测过程中要注意：有太阳光直接照射时，要打伞遮阳，成像不清晰要停止观测。总之，要选择外界有利的观测条件，避开不利因素，充分发挥人的积极因素，认真做好观测中的每一项操作，减少误差，提高观测精度。

1. 什么叫水平角？在同一竖直面内瞄准不同高度的点在水平度盘上的读数是否相同？
2. 什么叫竖直角？在同一竖直面内瞄准不同高度的点在竖直度盘上的读数是否相同？
3. 水平角观测中，对中和整平的目的何在？
4. 简述测回法观测水平角的观测步骤。
5. 何谓竖盘指标差？如何测算？
6. 完成测回法一测回的计算：

测站	盘位	目标	平盘读数 (° ′ ″)	半测回角值 (° ′ ″)	一测回角值 (° ′ ″)	示意图
B	左	C	87 56 24			C D β B
		D	164 17 30			
	右	D	344 17 22			
		C	267 56 12			

7. ∠AOB 共测四测回，若达到精度，试完成其计算：

测站:0　　仪器:J_6　　No.94016

测回	盘位	目标	平盘读数 (° ′ ″)	半测回角值 (° ′ ″)	一测回角值 (° ′ ″)	各测回平均角值 (° ′ ″)
1	左	A	0 01 04			
		B	60 16 20			
	右	B	240 16 30			
		A	180 01 10			
2	左	A	90 15 20			
		B	150 30 40			
	右	B	330 30 54			
		A	270 15 24			
3	左	A	180 30 44			
		B	240 46 08			
	右	B	60 46 10			
		A	0 30 54			

续上表

测回	盘位	目标	平盘读数 (° ′ ″)	半测回角值 (° ′ ″)	一测回角值 (° ′ ″)	各测回平均角值 (° ′ ″)
4	左	*A*	270 46 52			
		B	331 02 00			
	右	*B*	151 02 08			
		A	90 46 58			

8. 用 J_6 级经纬仪观测一高处目标，盘左竖盘读数为 81°44′24″，盘右读数为 278°15′24″，请计算竖直角 α 和指标差 x。如仍用这台仪器在盘左位置测得另一目标竖盘读数为 99°58′12″，其正确竖直角应是多少？

第四章

距离测量和直线定向

本章提要：本章主要介绍直线定线的方法；用钢尺丈量水平距离的方法及成果计算；直线定向的方法；方位角与象限角的概念及其相互关系；方位角和象限角的测量方法。

水平距离是确定地面点位置的基本要素之一，水平距离测量也是一项基本的测量工作。水平距离指地面上两点的连线，沿铅垂方向投影在水平面上的长度。测量距离的主要方法有钢尺量距、全站仪测距、视距测量。钢尺量距、全站仪测距主要用于控制测量和精度要求较高的施工测量。视距测量主要用于地形测量。本章介绍钢尺量距，其他距离测量方法将在后续章节讲述。

第一节　地面上点的标志

在铁路测量中，为了完成勘测、施工等方面的任务，要在地面上布设一些固定点，这些点的位置选择好后，要用明显而精确的标志标定出来。点的位置要求稳固，在一定时间内不能变动。

根据地面情况和测量要求以及使用期限的长短，点的标志可分为临时性和永久性两种。临时性标志可采用木桩打入地中，桩顶略高于地面，并在桩顶钉一小钉或画一个十字表示点的位置，如图 4-1(a)所示。永久性标志可用石桩或混凝土桩，在石桩顶刻十字或在混凝土桩顶埋入刻有十字的钢柱以表示点位，如图 4-1(b)所示。

为了能明显地看到远处目标，可在桩顶的点位上竖立标杆，标杆的顶端系一红白小旗，标杆也可用标杆架或拉绳将标杆竖立在点上，如图 4-2 所示。

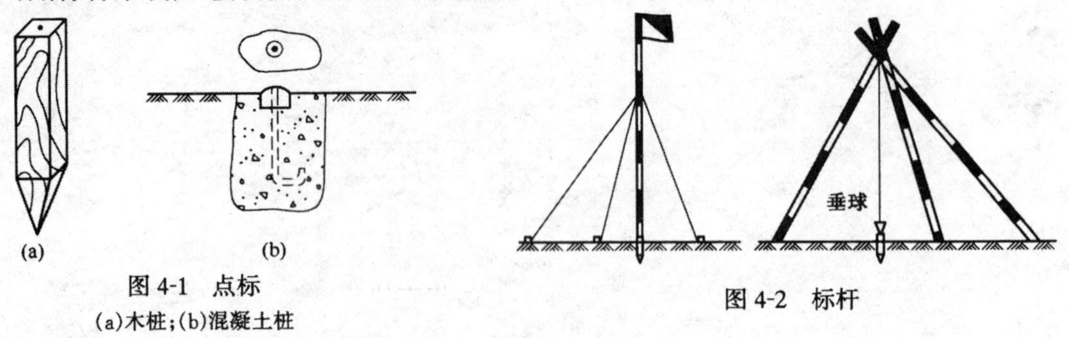

图 4-1　点标
(a)木桩；(b)混凝土桩

图 4-2　标杆

第二节　钢　尺　量　距

一、量距工具

通常使用的量距工具为钢尺、皮尺、测钎、标杆和垂球等工具。

钢尺如图 4-3(a)所示，由薄钢带制成，宽 1～1.5 mm，有手柄式和皮盒式两种。长度有 20 m、30 m、50 m 等几种。尺的最小刻度为 1 mm。按尺的零点位置可分为端点尺和刻线尺两种。端点尺的零点位置是从尺的端点开始，如图 4-4(a)所示。端点尺适用于从建筑物墙边开始丈量。刻线尺的零端是从尺上刻的一条横线作为标志，如图 4-4(b)所示。使用钢尺时必须注意钢尺的零点位置，以免发生错误。

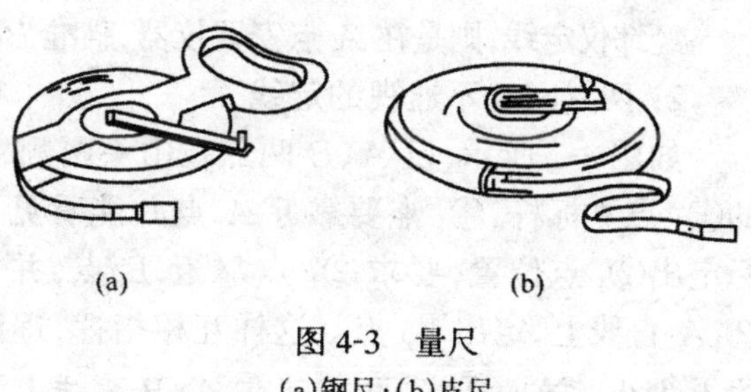

图 4-3　量尺
(a)钢尺；(b)皮尺

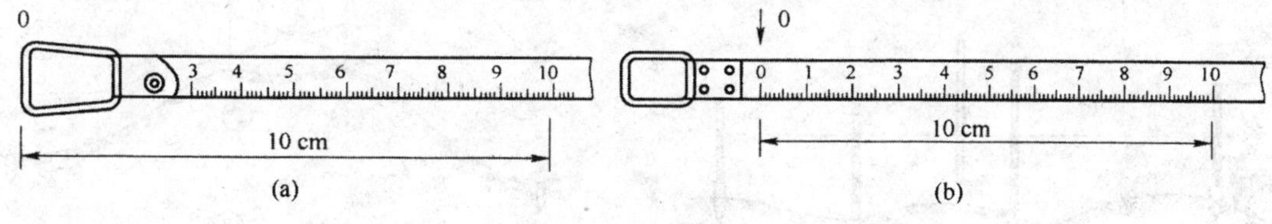

图 4-4　量尺零点
(a)端点尺；(b)刻线尺

皮尺如图 4-3(b)所示，皮尺也可分为端点尺和刻线尺。由于皮尺在拉力作用下伸缩变形较大，适用于精度要求不高的距离丈量。

标杆又称花杆，长为 2 m 或 3 m，直径为 3～4 cm，用木杆或玻璃钢管或空心钢管制成，杆上按 20 cm 间隔涂上红白漆，杆底为锥形铁脚，用于显示目标和直线定线，如图 4-5(a)所示。

测钎用粗铁丝制成，如图 4-5(b)所示。长为 30 cm 或 40 cm，上部弯一个小圈，可套入环内，小圈上可系一条醒目的红布条，一般测钎 6 根或 11 根一组。在丈量时用它来标定尺端点位置和计算所量过的整尺段数。

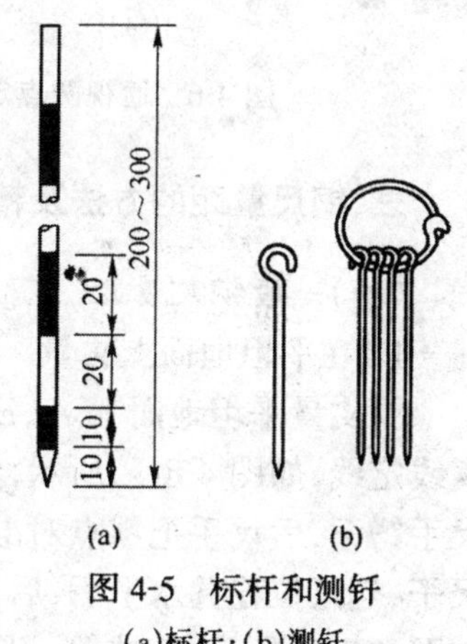

图 4-5　标杆和测钎
(a)标杆；(b)测钎

垂球是由金属制成的，似圆锥形，上端系有细线，是对点的工具。有时为了克服地面起伏的障碍，垂球常挂在标杆架上使用，如图 4-2 所示。

二、直线定线

当两点的水平距离较长或地势起伏较大时，为了保证测出的水平距离是两点之间的直线距离而不是折线距离，则需在直线上定出若干个点，将直线分成几段进行丈量，这一工作称为直线定线。当丈量精度要求不高时，可用目估法定线，当精度要求较高时，则要用经纬仪定线。

1. 两点间定线

如图 4-6 所示，设 A、B 为直线的两端点并相互通视，需要在 A、B 之间标定①、②等点，使其在 AB 直线上，而且要求相邻点之间的距离要小于一钢尺整尺长。

目估定线的方法是：先在 A、B 点上竖立标杆，观测者站在 A 点后 1～2 m 处，由 A 端瞄向 B 点，使单眼的视线与标杆边缘相切，以手势指挥①点上的持标杆者左右移动，直至 A、①、B 三点在一条直线上，然后将测钎竖直地插在①点上。用同样的力法进行标定②点，最后把①、②点都标定在直线 A、B 上。

经纬仪定线,则是在 A 点安置仪器,瞄准 B 点,固定照准部,指挥标杆或测钎立在视线方向上。

2. 两点间互不通视的定线

如图 4-7 所示,设 A、B 两点在山头两侧,互不通视。定线时,甲持标杆选择靠近 AB 方向的$①_1$点立标杆,$①_1$点要靠近 A 点并能看见 B 点。甲指挥乙将所持标杆定在$①_1B$直线上,标定出$②_1$点位置,要求$②_1$点靠近 B 点,并能看见 A 点。然后由乙指挥甲把标杆移动到$②_1A$直线上,定出$①_2$点。这样互相指挥,逐渐趋近,直到①点在 A②直线上,②点在①B 直线上为止。这时①、②两点就在 A、B 直线上了。

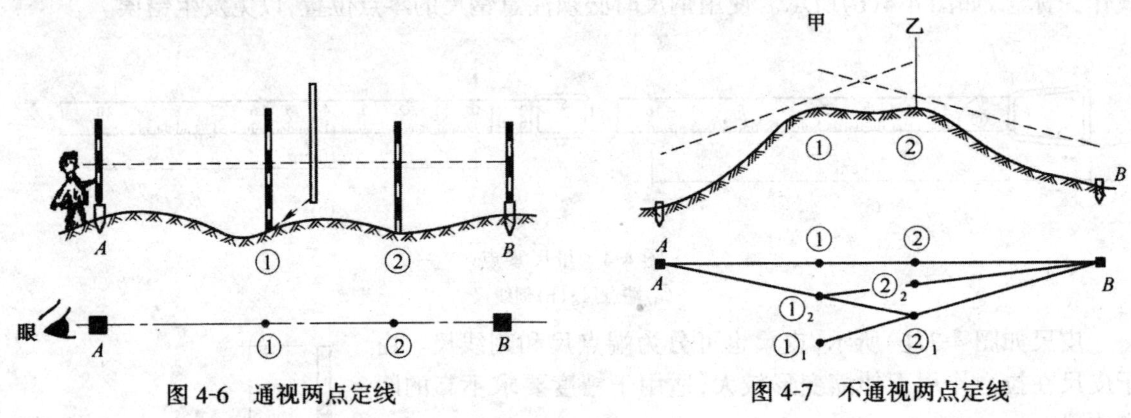

图 4-6 通视两点定线　　图 4-7 不通视两点定线

三、钢尺量距的方法及精度要求

(一)一般钢尺量距

1. 在平坦地面上丈量

要丈量平坦地面上 A、B 两点间的距离,其做法是,先在标定好的 A、B 两点立标杆,进行直线定线,如图 4-8(a)所示,然后进行丈量。丈量时后尺手拿尺的零端,前尺手拿尺的末端,两尺手蹲下,后尺手把零点对准 A 点,喊"预备",前尺手把尺边紧靠定线标志钎,两人同时拉紧尺子,当尺拉稳并水平后,后尺手喊"好",前尺手对准尺的终点刻画将一测钎竖直插在地面上,如图 4-8(b)所示,完成第一尺段测量工作。

用同样的方法,继续向前量第二、第三…第 n 尺段。量完每一尺段时,后尺手必须将插在地面上的测钎拔出收好,用来计算量过的整尺段数。最后不足一整尺段的距离称为零尺长段,量出零尺段长度 Δl,如图 4-9 所示。

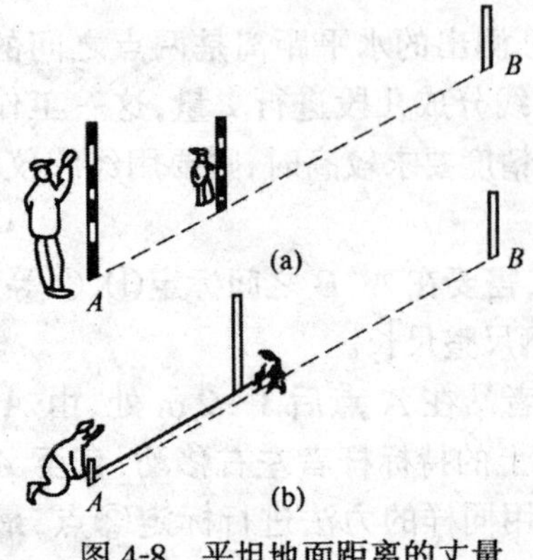

图 4-8 平坦地面距离的丈量

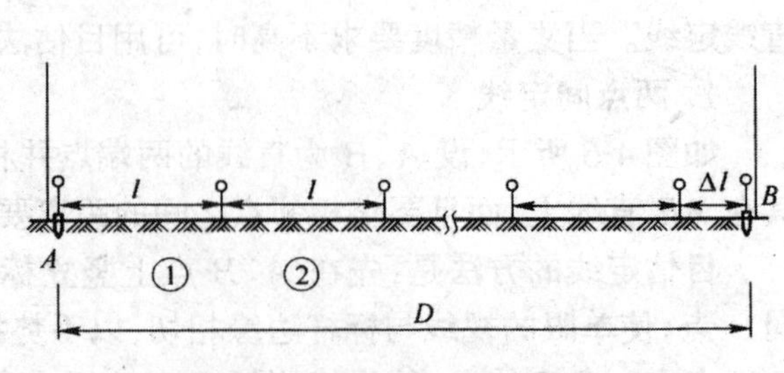

图 4-9 距离丈量计算图

上述过程称为往测，往测的距离用下式计算：

$$D = nl + \Delta l \tag{4-1}$$

式中　l——整尺段的长度；

n——丈量的整尺段数；

Δl——零尺段长度。

为了避免错误和判断丈量结果的可靠性，并提高丈量精度，距离丈量要求往返丈量。返测时，调转尺头用往测的方法，由 B 至 A 进行丈量，然后依据式(4-1)计算出返测的距离。一般往返各丈量一次称为一测回。最后用往返丈量的较差 ΔD 与平均距离 $D_{平}$ 之比来衡量它的精度，此比值用分子为 1，分母为一整数的分数形式来表示，称为相对误差 K，即：

$$\Delta D = D_{往} - D_{返} \tag{4-2}$$

$$D_{平} = \frac{1}{2}(D_{往} + D_{返}) \tag{4-3}$$

$$K = \frac{\Delta D}{D_{平}} = \frac{1}{D_{平}/|\Delta D|} = \frac{1}{N}(N \text{ 为整数}) \tag{4-4}$$

若相对误差在规定的允许限度内，即 $K \leqslant K_{允}$，可取往返丈量的平均值作为丈量成果。若超限，则应重新丈量直到符合要求为止。

铁路测量中，导线精度要求：$K_{容} = \frac{1}{2\,000}$；基线精度要求：$K_{容} = \frac{1}{3\,000}$。

量距记录表见表 4-1。

表 4-1　量距记录表

工程名称：×－×				日期：1984.10.0			量距：×××；×××	
钢尺型号：5#(30m)				天气：晴天			记录：×××	
测线		整尺段	零尺段	总计	较差	精度	平均值	备注
AB	往	5×30	13.863	163.863	0.068	1/2400	163.829	要求 1/2000
	返	5×30	13.793	163.793				

【例】　用钢尺丈量两点间的直线距离，往量距离为 217.30 m，返量距离为 217.38 m，根据规范要求 $K_{允} = 1/2\,000$。试问：(1)所丈量成果是否满足精度要求？(2)按此规定，若丈量 100 m的距离，往返丈量的较差最大可允许相差多少毫米？

解：由题意知：

$$D_{平} = \frac{1}{2}(D_{往} + D_{返}) = 217.34(\text{m})$$

$$\Delta D = D_{往} - D_{返} = -0.08(\text{m})$$

$$K = \frac{1}{D_{平}/|\Delta D|} = \frac{1}{217.34/|-0.08|} = \frac{1}{2\,700}$$

$K < K_{允} = \frac{1}{2\,000}$，丈量成果满足精度要求。

$$K = \frac{\Delta D}{D_{平}}，\text{则 } |\Delta D| = K_{允} \cdot D_{平} = \frac{1}{2\,000} \times 100 = 0.05(\text{m})$$

$\Delta D \leqslant \pm 50$ mm 即，往返丈量的较差最大可相差 ±50 mm。

2. 在倾斜地面上丈量

当地面稍有倾斜时，可把尺一端稍许抬高，安排一个测量员到钢尺中部，目测指挥，使钢尺水平，丈量第一尺段，依次进行，完成距离丈量，如图 4-10(a)所示，分段量取水平距离，最后计算总长。

若地面倾斜较大,则使尺子一端靠高地点桩顶,对准零点位置,在合适位置悬挂垂球,垂球线紧靠尺子的某分划并保持垂球静止,将尺拉紧且保持水平,在地面上标定垂球所定位置,前尺手听到“好”,即掐住垂球线所指钢尺位置,然后用所掐钢尺位置对准垂球在地面所标定点位继续丈量,完成第一尺段丈量。同理,依次丈量其他尺段,直至完成 AB 段距离丈量工作,如图 4-10(b)所示。

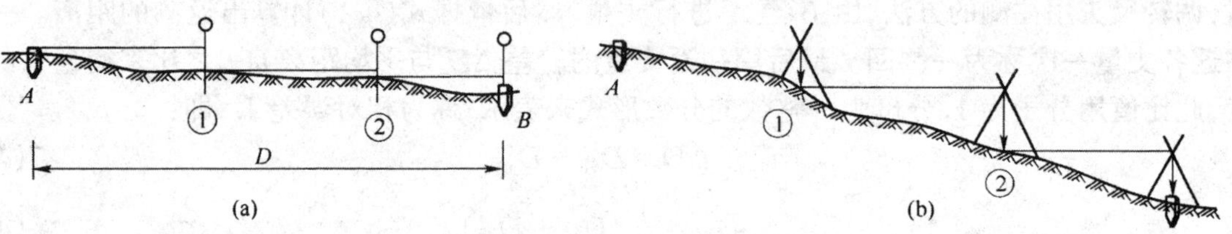

图 4-10 倾斜地面距离的丈量

在倾斜地面上丈量,仍需往返进行,按照平坦地面的要求进行取值。

3. 基线法测量距离

在遇到较宽的河流或地面起伏很大,无法用尺直接丈量时,常采用三角形间接求距法(也称基线法)。

如图 4-11 所示,E、F 位于河流两岸,其间距离不能用尺直接丈量,故在岸边选一适当点位 M(FM 要易于直接丈量,$\angle MFE$ 接近 90°),构成 EFM 三角形。用钢尺直接量出 FM 的水平距离作为基线,用经纬仪观测$\angle MFE$ 和$\angle MEF$,根据正弦定律即可算出 EF 的水平距离。为了校核,还必须选一条基线 FN,用同法观测计算出 EF 的水平距离,两次算出的 EF 值,应符合规范要求,然后取其平均值,即为 EF 的正确水平距离。

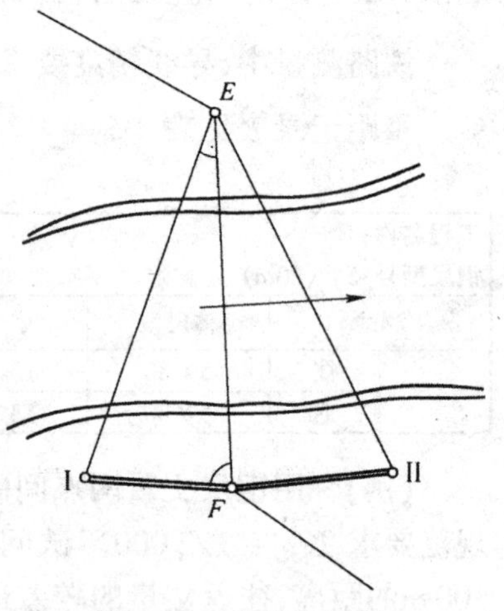

图 4-11 基线法量距

(二)精密量距

丈量精度要求高时,钢尺需要经过检定,具有检定后的尺长方程式,对测量结果进行修正,以提高精度。

1. 尺长方程式

钢尺尺面上的分划标注长度,称为钢尺的名义长度。由于钢尺在生产时有误差,而且在使用时受到温度等外界环境的影响以及在不同的拉力下使用,导致钢尺的实际长度与名义长度并不相等。因此,钢尺的实际长度要用尺长方程式来表示。

钢尺尺长方程式的一般形式为

$$l_t = l_0 + \Delta l + \alpha \cdot l_0 (t - t_0) \tag{4-5}$$

式中 l_t——钢尺在温度 t℃时的实际长度;

l_0——钢尺的名义长度;

Δl——在标准温度 t_0℃时的尺长改正数,一般为 20℃;

t——丈量时的温度;

α——钢尺的线膨胀系数,一般可采用 1.25×10^{-5}/℃。

2. 丈量前的准备工作

丈量前先沿丈量方向清理场地，然后用经纬仪定线，并在直线上定出若干个点，并打木桩表示点位，最后用水准仪测出相邻两木桩顶之间的高差，以便进行倾斜改正。

3. 精密丈量的方法

用钢尺作精密丈量时，一般需要5人，两人拉尺，两人读尺，一人记录并测温度。用经纬仪定线并打桩定点。丈量时，用钢尺直接丈量桩点距离，并在钢尺零端挂弹簧秤，保证丈量时使用标准拉力(30 m钢尺为98 N)。每一尺段应丈量三次，每次在丈量方向上移动钢尺若干厘米，以消除钢尺刻划误差。用水准仪测量各尺段桩点高差，进行高差改正。

4. 精密丈量的成果处理

精密丈量的成果，必须根据所用钢尺的尺长方程式，进行尺长改正、温度改正和倾斜改正，最后得出水平距离。

(1)尺长改正

$$\Delta l_d = \frac{\Delta l}{l_0} \cdot l \tag{4-6}$$

式中　Δl——标准温度下的尺长改正数，即钢尺标称的实际长度减名义长度；

l——丈量尺段的长度；

l_0——钢尺标称名义长度。

(2)温度改正

$$\Delta l_t = \alpha \cdot l \cdot (t - t_0) \tag{4-7}$$

(3)倾斜改正

$$\Delta l_h = -\frac{h^2}{2l} \tag{4-8}$$

式中　h——尺段两端的高差。

改正后尺段长即为该尺段的水平距离，即：

$$d = l + \Delta l_d + \Delta l_t + \Delta l_h \tag{4-9}$$

最后将各尺段的水平距离求和即为两点的水平距离。

四、影响量距成果的主要因素

1. 对点和投点不准

丈量时用测钎在地面上标志尺端点位置，若前、后尺手配合不好，插钎不直，很容易造成3～5 mm误差。如在倾斜地区丈量，用垂球投点，误差可能更大。在丈量中应尽力做到对点准确，配合协调，尺要拉平，测钎应直立，投点要准。

2. 尺身不平

3. 定线不直

定线不直使丈量沿折线进行，如图4-12中的虚线位置，其影响和尺身不水平的误差一样，在起伏较大的山区或直线较长或精度要求较高时应用经纬仪定线。

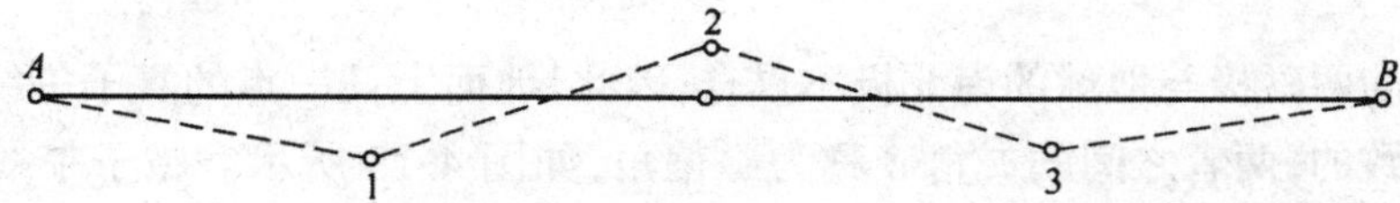

图4-12　定线不直导致的折线丈量

4. 拉力不均

钢尺的标准拉力多是 98 N,故一般丈量中只要保持拉力均匀即可。

5. 丈量中常出现的错误

主要有认错尺的零点和注字,例如 6 误认为 9;记错整尺段数;读数时,由于精力集中于小数而对分米、米有所疏忽,把数字读错或读颠倒;记录员听错、记错等。为防止错误就要认真校核,提高操作水平,加强工作责任心。

五、注意事项

(1)丈量距离会遇到地面平坦、起伏或倾斜等各种不同的地形情况,但不论何种情况,丈量距离有三个基本要求:"直、平、准"。直,就是要量两点间的直线长度,不是折线或曲线长度,为此定线要直,尺要拉直;平,就是要量两点间的水平距离,要求尺身水平,如果量取斜距也要改算成水平距离;准,就是对点、投点、计算要准,丈量结果不能有错误,并符合精度要求。

(2)丈量时,前后尺手要配合好,尺身要置水平,尺要拉紧,用力要均匀,投点要稳,对点要准,尺稳定时再读数。

(3)钢尺在拉出和收卷时,要避免钢尺打卷。在丈量时,不要在地上拖拉钢尺,更不要扭折,防止行人踩和车压,以免折断。

(4)尺子用过后,要用软布擦干净后,涂以防锈油,再卷入盒中。

第三节 直 线 定 向

一、直线定向

确定地面两点间平面位置的相对关系,不仅要已知直线的水平距离,并且要已知直线的方向,才能把它们的相对位置确定下来。测量工作中,确定地面点的位置时,还需要测定直线的方向,直线方向是根据某一标准方向来确定的。确定一条直线与标准方向的关系,称为直线定向。

二、标准方向

测量工作中常用的标准方向有:真子午线方向、磁子午线方向、坐标纵线(轴)方向。

(一)真子午线方向

通过地球表面某点的真子午线的切线方向,称为该点的真子午线方向。它可以用天文测量的方法测定,或用陀螺经纬仪测定。

(二)磁子午线方向

通过地球表面某点的磁子午线的切线方向,称为该点的磁子午线方向。它可以用罗盘仪测定。

由于地球的两磁极与地球的南北极不重合,因此,地面上任一点的真子午线方向与磁子午线方向是不一致的,两者之间的夹角 δ 称为磁偏角,如图 4-13 所示。磁子午线北端在真子午线以东为东偏,δ 为"+";以西为西偏,δ 为"-"。地球上不同地点的磁偏角也不同,我国磁偏角的变化大约在 $+6°$(西北地区)到 $-10°$(东北地区)之间。

由于地球磁极是在不断变化的，引起磁偏角也在变化，另外罗盘仪还会受地磁场及磁暴、磁力异常的影响，所以磁子午线不宜作精密定向标准。

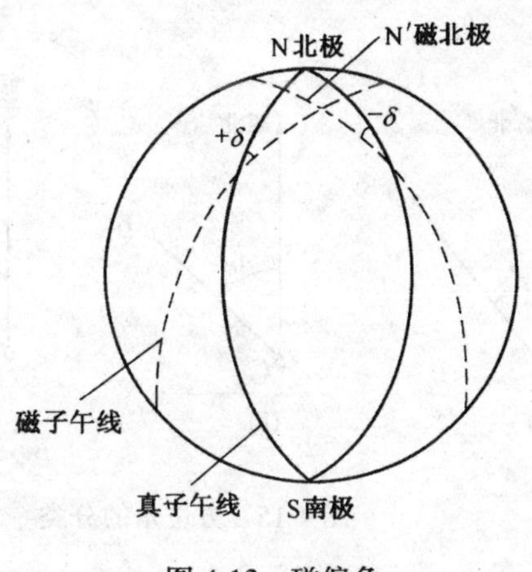

图 4-13　磁偏角

（三）坐标纵线（轴）方向

测量工作中常以通过测区坐标原点的坐标纵轴为准，测区内通过任一点与坐标纵轴平行的方向线，称为该点的坐标纵线方向。

我国采用高斯平面直角坐标系，每－6°带或 3°带内都以该带的中央子午线作为坐标纵轴，因此，该带内直线定向，就用该带的坐标纵轴方向作为标准方向。如果采用假定坐标系，则用假定的坐标纵轴作为标准方向。

真子午线方向与坐标纵线方向之间的夹角 γ 称为子午线收敛角。坐标纵线北端在真子午线以东为东偏，γ 为"＋"；以西为西偏，γ 为"－"。由于测量距离相对于地球半径而言很小，γ 值也较小，当距离不大时，可不考虑。

三、确定直线方向的方法

确定直线方向就是确定直线和基本方向之间的角度关系，有下面两种方法：

（一）方 位 角

由标准方向的北端，顺时针方向到该直线的水平夹角，称为该直线的方位角。方位角的角值为 0°～ 360°，如图 4-14 所示，直线 OB 的方位角为 121°30′。若标准方向为真子午线方向，则称为真方位角，用 A 表示；若标准方向为磁子午线方向，则称为磁方位角，用 A_m 表示；若标准方向为坐标纵线方向，则称为坐标方位角，用 α 表示，如图 4-15 所示。方位角除了用符号表示外，还应在符号的右下角注明直线名称，如 α_{OA}。

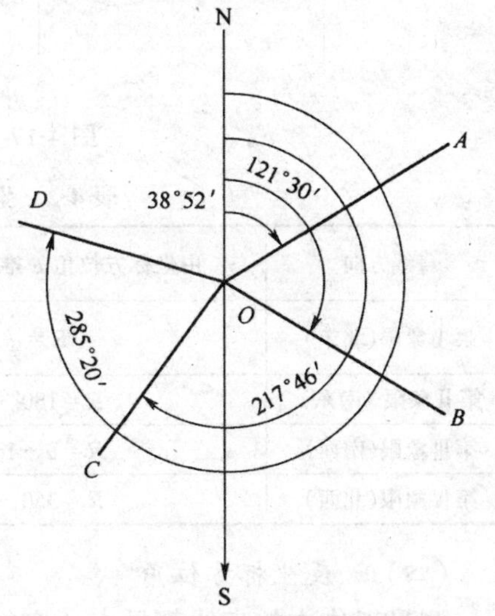

图 4-14　方位角

（二）象 限 角

象限角是从标准方向的南端或北端起，顺时针或逆时针方向至直线的锐角，用 R 表示。象限角的角值由 0°～90°。象限角在角值前要注明其所在象限。象限角的象限以南或北为第一个字，以东或西为第二个字，如北东、北西、南东、南西。如图 4-16 所示，直线 OB 的象限角 R_{OB} 为北东 55°30′，直线 OC 的象限角 R_{OC} 为南东45°20′。

（三）坐标方位角与象限角的换算关系

由图 4-17 可以看出坐标方位角与象限角的换算关系，如表 4-2 所示。

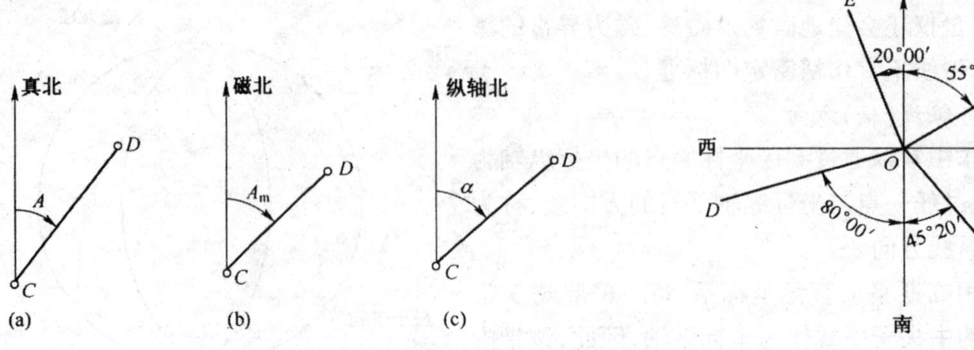

图 4-15 方位角的分类　　　　图 4-16 象限角

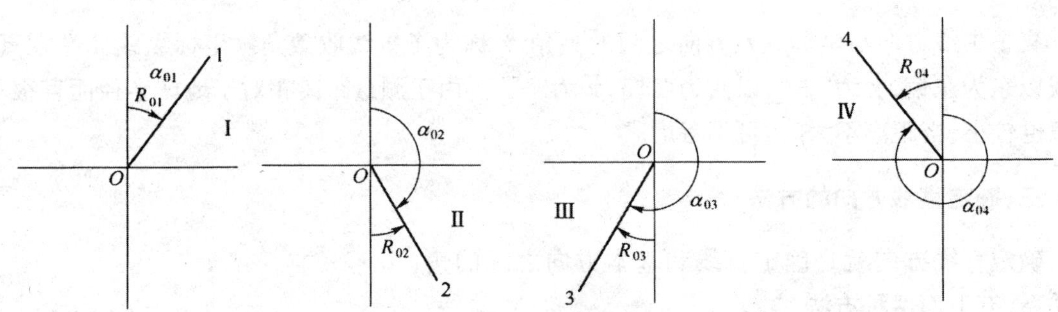

图 4-17 坐标方位角与象限角换算图示

表 4-2 坐标方位角与象限角的换算关系表

直线方向	由坐标方位角 α 推算象限角 R	由象限角 R 推算坐标方位角 α
第Ⅰ象限(北东)	$R=\alpha$	$\alpha=R$
第Ⅱ象限(南东)	$R=180°-\alpha$	$\alpha=180°-R$
第Ⅲ象限(南西)	$R=\alpha-180°$	$\alpha=180°+R$
第Ⅳ象限(北西)	$R=360°-\alpha$	$\alpha=360°-R$

(四)正、反坐标方位角

测量工作中的直线都具有一定的方向,如图4-18所示,以 1 为起点、2 为终点的直线 12 的坐标方位角 α_{12},称为直线 12 的坐标方位角;直线 21 的坐标方位角 α_{21},称为直线 12 的反坐标方位角。α_{12}与 α_{21}互为正、反坐标方位角。忽略子午线收敛角,正、反坐标方位角相差 180°。

由图 4-18 可见,$\alpha_{21}=\alpha_{12}+180°$,$\alpha_{12}=\alpha_{21}-180°$。

即:
$$\alpha_{正}=\alpha_{反}\pm180° \tag{4-10}$$

(五)正、反象限角

如图 4-19 所示,R_{AB}为直线 AB 的正象限角,R_{BA}为直线 AB 的反象限角,它们之间的关系为:大小相等,象限相反。

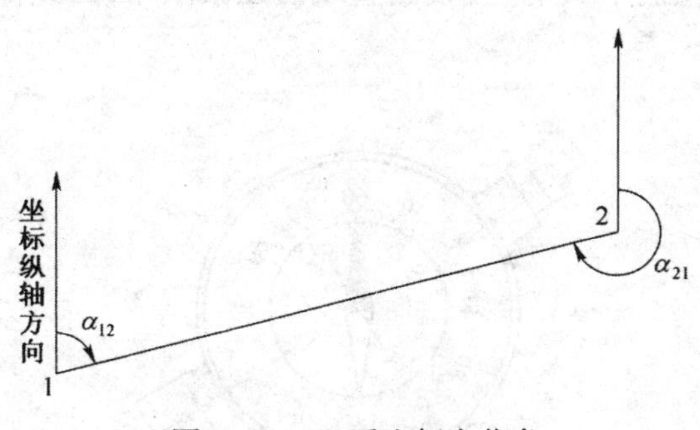

图 4-18　正、反坐标方位角

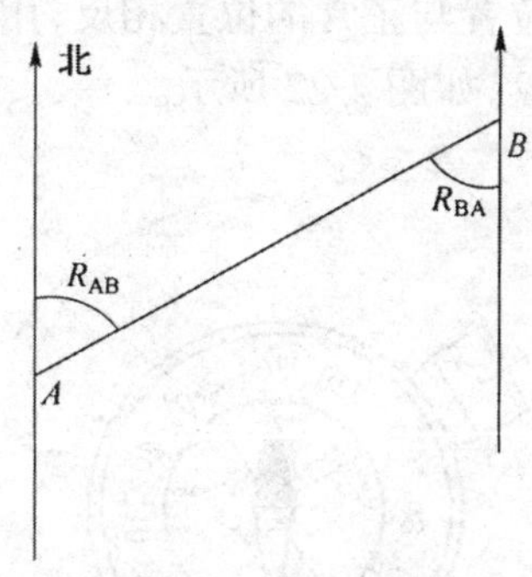

图 4-19　正、反象限角

第四节　用罗盘仪测定磁方位

一、罗盘仪的构造

罗盘仪是用来测定地面上直线的磁方位角和磁象限角的工具，它主要由望远镜、罗盘盒和基座三部分组成，如图 4-20 所示。

(一)望 远 镜

望远镜是瞄准目标用的设备，其调焦照准方法与前面讲的望远镜使用方法相同，望远镜一侧装有竖直度盘，用以测量竖直角。

(二)罗 盘 盒

罗盘盒主要由磁针、刻度盘和水准器组成，是仪器的测角和读数设备。

1. 磁针

磁针是用人造磁铁制成，其中心装有镶着玛瑙的圆形球窝，在刻度盘的中心装有顶针，磁针球窝支在顶针上，可以自由转动。为了减少顶针的磨损和防止磁针脱落，不使用时应用磁针制动螺旋将磁针固定。

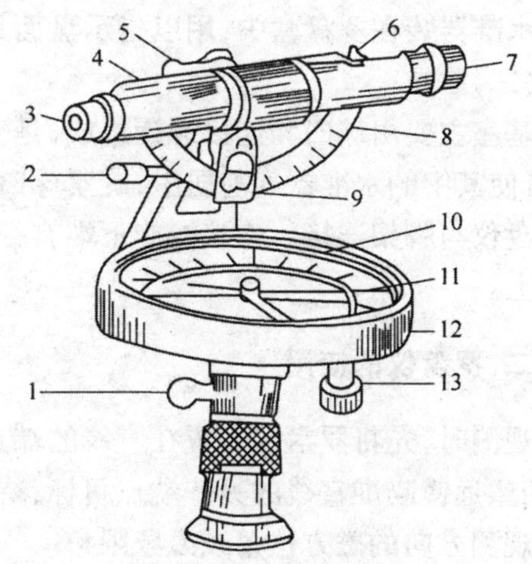

图 4-20　罗盘仪的构造

1—水平制动螺旋；2—望远镜微动螺旋；3—目镜；4—缺口；5—望远镜制动螺旋；6—准星；7—物镜；8—竖直度盘；9—竖盘指标；10—刻度盘；11—磁针；12—罗盘盒；13—磁针制动螺旋

由于磁针受到地磁的吸引，它静止后，一端指向地磁的北极，一端指向地磁的南极。磁针因受地磁的影响，使它与水平面形成一个倾斜的角度，这个角称为磁倾角。在北半球，磁针的北端向下倾斜，在南半球则相反。为了使磁针能保持平衡并便于识别南、北端，在我国，是将磁针的南端设法加重，如绕有铜丝；有的磁针指北端作出特别的颜色，如染成深蓝色。

2. 刻度盘

刻度盘为铜或铝制的圆盘，最小分划为 1°或 30′，每 10°作一注记。度盘有两种刻度方式：一种是按逆时针方向从 0°～360°，可以直接读出直线的磁方位角，称为方位罗盘，如图 4-21 所示；另一种刻度方式是以一个直径的两端为 0°，各向左右分别刻至 90°，把一周分成四个象限，在一端的零度处注以北字，另一端的零度处注以南字，在两个 90°处注以东、西二字，东西两个字的注记位置与正常的位置相反,用这种刻度的罗盘仪可以直接读出直线的磁象限角,因此称为象限罗盘,如图 4-22 所示。

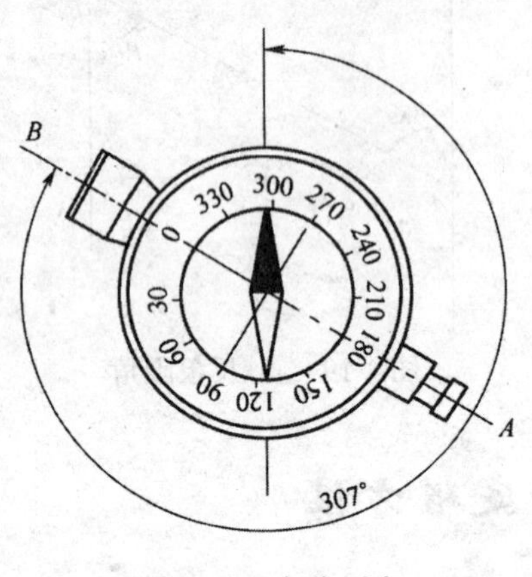

图 4-21　方位罗盘

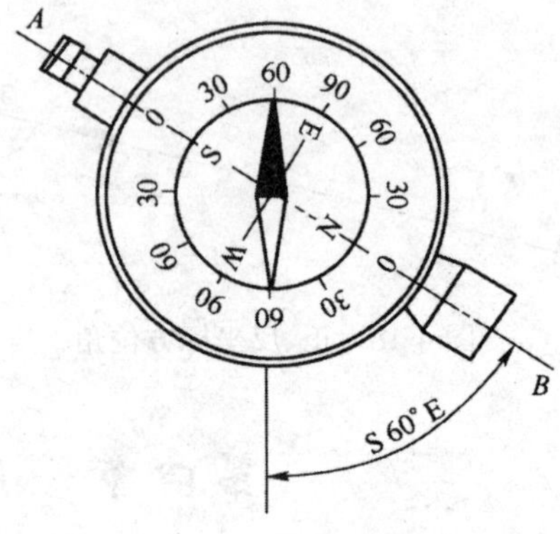

图 4-22　象限罗盘

3. 水准器

水准器装在罗盘盒中,用以指示盘面是否处于水平位置。

(三)基座

基座主要由球臼和连接螺旋组成,是安置仪器的重要设备。松开球臼接头螺旋,摆动罗盘盒,可使其中的水准器气泡居中,旋紧球臼接头螺旋,可令盘面保持在水平位置。用连接螺旋使罗盘仪与脚架连接。连接螺旋下端有一挂钩,可悬挂垂球,以便将罗盘仪安置在待测直线的端点上。

二、罗盘仪的使用

观测时,先将罗盘仪安置在直线的端点,对中、整平。松开磁针固定螺旋放下磁针,转动仪器,用望远镜瞄准直线的另一端点目标,待磁针静止后,根据磁针的北端或者南端读数,即得该直线观测方向的磁方位角或磁象限角。

读取罗盘仪刻度盘上的读数时,当用方位罗盘仪测方位角时,如视线由 180°向 0°方向望去(0°在物镜端,180°在目镜端),则方位角应该根据磁针北端读数,如图 4-21 所示;反之应读磁针南端。当用象限罗盘仪测象限角时,如视线由罗盘仪上注有南字的一端向注有北字的一端望去(北字在物镜端,南字在目镜端),则象限角应该根据磁针北端读数,如图 4-22 所示;反之应读磁针南端。

罗盘仪使用时,应注意避免任何铁器接近仪器,选择测站点应避开高压线、铁栅栏等,以免影响磁针偏转,造成读数误差。使用完毕,应立即固定磁针,以防顶针磨损和磁针脱落。

第五节　用陀螺经纬仪测定真方位

一、概　　述

陀螺经纬仪是陀螺仪和经纬仪组合而成的定向测量仪器。陀螺仪内悬挂有一可高速旋转的陀螺,利用高速旋转的自由陀螺可自动寻找出真北方向这一特点,用经纬仪测定真北方向与待测直线方向所夹的水平角,来达到确定待测直线真方位角的目的。它可以在南北纬度 75°范围内,不受地形、气候及外界磁场的影响,无论白天黑夜、地面或地下,都能很快地测出测站的真北并确定出直线的真方位角。一次定向测量的误差可限制在 ±60″范围以内,甚至更小。陀螺经纬仪已经广泛应用于铁路、公路、隧道、矿山、地质等方面的测量工作中。

二、陀螺经纬仪的构造

如图 4-23 所示,陀螺经纬仪由陀螺仪、陀螺电源、经纬仪等组成。

(一)陀 螺 仪

它是陀螺经纬仪自动寻北的关键设备,由灵敏部、观测系统和锁紧装置构成。

陀螺仪的内部构造如图 4-24 所示。陀螺仪的核心是陀螺马达 4,装在密封充氢的陀螺房中,通过悬挂柱 10 由悬挂带 1 悬挂起来,用两根导流丝 12 和悬挂带 1 及旁路结构给其供电,在悬挂柱 10 上装有反光镜,它们共同构成了陀螺灵敏部。与陀螺仪支架 13 固连在一起的光标线 3 经反光棱镜、反光镜反射后,再通过物镜组,成像在目镜分划板 5 上,光标像在目镜视场内的摆动,反映了陀螺灵敏部的摆动,可以利用目镜分划板上的分划进行读数,它们共同构成了观测系统。图中 17 为锁紧限幅机构,转动仪器外部的手轮,通过凸轮 7 带动锁紧限幅机构的升降,使陀螺灵敏部托起(锁紧)或下放(摆动)。此外,仪器外壳 14 内壁和底部装有磁屏蔽罩 15,用来防止外界磁场的干扰。陀螺仪和经纬仪的连接靠桥形支架 9 及螺纹压环 8 的压紧来实现,并用桥形支架顶部的三个球形顶尖插入陀螺仪底部的三条 V 形槽来达到强制归心的目的。

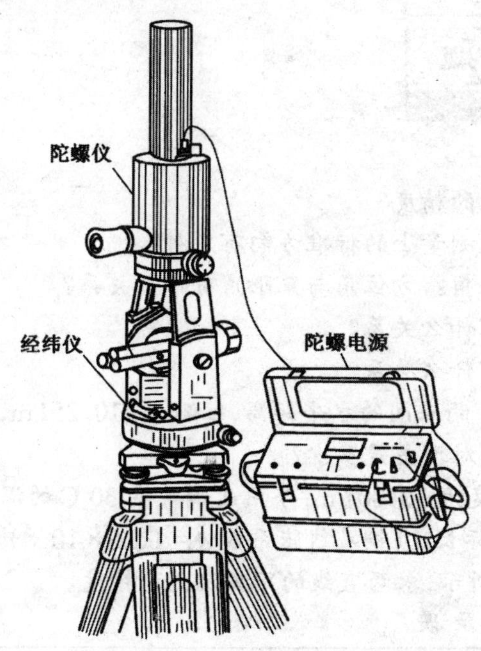

图 4-23 陀螺经纬仪

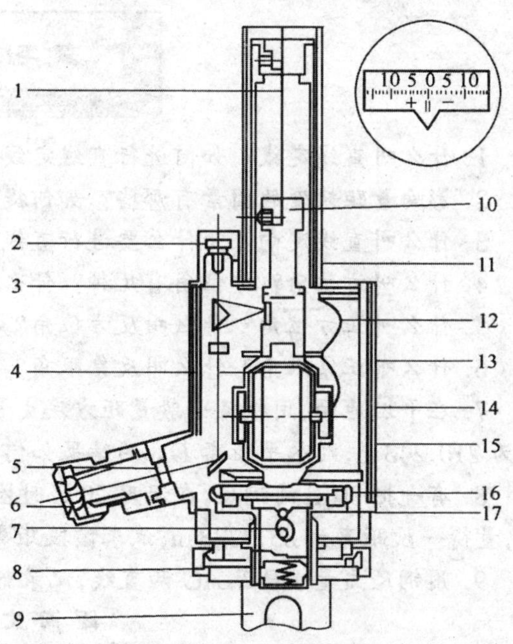

图 4-24 陀螺仪内部构造

1—悬挂带;2—照明灯;3—光标;4—陀螺马达;5—分划板;6—目镜;7—凸轮;8—螺纹压环;9—桥形支架;10—悬挂柱;11—上部外罩;12—导流丝;13—支架;14—外壳;15—磁屏蔽罩;16—灵敏部底座;17—锁紧限幅机构

(二)陀螺电源

陀螺电源总体分为两层,下层是蓄电池,上层是逆变器,可将直流电变为交流电输出,供陀螺马达使用。逆变器面板上设有操作指示机构。

虽然陀螺经纬仪的产品有多种型号,且各具特色,但其结构基本如上所述。

三、陀螺经纬仪的使用

首先在待测直线的一端点上安置经纬仪,将陀螺仪与经纬仪连接好并接通电源,对中、整平,经粗略寻北(又称粗略定向)、精密寻北(又称精密定向)后,再照准待测直线另一端点,用一个测回测定待测直线的方向值,然后根据下式计算待测直线的真方位角。

$$A=(L+R\pm180^\circ)/2-N_T+K_1+K_2 \tag{4-11}$$

式中 L、R——经纬仪盘左、盘右照准待测直线端点时的读数;

$(L+R\pm180^\circ)/2$——待测直线的方向值;

N_T——陀螺北方向值;

K_1——陀螺仪零点改正数;

K_2——仪器常数。

K_1、K_2 是观测前在仪器检验时求得的。

在陀螺经纬仪定向测量过程中,粗略定向和精密定向是十分重要的观测步骤。各种型号陀螺仪的使用方法,应根据各仪器说明书上的有关规定及注意事项,进行施测。

1. 什么叫直线定线?如何进行直线定线?
2. 影响量距精度的因素有哪些?如何提高量距的精度?
3. 什么叫直线定向?为什么要进行直线定向?测量上的标准方向有几种?
4. 什么叫方位角?方位角有几种?什么叫象限角?方位角与象限角有什么关系?
5. 什么叫正方位角?什么叫反方位角?它们有什么关系?
6. 什么叫正象限角?什么叫反象限角?它们有什么关系?
7. 在平坦地面,用钢尺一般量距方法丈量 A、B 两点间的水平距离,往测为 210.251 m,返测为 210.243 m,则水平距离 D_{AB} 的结果如何?其相对误差是多少?
8. 有一把 30 m 的钢尺,在温度 20 ℃时检定长度为 30.007 m,今用此钢尺在 30 ℃的温度下,量得一段距离为 657.328 m,试求该段距离的实际长度(钢尺线胀系数 $\alpha=1.25\times10^{-5}$)。
9. 用钢尺丈量 AB 及 AC 两直线,记录如下表所示,求两直线的距离及丈量精度。

距 离 丈 量 记 录 表

测线		整尺段(m)	零尺段		总计(m)	较差(m)	平均值(m)	精度	备注
			一	二					
AB	往	9×20	12.35						
	返	9×20	12.43						
AC	往	11×20	14.61	9.37					
	返	11×20	9.44	14.44					

10．完成下列表格。

直线名称	正方位角	反方位角	正象限角	反象限角
OA	228°30′00″			
OB		108°30′00″		
OC			南西 30°20′00″	
OD				北西 68°30′58″

11．已知四边形四条边的象限角如下：R_{AB} = 北东 48°，R_{BC} = 南东 40°，R_{CD} = 南西 62°，R_{DA} = 北西 30°，求四边形的四个内角。

第五章

光电测距仪和全站仪的使用

本章提要：本章主要介绍光电测距仪的原理及其使用方法；全站仪的构造及测量功能；全站仪基本测量功能使用方法。

第一节　光电测距仪

一、光电测距原理

如图 5-1 所示，欲测定 A、B 两点间的距离 D，可在 A 点安置能发射和接收光波的光电测距仪，在 B 点设置反射棱镜，光电测距仪发出的光束经棱镜反射后，又返回到测距仪。通过测定光波在 AB 之间传播的时间 t，根据光波在大气中的传播速度 c，按下式计算距离 D：

$$D=\frac{1}{2}ct \tag{5-1}$$

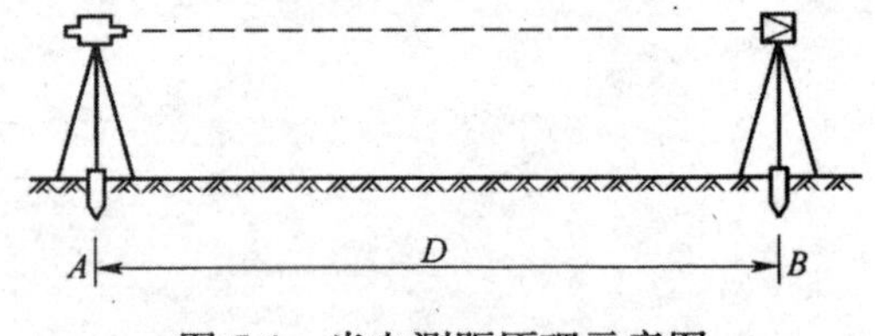

图 5-1　光电测距原理示意图

光电测距仪根据测定时间 t 的方式，分为直接测定时间的脉冲测距法和间接测定时间的相位测距法。高精度的测距仪，一般采用相位式。

二、光电测距仪及其使用方法

1. 仪器结构

主机通过连接器安置在经纬仪上部，经纬仪可以是普通光学经纬仪，也可以是电子经纬仪。利用光轴调节螺旋，可使主机的发射接受器光轴与经纬仪视准轴位于同一竖直面内。另外，测距仪横轴到经纬仪横轴的高度与觇牌中心到反射棱镜高度一致，从而使经纬仪瞄准觇牌中心的视线与测距仪瞄准反射棱镜中心的视线保持平行，配合主机测距的反射棱镜，根据距离远近，可选用单棱镜（1 500 m 内）或三棱镜（2 500 m 内），棱镜安置在三脚架上，根据光学对中器和长水准管进行对中整平。

2. 仪器主要技术指标及功能

短程红外光电测距仪的最大测程为 2 500 m，测距精度可达 $\pm(3\,\text{mm}+2\times10^{-6}\times D)$（其中 D 为所测距离）；最小读数为 1 mm；仪器设有自动光强调节装置，在复杂环境下测量时也可人工调节光强；可输入温度、气压和棱镜常数自动对结果进行改正；可输入垂直角自动计算出水平距离和高差；可通过距离预置进行定线放样；若输入测站坐标和高程，可自动计算观测点的坐标和高程。测距方式有正常测量和跟踪测量，其中正常测量所需时间为 3 s，还能显示数次测量的平均值；跟踪测量所需时间为 0.8 s，每隔一定时间间隔自动重复测距。

3. 仪器操作与使用

(1)安置仪器。先在测站上安置好经纬仪，对中、整平后，将测距仪主机安装在经纬仪支架上，用连接器固定螺丝锁紧，将电池插入主机底部、扣紧。在目标点安置反射棱镜，对中、整平，并使镜面朝向主机。

(2)观测垂直角、气温和气压。用经纬仪十字横丝照准觇板中心，测出垂直角 α。同时，观测和记录温度和气压计上的读数。观测垂直角、气温和气压，目的是对测距仪测量出的斜距进行倾斜改正、温度改正和气压改正，以得到正确的水平距离。

(3)测距准备。按电源开关键"PWR"开机，主机自检并显示原设定的温度、气压和棱镜常数值，自检通过后将显示"good"。若修正原设定值，可按"TPC"键后输入温度、气压值或棱镜常数(一般通过"ENT"键和数字键逐个输入)。一般情况下，只要使用同一类的反光镜，棱镜常数不变，而温度、气压每次观测均可能不同，需要重新设定。

(4)距离测量。调节主机照准轴水平调整手轮(或经纬仪水平微动螺旋)和主机俯仰微动螺旋，使测距仪望远镜精确瞄准棱镜中心。在显示"good"状态下，精确瞄准也可根据蜂鸣器声音来判断，信号越强声音越大，上下左右微动测距仪，使蜂鸣器的声音最大，便完成了精确瞄准，出现"＊"。精确瞄准后，按"MSR"键，主机将测定并显示经温度、气压和棱镜常数改正后的斜距。在测量中，若光速受挡或大气抖动等，测量将暂被中断，此时"＊"消失，待光强正常后继续自动测量；若光束中断 30 s，须光强恢复后，再按"MSR"键重测。

斜距到平距的改算，一般在现场用测距仪进行，方法是：按"V/H"键后输入垂直角值，再按"SHV"键显示水平距离。连续按"SHV"键可依次显示斜距、平距和高差。

第二节　全站仪及其使用

全站型电子速测仪简称全站仪，它是一种可以同时进行角度(水平角、竖直角)测量、距离(斜距、平距、高差)测量和数据处理，由机械、光学、电子元件组合而成的测量仪器。由于只需一次安置，仪器便可以完成测站上所有的测量工作，故被称为"全站仪"。

一、全站仪的构造及棱镜

(一)全站仪的构造

目前，世界上许多著名的测绘仪器生产厂商均生产有各种型号的全站仪，图 5-2 所示是南方测绘公司生产的 NTS-322 全站仪。

(二)键盘功能与信息显示

1. 操作键

南方全站仪 NTS-322 全站仪的操作键如图 5-3 所示。

2. 信息显示

全站仪进入不同的测量模式，显示屏会显示不同的信息符号。南方全站仪 NTS-322 的信息符号见表 5-1。

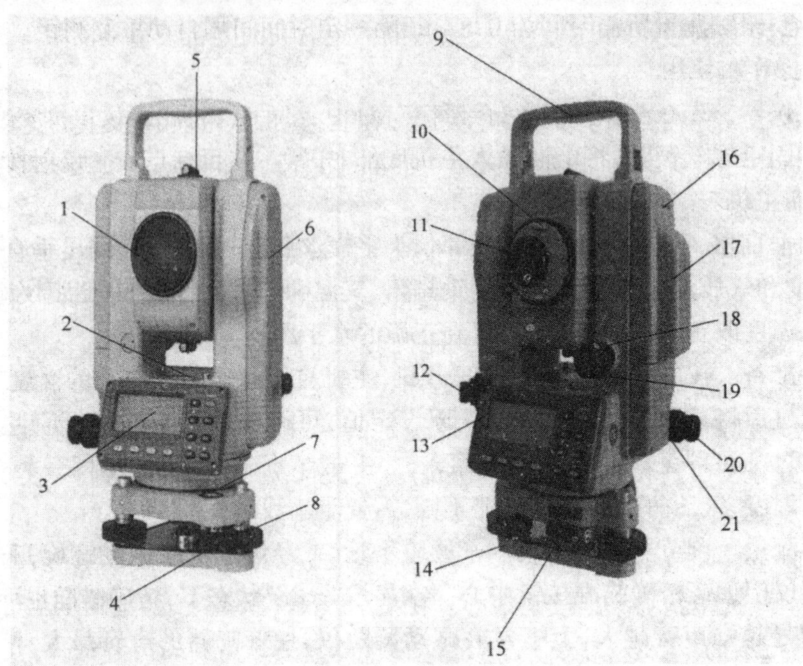

图 5-2　全站仪结构

1—物镜;2—管水准器;3—显示屏;4—圆水准校正螺旋;5—粗瞄器;6—仪器中心标志;7—圆水准器;8—整平脚螺旋;9—望远镜把手;10—望远镜调焦螺旋;11—目镜;12—光学对中器;13—数据通讯接口;14—底板;15—基座固定钮;16—电池锁紧杆;17—电池 NB-20A;18—垂直制动螺旋;19—垂直微动螺旋;20—水平微动螺旋;21—水平制动螺旋

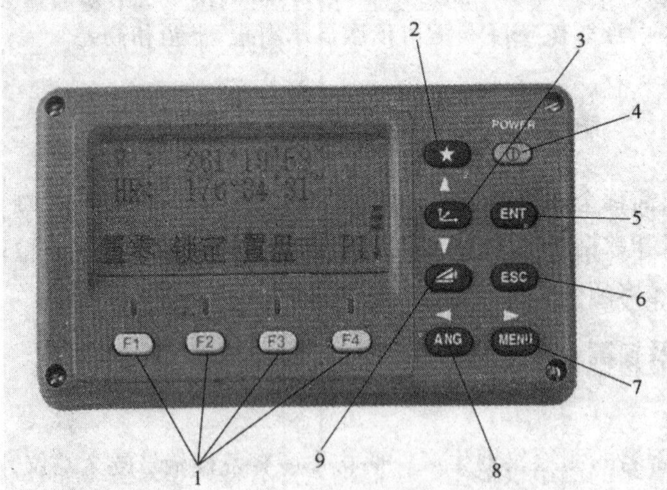

图 5-3　全站仪操 SF 键

1—功能键;2—星键;3—坐标测量;4—电源开关键;5—回车键;6—退出键;7—菜单键;8—角度测量;9—距离测量;▲—上移键;▼—下移键;◀—左移键;▶—右移键

表 5-1　南方全站仪 NTS-322 信息符号表

显示符号	内　容	显示符号	内　容
V%	垂直角(坡度显示)	VD	高差
HR	水平角(右角)	SD	倾斜
HL	水平角(左角)	N	北向坐标
HD	水平距离	E	东向坐标

续上表

显示符号	内　容	显示符号	内　容
Z	高程	ft	以英尺为单位
*	EDM(电子测距)正在进行	fi	以英尺与英寸为单位
m	以米为单位		

(三)棱镜

根据全站仪的测距原理,全站仪在进行测量距离等作业时,须在目标处放置反射棱镜。反射棱镜有单(叁)棱镜组,可通过基座连接器将棱镜组连接在基座上安置到三脚架上,也可直接安置在对中杆上。棱镜组由用户根据作业需要自行配置。

南方测绘仪器公司所生产的棱镜组如图 5-4 所示。

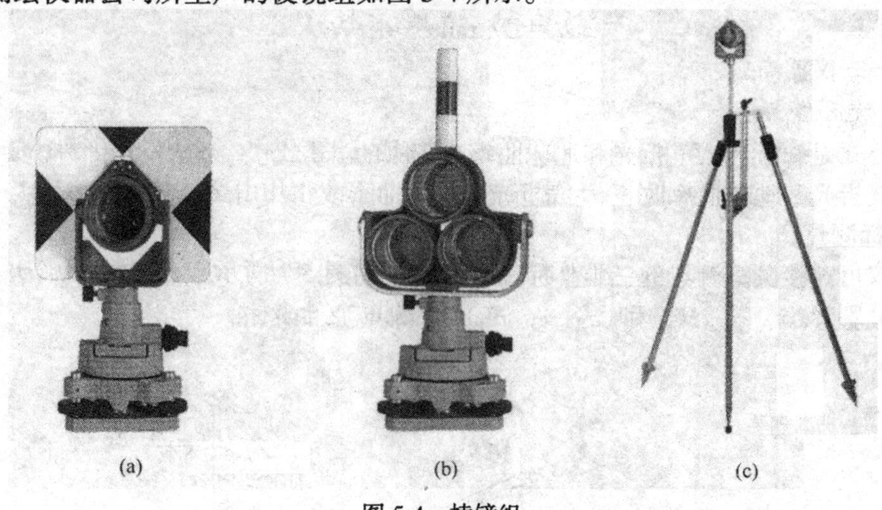

(a)　(b)　(c)

图 5-4　棱镜组

二、全站仪的测量功能与原理

全站仪的基本测量功能有:角度(水平角、竖直角)测量、距离测量、坐标测量。

1. 角度测量

光学经纬仪是通过光学元件,利用几何光学的放大和折射来进行水平和竖直刻度盘读数的。而全站仪则利用光电转换原理和微处理机,自动对度盘进行读数并显示出来,使观测时操作简单、避免产生读数误差。

2. 距离测量

①测距原理概述。光电测距的基本工作原理是利用已知光速 c,测定它在两点间传播的时间 t,计算距离。如图 5-5 所示,用全站仪测定 A、B 两点的距离,在 A 点安置全站仪,在 B 点安置棱镜。由全站仪发出的调制光波,经过距离 D 达棱镜,经棱镜反射后回到仪器接收系统。如果能测出调制光波在距离 D 往返传播的时间 t,距离 D 按下式计算:

$$D=\frac{1}{2}ct \qquad (5\text{-}2)$$

式中　c ——调制光在大气中的传播速度。

②水平距离和高差测量。如图 5-6 所示,在 A 点安置全站仪,B 点置棱镜,全站仪可根据测得的斜距 S 和视线方向的竖直角 α 自动计算水平距离 D 和高差 h:

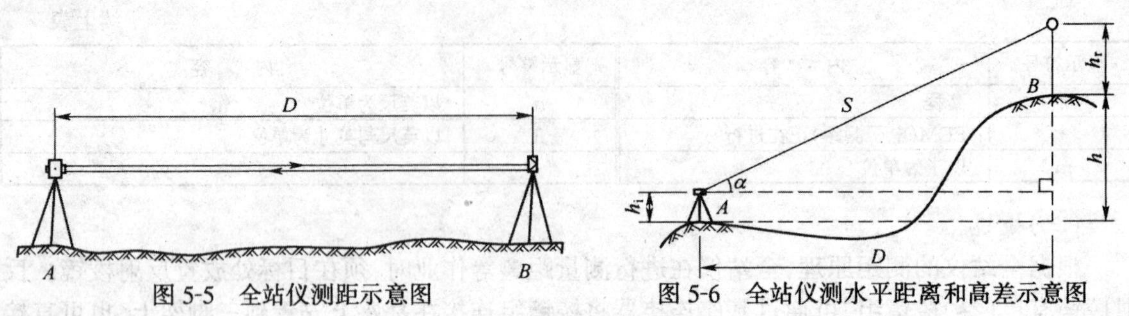

图 5-5　全站仪测距示意图　　图 5-6　全站仪测水平距离和高差示意图

$$D = S \cdot \cos\alpha \tag{5-3}$$

$$h = S \cdot \sin\alpha + h_i - h_r \tag{5-4}$$

或

$$h = D \cdot \tan\alpha + h_i - h_r \tag{5-5}$$

式中　h_i——仪器高；

h_r——棱镜高。

以上公式是未考虑大气折光和地球曲率改正时的计算公式，全站仪在进行距离测量时，已顾及到大气折光和地球曲率改正，大气折光和地球曲率改正均由全站仪自行完成。

3. 坐标测量

全站仪可直接测算测点的三维坐标(x,y,H)。如图 5-7 所示，A 为测站点，B 为后视点，两点坐标分别为(x_A,y_A,H_A)和(x_B,y_B,H_B)，求测点 P 的坐标。

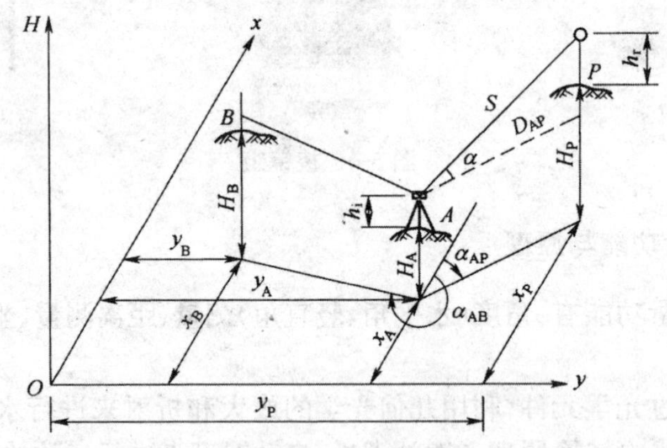

图 5-7　全站仪坐标测量示意图

在测站 A 安置全站仪后，输入测站点的三维坐标，并设置已知方向 AB 的水平度盘读数为其坐标方位角 α_{AB} 或输入后视点的三维坐标，当照准目标 P 时，便可自动计算 P 点的坐标。

需要说明的是，全站仪上多用(N,E,Z)表示点的三维坐标，其中 N 对应 x、E 对应 y、Z 对应 H。

三、全站仪的操作与使用

不同型号的全站仪，其具体操作方法会有较大的差异。下面简要介绍全站仪的基本操作与使用方法。(本文以南方 NTS-322 为例)

(一)开机和关机

1. 开机

当全站仪在测站上安置好，确认仪器电池与主机连接牢靠以后，按下功能键 POWER，即可听到蜂鸣声，用手轻轻上下转动望远镜，使竖直度盘 0 基准处于工作状态，仪器即自动进入角度测量角模式。液晶显示如图 5-8 所示：

V：　90°10′20″
HR：　122°09′30″
置零　锁定　置盘　P1↓

图 5-8　液晶显示图

选择需要的测量模式，按操作要求及液晶显示的提示，即可进行选定的测量工作。

2. 关机

测量工作完成后，按下 POWER 键数秒钟，仪器即可自动关机。

(二)角度测量

角度测量模式的三个界面菜单见图 5-9。

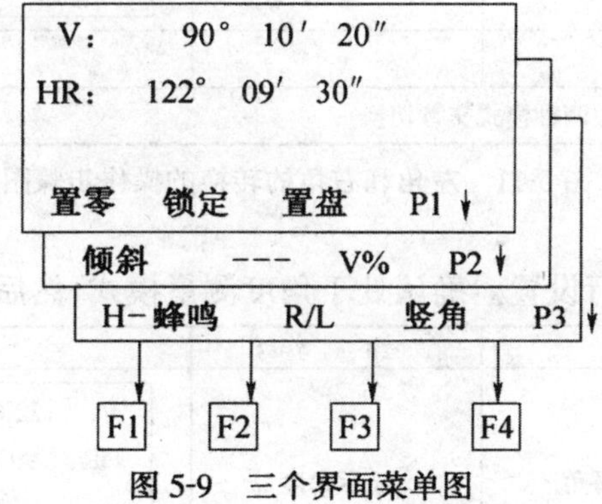

图 5-9　三个界面菜单图

1. 水平角测量

1)水平角测量的步骤

在测站上安置好仪器，然后开机，确认处于角度测量模式，然后按图 5-10 所示步骤进行操作，进行盘左半测回观测。倒镜(水平度盘读数不要再置 0)同理进行盘右半测回观测。最后按测量规范要求计算出该水平角值和测回(或多测回)角值。

操作过程	操作	显示
①照准第一个目标A	照准A	V:　82° 09′ 30″ HR:　90° 09′ 30″ 置零　锁定　置盘　P1↓
②设置目标A的水平角为0° 00′ 00″ 按 F1 (置零)键和 F3 (是)键	F1	水平角置零 OK? ---　---　[是]　[否]
	F3	V:　82° 09′ 30″ HR:　0° 00′ 00″ 置零　锁定　置盘　P1↓
③照准第二个目标B，显示目标B的V/H	照准目标B	V:　92° 09′ 30″ HR:　67° 09′ 30″ 置零　锁定　置盘　P1↓

图 5-10　水平角测量的操作步骤图

2)左角和右角的转换

确认处于角度测量模式,通过F4和F2(R/L)键,即可实现左角和右角的互相转换。具体操作见图5-11所示。

操作过程	操作	显示
①按F4(↓)键两次转到第3页功能	F4 两次	V: 122°09′30″ HR: 90°09′30″ 置零 锁定 置盘 P1↓ 倾斜 － － － V% P2↓ H-蜂鸣 R/L 竖角 P3↓
②按F2(R/L)键。右角模式(HR)切换到左角模式(HL)	F2	V: 122°09′30″ HL: 269°50′30″ H-蜂鸣 R/L 竖角 P3↓
③以左角HL模式进行测量		
注:每次按F2(R/L)键,HR/HL两种模式交替切换		

图5-11 左角和右角的转换的操作步骤图

3) 水平角值的设定

(1)通过锁定角度值进行设置。确认处于角度测量模式,然后按图5-12所示进行操作。

操作过程	操作	显示
①用水平微动螺旋转到所需的水平角	显示角度	V: 122°09′30″ HR: 90°09′30″ 置零 锁定 置盘 P1↓
②按F2(锁定)键	F2	水平角锁定 HR: 90°09′30″ >设置 ? －－－ －－－[是] [否]
③照准目标	照准	
④按F3(是)键完成水平角设置*,显示窗变为正常的角度测量模式	F3	V: 122°09′30″ HR: 90°09′30″ 置零 锁定 置盘 P1↓
若要返回上一个模式,可按F4(否)键		

图5-12 水平角值的设定的操作步骤图(一)

(2)通过键盘输入进行设置。确认处于角度测量模式,然后按图5-13所示进行操作:

操作过程	操作	显示
①照准目标	照准	V: 122°09′30″ HR: 90°09′30″ 置零 锁定 置盘 P1↓

续上图

操作过程	操作	显示
②按[F3](置盘)键	[F3]	水平角设置 HR: 输入 ---　---[回车] 1 2 3 4 5 6 7 8 9 0 . - [ENT]
③通过键盘输入所要求的水平角,如:150°10′20″	[F1] 150.1020 [F4]	V:　122°09′30″ HR:　150°10′20″ 置零　锁定　置盘　P1↓
注:随后即可从所要求的水平角进行正常的测量		

图 5-13　水平角值的设定的操作步骤图(二)

2. 竖直角测量

确认处于角度测量模式,即可按照竖直角测量的方法进行竖直角测量。

(三)距离测量

确认处于测角模式,然后按图 5-14 所示进行操作,即可进入距离测量模式。在距离测量模式时,可通过软键实现距离单位的自动转换。具体采用哪种距离测量模式可根据需要选择。

操作过程	操作	显示
①照准棱镜中心	照准	V:　90°10′20″ HR:　170°30′20″ H-蜂鸣　R/L　竖角　P3↓
②按[◢]键,距离测量开始 	[◢]	HR:　170°30′20″ HD*[r]　≪m VD:　m 测量　模式　S/A　P1↓ HR:　170°30′20″ HD*　235.343m VD:　36.551m 测量　模式　S/A　P1↓
显示测量的距离 再次按[◢]键,显示变为水平角(HR)、垂直角(V)和斜距(SD)	[◢]	V:　90°10′20″ HR:　170°30′20″ SD*　241.551m 测量　模式　S/A　P1↓

图 5-14　距离测量模式操作图

1. 连续测量

确认处于测角模式,然后按图 5-15 所示进行操作,即可进入距离连续测量模式。

操作过程	操作	显示
①照准棱镜中心	照准	V: 90°10′20″ HR: 170°30′20″ H-蜂鸣 R/L 竖角 P3↓
②按◢键,距离测量开始	◢	HR: 170°30′20″ HD＊[r] ≪m VD: m 测量 模式 S/A P1↓ HR: 170°30′20″ HD＊ 235.343m VD: 36.551m 测量 模式 S/A P1↓
显示测量的距离 再次按◢键,显示变为水平角(HR)、垂直角(V)和斜距(SD)	◢	V: 90°10′20″ HR: 170°30′20″ SD＊ 241.551m 测量 模式 S/A P1↓
注:当光电测距(EDM)正在工作时,"＊"标志就会出现在显示窗。 距离的单位表示为:"m"(米)、"ft"(英尺)或"fi"(英尺或英寸),并随着蜂鸣声在每次距离数据更新时出现。 要从距离测量模式返回正常的角度测量模式,可按[ANG]键		

图 5-15 距离连续测量模式操作图

2. N 次测量/单次测量

当输入测量次数后,仪器就按设置的次数进行测量,并显示出距离平均值。当输入测量次数为1,因为是单次测量,仪器不显示距离平均值。

确认处于测角模式。然后按图 5-16 所示进行操作,即可进入 N 次测量/单次测量。

操作过程	操作	显示
①照准棱镜中心	照准	V: 122°09′30″ HR: 90°09′30″ 置零 锁定 置盘 P1↓
②按◢键,连续测量开始	◢	HR: 170°30′20″ HD＊[r] ≪m VD: m 测量 模式 S/A P1↓
③当连续测量不再需要时,可按[F1](测量)键,测量模式为 N 次测量模式,当光电测距(EDM)正在工作时,再按[F1](测量)键,模式转变为连续测量模式	[F1]	HR: 170°30′20″ HD＊[n] ≪m VD: m 测量 模式 S/A P1↓

续上图

操作过程	操作	显示
③当连续测量不再需要时,可按[F1](测量)键,测量模式为N次测量模式,当光电测距(EDM)正在工作时,再按[F1](测量)键,模式转变为连续测量模式	[F1]	HR: 170°30′20″ HD: 566.346 m VD: 89.678 m 测量 模式 S/A P1↓

图5-16 N次测量/单次测量模式操作图

3.精测模式/跟踪模式

确认处于测距模式。然后按图5-17所示进行操作,即可进入精测模式/跟踪模式。

操作过程	操作	显示
①在距离测量模式下按[F2](模式)*键所设置模式的首字符(F/T)	[F2]	HR: 170°30′20″ HD: 566.346 m VD: 89.678 m 测量 模式 S/A P1↓
②按[F1](精测)键精测,[F2](跟踪)键跟踪测量	[F1]—[F2]	HR: 170°30′20″ HD: 566.346 m VD: 89.678 m 精测 跟踪 - - - F HR: 170°30′20″ HD: 566.346 m VD: 89.678 m 测量 模式 S/A P1↓
要取消设置,按[ESC]键		

图5-17 精测模式/跟踪模式操作图

(四)坐标测量

按[◿]键,进入坐标测量模式,通过输入仪器高、棱镜高、测站点坐标后,再根据图5-18的操作步骤,即可直接测定未知点的坐标。

操作过程	操作	显示
①设置已知点A的方向角	设置方向角	V: 122°09′30″ HR: 90°09′30″ 置零 锁定 置盘 P1↓
②照准目标B,按[◿]键	照准棱镜	N: ≪m E: m Z: m 测量 模式 S/A P1↓

续上图

操 作 过 程	操 作	显 示
③按[F1](测量)键,开始测量	[F1]	N*　286.245 m E:　76.233 m Z:　14.568 m 测量　模式　S/A　P1↓
注:在测站点的坐标未输入的情况下,(0,0,0)作为缺省的测站点坐标 当仪器高未输入时,仪器高以0计算;当棱镜高未输入时,棱镜高以0计算		

图 5-18　坐标测量模式操作图

(五)放　样

放样模式有两个功能,即测定放样点和利用内存中的已知坐标数据设置新点,如果坐标数据未被存入内存,则也可从键盘输入坐标,坐标数据可通过个人计算机从传输电缆装入仪器内存。

在放样的过程中,按以下步骤进行:

1. 设置测站点

设置侧站点的方法有两种,一是利用内存中的坐标设置,二是直接键入坐标数据。在此仅介绍第二种方法,见图 5-19。

操 作 过 程	操 作	显 示
①由放样菜单 1/2 按[F1](测站点号输入)键,即显示原有数据	[F1]	测站点 点号:________ 输入　调用　坐标　回车
②按[F3](坐标)键	[F3]	N:　0.000 m E:　0.000 m Z:　0.000 m 输入　---　点号　回车
③按[F1](输入)键,输入坐标值按[F4](ENT)键	[F1] 输入坐标 [F4]	N:　10.000 m E:　25.000 m Z:　63.000 m 输入　---　点号　回车
④按同样方法输入仪器高,显示屏返回到放样菜单 1/2	[F1] 输入仪高 [F4]	仪器高 输入 仪高:　0.000 m 输入　---　---　回车 1 2 3 4 5 6 7 8 9 0 . [ENT]
⑤返回放样菜单	[F1] 输入 [F4]	放样　1/2 F1:输入测站点 F2:输入后视点 F3:输入放样点　P↓

图 5-19　设置测站点操作步骤图

2. 设置后视点

设置后视点的方法有三种：一是利用内存中的坐标数据文件设置后视点；二是直接键入坐标数据；三是直接键入设置角。在此仅介绍第三种方法，见图5-20。

操作过程	操作	显示
①由放样菜单1/2按[F2](后视)键，即显示原有数据	[F2]	后视 点号=： 输入　调用　NE/AZ　回车
②按[F3](NE/AZ)键	[F3]	N->　　0.000 m E:　　0.000 m 输入　---　点号　回车
③按[F1](输入)键，输入坐标值按[F4](回车)键	[F1] 输入坐标 [F4]	后视 H(B) = 120°30′20″ >照准？　[是]　[否]
④照准后视点	照准后视点	
⑤按[F3](是)键，显示屏返回到放样菜单1/2	照准后视点 [F3]	放样　　1/2 F1：输入测站点 F2：输入后视点 F3：输入放样点　P↓

图5-20　设置后视点操作步骤图

3. 实施放样

实施放样有两种方法可供选择，一是通过点号调用内存中的坐标值；二是直接键入坐标值。在此介绍第二种方法，见图5-21。

操作过程	操作	显示
①由放样菜单1/2按[F3](放样)键	[F3]	放样　　1/2 F1：输入测站点 F2：输入后视点 F3：输入放样点　P↓ 放样 点号： 输入　调用　坐标　回车
②按[F3]键，按[F1](输入)键，输入放样点坐标，按[F4](回车)键	[F1] 输入坐标 [F4]	N:　　20.000 m E:　　30.000 m Z:　　70.000 m 输入　---　点号　回车

续上图

操 作 过 程	操 作	显 示
③按同样方法输入反射镜高，当放样点设定后，仪器就进行放样元素的计算 HR:放样点的水平角计算值 HD:仪器到放样点的水平距离计算值	[F1] 输入镜高 [F4]	计算 HR: 122°09′30″ HD: 245.777 m 角度 距离 — — — — — —
④照准棱镜，按[F1]角度键 点号:放样点 HR:实际测量的水平角 dHR:对准放样点仪器应转动的水平角＝实际水平角－计算的水平角 当 dHR＝0°00′00″时，即表明放样方向正确	照准 [F1]	点号: LP－100 HR: 2°09′30″ dHR: 22°39′30″ 距离 — — — 坐标 — — —
⑤按[F1]（距离）键 HD:实测的水平距离 dHD:对准放样点尚差的水平距离＝实测距离－计算距离	[F1]	HD＊[r] <m dHD: m dZ: m 模式 角度 坐标 继续 HD＊ 245.777 m dHD: －3.223 m dZ: －0.067 m 模式 角度 坐标 继续
⑥按[F1]（模式）键进行精测	[F1]	HD＊[r] <m dHD: m dZ: m 模式 角度 坐标 继续 HD＊ 244.789 m dHD: －3.213 m dZ: －0.047 m 模式 角度 坐标 继续
⑦当显示值 dHR, dHD 和 dZ 均为 0 时，则放样点的测设已经完成		
⑧按[F3]（坐标）键，即显示坐标值	[F3]	N: 12.322 m E: 34.286 m Z: 1.5772 m 模式 角度 — — — 继续
⑨按[F4]（继续）键，进入下一个放样点的测设	[F4]	放样 点号: 输入 调用 坐标 回车

图 5-21 实施放样操作步骤图

1. 全站仪有哪些主要功能？
2. 结合所使用的全站仪，简述全站仪测量水平角的主要步骤。
3. 结合所使用的全站仪，简述全站仪距离测量的主要步骤。
4. 结合所使用的全站仪，简述全站仪坐标测量的主要步骤。
5. 结合所使用的全站仪，简述全站仪坐标放样的主要步骤。

第六章

测量误差的基本知识

本章提要：本章主要介绍测量误差产生的原因和分类；衡量测量精度的标准；观测值中误差、算术平均值及其中误差计算的方法。

第一节　测量误差概述

测量工作是由观测者使用测量仪器、工具，按照一定的观测方法，在一定的外界条件下进行的。在测量过程中，由于测量仪器、工具不可能完美无缺，测量者的局限性以及外界条件的影响，导致测量结果总是存在着差异。例如，对某一段距离往、返丈量若干次；观测三角形三个内角，其和不等于理论值 180°等。这些观测值之间、观测值与真值之间都存在着差异，说明观测结果中包含着各种测量误差。

一、测量误差产生的原因

1．人为的影响

由于观测者的感觉器官的鉴别能力有限，使得在安置仪器、照准目标及读数等方面产生误差；

2．仪器工具的影响

由于仪器制造和校正不可能十分完善，导致观测的精度受到一定的影响；

3．外界条件的影响

在观测过程中由于外界条件（如温度、湿度、风力及光照射等）随时发生变化，就必然会给观测值带来误差。

由此可见，任何一个观测值都含有误差。测量工作不仅要取得观测成果，而且还要知道观测成果所具有的精度，而精度是以误差的大小来确定的，测量误差愈大，测量精度愈低；反之，误差愈小，精度愈高。因此，在测量工作中，必须对测量误差进行研究，以便对不同的误差采取不同的措施，以消除或减少误差对测量成果的影响，提高测量成果的精度。

二、观测的分类

1．按所必须的观测数分类

按所必须的观测数分为必要观测和多余观测。

为了求得未知量之值所必须的观测称为必要观测；超过必要观测之外的观测称为多余观测。例如，为了确定某线段长度，至少必须观测该线段一次，则这一次观测便是必要观测；若观测了 n 次，则 $(n-1)$ 次观测就是多余观测。从误差理论观点来看，多余观测可以发现测量中的错误，可以提高测量精度，因此，多余观测在测量中是必要的。

2. 按观测时的条件分类

按观测时的条件分为等精度观测和非等精度观测。

在同一外界条件下,用相同精度的仪器、相同的观测方法和观测次数、相同的观测者(以上统称为观测条件)所完成的观测,称为等精度观测。

在上述条件中只要有一项不相同,则称为非等精度观测。

三、测量误差的分类

测量误差按其性质可分为系统误差和偶然误差两类。

1. 系统误差

在相同的观测条件下,对某量进行一系列的观测,若误差的大小和符号保持不变,或按一定的规律变化,这种误差称为系统误差。产生系统误差的主要原因是测量仪器和工具构造不完善或校正不完全准确以及外界条件的影响。例如,钢尺的名义长度为 30 m,而实际长度为 29.994 m,用该尺丈量距离时,每量一整尺,就比实际长度大了 6 mm 的误差,其数值的大小和符号是固定的,所以量的整尺数愈多,误差也就愈大。这种量距误差的大小与丈量的长度成正比,且保持同一符号;用视准轴不平行于水准管轴的水准仪进行水准测量,观测时在水准尺上的读数便产生误差,这种误差的大小与水准尺至水准仪的距离成正比,也保持同一符号。这些误差都属于系统误差。

系统误差具有积累性,对测量成果影响很大,但它的数值的大小和符号有一定的规律。因此,它可以用计算改正或用一定的观测程序和观测方法来消除和减弱。例如,在水平角观测中,用盘左、盘右观测取平均值的方法,可消除经纬仪视准轴不垂直于横轴、横轴不垂直于竖轴及照准部偏心差等的影响。

2. 偶然误差

在相同的观测条件下,对某量进行一系列的观测,从单个误差看没有规律性,但就大量误差的总体而言,则具有一定的统计规律性,这种误差称为偶然误差。偶然误差的产生,也是由于人、仪器和外界条件等多方面因素引起的。例如,测角时,用望远镜的十字丝照准目标,由于望远镜的分辨力、放大倍率的限制以及空气的透明度、目标的折射率等的影响,照准目标可能偏左或偏右而产生照准误差;读数时,其估读数值与正确数值亦可能有差异,产生读数误差等均属于偶然误差。由此可见,偶然误差是随着各种偶然因素的综合影响在不断变化。对于这些在一定条件下所产生的大小不等、符号不同的不可避免的小误差,找不到一个能完全消除它的方法,因此在一切观测结果中都不可避免地含有偶然误差。

一般来说,在观测中,偶然误差和系统误差是同时发生的。前面已论述过,系统误差在一般情况下可以采取适当方法加以消除或减弱,使其减弱到与偶然误差相比处于次要地位,这样在观测结果中可以认为主要是存在偶然误差。因此,我们所讨论的测量误差主要是指偶然误差。

四、偶然误差的特性

前面已提到,偶然误差从表面上看没有规律,但就大量误差的总体而言则有一定的统计规律,并且随着观测次数的增多,这种规律性表现得更加明显。下面用一个测量实例来说明其规律性。

【例 1】 在相同的观测条件下,观测了 162 个三角形的全部内角。由于观测值中存在偶然误差,三角形三内角观测值之和 L 不等于真值 X(三角形内角和的真值为 180°),真值 X 与观测值 L 之差,称为真误差 Δ,即:

$$\Delta_i = X - L_i \qquad (i=1,2,\cdots,162) \tag{6-1}$$

根据式(6-1)可算出 162 个三角形内角之和的真误差,再以误差区间为 0.2″,将该组真误差按其正、负号的大小排列于表 6-1 中。

表 6-1　偶然误差统计表

误差所在区间(″)	正误差个数	负误差个数	总　和
0.0～0.2	21	21	42
0.2～0.4	19	19	38
0.4～0.6	12	15	27
0.6～0.8	11	9	20
0.8～1.0	8	9	17
1.0～1.2	6	5	11
1.2～1.4	3	1	4
1.4～1.6	2	1	3
1.6 以上	0	0	0
总　和	82	80	162

由表 6-1 中数据可以看出:小误差的个数比大误差的多;绝对值相等的正、负误差的个数大致相等;最大的误差不超过 1.6″。

人们通过反复实践,研究和统计了大量的各种观测列的结果,总结出偶然误差列具有如下特性:

(1)有限性:在一定的观测条件下,偶然误差的绝对值不会超过一定的限值;

(2)集中性:绝对值小的误差比绝对值大的误差出现的机会多;

(3)对称性:绝对值相等的正误差和负误差出现的机会相等;

(4)抵偿性:偶然误差的算术平均值随着观测次数的无限增加而趋于零,即

$$\lim_{n \to \infty} \frac{[\Delta]}{n} = 0 \tag{6-2}$$

式中　n——观测次数;

$[\Delta]$——偶然误差的累计,$[\Delta]\sum_1^n \Delta_i = \Delta_1 + \Delta_2 + \cdots + \Delta_n$。

由偶然误差的特性可知,当对某量有足够多的观测次数时,其正的误差和负的误差可以通过算术平均相互抵消。因此,我们可以采用多次观测,取观测结果的算术平均值作为最终结果。

第二节　衡量精度的标准

测量工作不仅在于对一个未知量的多次观测,求出其最后的结果,而且必须对测量的精度作出评定。衡量精度的标准,常用的有下列几种:

一、中 误 差

设在相同的观测条件下，对任一未知量进行了 n 次观测，其观测值分别为 $l_1,l_2,\cdots,l_n$，若该未知量的真值为 X，由式(6-1)可得相应的 n 个观测值的真误差 $\Delta_1,\Delta_2,\cdots,\Delta_n$。为了避免正负误差互相抵消和明显地反映观测值中较大误差的影响，通常是以各个真误差的平方和的平均值的平方根作为评定该组每一观测值的精度的标准，该值称为中误差，亦称均方误差，通常用 m 表示。

$$m=\pm\sqrt{\frac{[\Delta\Delta]}{n}} \tag{6-3}$$

式中，$[\Delta\Delta]=\sum_1^n\Delta_i^2=\Delta_1^2+\Delta_2^2+\cdots+\Delta_n^2$；$n$ 为观测次数。

从上式可以看出中误差与真误差的关系，中误差不等于真误差，它是一组真误差的代表值，中误差 m 值的大小反映了这组观测值精度的高低，而且它能明显反映出测量结果中较大误差的影响。因此，一般都采用中误差作为评定观测质量的标准。

【例 2】 由两组对同一三角形的内角进行了 9 测回的观测，观测结果及三角形内角和的真误差列于表 6-2。试比较这两组观测值的质量。

表 6-2 中误差计算表

第一组观测				第二组观测			
次数	观测值 L (° ′ ″)	真误差 Δ (″)	$\Delta\Delta$ (″)	次数	观测值 L (° ′ ″)	真误差 Δ (″)	$\Delta\Delta$ (″)
1	180 00 05	−5	25	1	179 59 54	+6	36
2	179 59 54	+6	36	2	180 00 05	−5	25
3	179 59 52	+8	64	3	180 00 04	−4	16
4	180 00 06	−6	36	4	179 59 56	+4	16
5	180 00 07	−7	49	5	179 59 53	+7	49
6	179 59 56	+4	16	6	180 00 04	−4	16
7	180 00 03	−3	9	7	179 59 53	+7	49
8	179 59 52	+8	64	8	179 59 55	+5	25
9	179 59 53	+7	49	9	180 00 03	−3	9
总和			348	总和			241

解：根据式(6-3)计算得：

$$m_1=\pm\sqrt{\frac{348}{9}}=\pm6.2''$$

$$m_2=\pm\sqrt{\frac{241}{9}}=\pm5.2''$$

从计算结果可以看出 $m_1>m_2$，说明第二组的精度高于第一组的精度。

二、限　　差

限差又称极限误差或容许误差。根据偶然误差的第一个特性可知，在一定的观测条件下，偶然误差的绝对值不会超过一定的限值，如果在测量工作中某一观测值的误差超过了这个限值,就认为这次观测的质量不符合要求,该观测结果应该舍去。那么应该如何确定这个限值呢?根据误差理论和实践的统计证明:在等精度观测的一组误差中,绝对值大于1倍中误差的偶然误差,其出现的机会为32%;大于2倍中误差的偶然误差,其出现的机会只有5%;大于3倍中误差的偶然误差,其出现的机会仅有3‰,即大约300次观测中,才可能出现一次大于3倍中误差的偶然误差。因此在观测次数不多的情况下,可以认为大于3倍中误差的偶然误差实际上是不可能出现的。通常以3倍中误差为偶然误差的限差,即

$$\Delta_{限}=3m$$

在《新建铁路工程测量规范》中规定以2倍中误差作为限差,即

$$\Delta_{限}=2m$$

三、相对误差

前面提及的真误差、中误差及限差都是绝对误差。单纯比较绝对误差的大小,有的还不能判别观测结果精度的高低。例如,丈量两段距离,第一段的长度为100 m,其中误差为±2 cm;第二段的长度为200 m,其中误差为±3 cm。如果单纯用中误差的大小评定其精度,就会得出前者精度比后者精度高的错误结论。实际上长度丈量的误差与长度大小有关,距离愈长,误差的积累愈大。因此,必须用相对误差来评定精度。相对误差就是绝对误差的绝对值与相应观测量之比。通常以分子为1,分母为一整数的分数式表示。在上例中第一段的相对误差为

$$K_1=\frac{0.02}{100}=\frac{1}{5\,000}$$

第二段的相对误差为

$$K_2=\frac{0.03}{200}=\frac{1}{6\,667}$$

显然,后者精度高于前者。

第三节　观测值函数的中误差

前面已经叙述了衡量一组等精度观测值的精度指标,并指出在测量工作中通常以中误差作为衡量精度的指标。但在实际工作中,有些未知量不可或不便直接进行观测,而是由另外一些直接观测量根据一定的数学关系式间接计算出来。例如,安置一次水准仪测得两点间的高差 $h=a-b$,后视读数 a 和前视读数 b 是独立的直接观测值,h 是 a 和 b 的函数。因独立观测值 a 和 b 包含误差,则必然使其函数产生误差。阐述各独立观测值中误差与其函数值中误差之间的关系的定律,称为误差传播定律。下面分别讨论倍数函数、和差函数、线性函数的中误差。

一、倍数函数的中误差

设倍数函数为

$$Z=Kx \tag{6-4}$$

式中　Z——x 的函数;

K——常数;

x——未知量的直接观测值。

其中误差为

$$m_Z = \pm K m_x \tag{6-5}$$

即倍数函数的中误差等于倍数与观测值中误差的乘积。

【例 3】 设在比例尺 1:1000 的地形图上量得两点间的距离 $d=48.6\,\text{mm}$，其中误差 $m_d=\pm 0.2\,\text{mm}$，试计算两点间的实地距离 D 及其中误差 m_D。

解： 水平距离 $D=1\,000d=1\,000\times 48.6=48\,600\,\text{mm}=48.6\,\text{m}$

中误差 $m_D=1\,000m_d=1\,000\times(\pm 0.2)=\pm 200\,\text{mm}=\pm 0.2\,\text{m}$

二、和或差函数的中误差

设某一量 Z 为两个独立观测值 x 与 y 之和或差的函数，则函数式为

$$Z = x \pm y \tag{6-6}$$

其中误差为

$$m_Z = \pm\sqrt{m_x^2 + m_y^2} \tag{6-7}$$

如果函数 Z 为 n 个独立观测值的代数和，即

$$Z = x_1 \pm x_2 \pm \cdots \pm x_n \tag{6-8}$$

根据上面推导方法，可得出函数 Z 的中误差为

$$m_Z = \pm\sqrt{m_1^2 + m_2^2 + \cdots + m_n^2} \tag{6-9}$$

即和或差函数的中误差，等于各个观测值中误差平方和的平方根。

如果 $m_1 = m_2 = \cdots = m_n = m$ 时，则有

$$m_Z = \pm m\sqrt{n} \tag{6-10}$$

即 n 个等精度观测值代数和的中误差，等于观测值中误差的 $\sqrt{n}$ 倍。

【例 4】 在一测站上施测两点间高差 h，后视读数 a 与前视读数 b 的中误差均为 $m_{读}$，试求一个测站所测高差的中误差 $m_{站}$。

解： 一个测站的高差 $h=a-b$，a、b 两个水准尺读数是等精度观测，其中误差都是 $m_{读}$，根据和差函数关系，得

$$m_{站} = \pm\sqrt{m_{读}^2 + m_{读}^2} = \pm\sqrt{2}\,m_{读}$$

三、线性函数的中误差

设线性函数为

$$Z = k_1x_1 + k_2x_2 + \cdots + k_nx_n \tag{6-11}$$

式中 $k_1, k_2, \cdots, k_n$ 为常数，$x_1, x_2, \cdots, x_n$ 为各独立观测值，已知各观测值的中误差为 $m_1, m_2, \cdots, m_n$。设 $z_1=k_1x_1, z_2=k_2x_2, \cdots, z_n=k_nx_n$，依倍数函数及和差函数中误差公式，可得线性函数中误差：

$$m_Z = \pm\sqrt{k_1^2m_1^2 + k_2^2m_2^2 + \cdots + k_n^2m_n^2} \tag{6-12}$$

即线性函数的中误差等于各常数与相应观测值中误差乘积平方的和的平方根。

【例 5】 设对某一导线边等精度往返量距，其量距结果为 $D_{往}\pm m$ 及 $D_{返}\pm m$，求该导线边长最后丈量结果及其中误差。

解： 导线边长的最后结果为

$$D=\frac{1}{2}(D_{往}+D_{返})=\frac{1}{2}D_{往}+\frac{1}{2}D_{返}$$

导线边长最后结果的中误差为

$$m_D=\pm\sqrt{\left(\frac{1}{2}m_{往}\right)^2+\left(\frac{1}{2}m_{返}\right)^2}=\pm\sqrt{\frac{1}{4}m^2+\frac{1}{4}m^2}=\pm\frac{m}{\sqrt{2}}$$

第四节　算术平均值及其中误差

一、算术平均值

在相同的观测条件下,对任一未知量进行了 n 次观测,得观测值 $l_1,l_2,\cdots,l_n$,若该量的算术平均值为 x,则

$$x=\frac{l_1+l_2+\cdots+l_n}{n}=\frac{[l]}{n}$$

若以 $\Delta_1,\Delta_2,\cdots,\Delta_n$ 表示n 次等精度观测值$l_1,l_2,\cdots,l_n$ 的真误差,X 为该量的真值,则有

$$\Delta_1=X-l_1$$
$$\Delta_2=X-l_2$$
$$\cdots$$
$$\Delta_n=X-l_n$$

上列等式相加并除以 n,得

$$\frac{[\Delta]}{n}=X-\frac{[l]}{n}$$

根据偶然误差的第四个特性,有

$$\lim_{n\to\infty}\frac{[\Delta]}{n}=0$$

由此得出:

$$X=\lim_{n\to\infty}\frac{[l]}{n}$$

即

$$\lim_{n\to\infty}x=X \tag{6-13}$$

从式(6-13)可见,当观测次数 n 趋于无限多时,算术平均值就是该量的真值。但实际工作中观测次数总是有限的,这样算术平均值不等于真值,但它与所有观测值比较都更接近于真值,因此可以认为观测值的算术平均值是该量的最可靠值,又称为最或然值。

二、算术平均值的中误差

算术平均值　$x=\frac{[l]}{n}=\frac{1}{n}l_1+\frac{1}{n}l_2+\cdots+\frac{1}{n}l_n$

设 $K=\frac{1}{n}$,则　$x=Kl_1+Kl_2+\cdots+Kl_n$

因为等精度观测,各观测值的中误差相同,即 $m_1=m_2=\cdots=m_n=m$,根据式(6-12)得算术平均值的中误差为

$$M=\pm\sqrt{K^2m_1^2+K^2m_2^2+\cdots+K^2m_n^2}$$

$$= \pm\sqrt{\frac{1}{n^2}(m_1^2+m_2^2+\cdots+m_n^2)} = \pm\sqrt{\frac{m^2}{n}}$$

所以

$$M = \pm\frac{m}{\sqrt{n}} \tag{6-14}$$

式(6-14)表明,在相同的观测条件下,算术平均值的中误差与观测次数的平方根成反比。

【例 6】 用测回法观测某一水平角,按等精度观测了三个测回,各测回的观测中误差 $m=\pm 8''$,试求三个测回的算术平均值的中误差 M。

解:

$$M = \pm\frac{m}{\sqrt{n}} = \pm\frac{8''}{\sqrt{3}} = \pm 4.6''$$

三、用观测值的改正数计算中误差

根据公式(6-3)求观测值的中误差,首先要已知各观测值的真误差 Δ。但实际工作中,观测量的真值一般不易求得,所以真误差 Δ 一般无法求得,而观测量的最或然值(算术平均值)是可以求得的,所以在多数情况下,只能按观测值的改正数来求得观测值的中误差。

观测值的改正数(或称最或然误差)是观测值的算术平均值 x 与观测值 l_i 之差,用 v 表示,即 $v_i = x - l_i$。

根据改正数 v_i 可用下式(称为贝塞尔公式)计算观测值的中误差:

$$m = \pm\sqrt{\frac{[vv]}{n-1}} \tag{6-15}$$

算术平均值 x 的中误差为

$$M = \pm\frac{m}{\sqrt{n}} = \sqrt{\frac{[vv]}{n(n-1)}} \tag{6-16}$$

【例 7】 设丈量 AB 两点间距离,丈量 6 次的结果如表 6-3,求观测值的中误差及最或然值的中误差。

表 6-3 用改正数计算中误差表

观测次序	观测值(m)	改正数 v	vv
1	245.13	−0.03	0.0009
2	245.08	+0.02	0.0004
3	244.98	+0.12	0.0144
4	245.17	−0.07	0.0049
5	245.20	−0.10	0.0100
6	245.04	+0.06	0.0036
	$x=245.10$	$[v]=0$	$[vv]=0.0342$

解:观测值的中误差 $m = \pm\sqrt{\frac{[vv]}{n-1}} = \pm\sqrt{\frac{0.0342}{6-1}} = \pm 0.082\,\text{m}$

最或然值的中误差 $M = \sqrt{\frac{[vv]}{n(n-1)}} = \pm\sqrt{\frac{0.0342}{6(6-1)}} = \pm 0.034\,\text{m}$

距离 $L = 245.10\,\text{m} \pm 0.034\,\text{m}$

第五节 按真误差求观测值的中误差

在大多数情况下,直接观测值的真误差是不知道的,一般只能用最或然误差来求观测值的中误差。但是某些观测值的函数的真值可以求出，从而可以根据真误差计算出观测值的中误差。

一、由三角形的角度闭合差求观测值的中误差

由各内角的观测值计算得到的三角形内角和的真误差，习惯上称为闭合差，分别以 w_1，w_2，…，w_n 表示（$w=\sum\beta-180°$），根据中误差定义，三角形内角和中误差为

$$m_{\Sigma\beta}=\pm\sqrt{\frac{[ww]}{n}}$$

式中　$[ww]=w_1^2+w_2^2+\cdots+w_n^2$；

n——三角形的个数。

由于各角观测精度相等，中误差均为 m_β。而内角和是三个观测角的和，即

$$\sum\beta=\beta_1+\beta_2+\beta_3$$

故

$$m_{\Sigma\beta}=\sqrt{3}\,m_\beta$$

因此，每个角的测角中误差为

$$m_\beta=\frac{m_{\Sigma\beta}}{\sqrt{3}}=\pm\sqrt{\frac{[ww]}{3n}} \tag{6-17}$$

上式称为菲列罗公式，是三角测量中用来评定测角精度的重要公式。

二、由双观测值之差求观测值的中误差

在测量工作中，常对未知量成对进行观测，如在导线测量中，每条边往返丈量两次，水准测量中每段水准路线进行往返测量等，这种成对观测，称为双观测。

设对某一观测量进行同精度的双次观测，得观测值 L'和 L''，其较差为 d，则

$$d=L'-L''$$

较差 d 的真值应为零。根据式(6-1)可知，双观测值的较差值即为较差的真误差。

设有 n 个同精度的双观测值之差 $d_1,d_2,\cdots,d_n$，按中误差定义，较差的中误差为

$$m_d=\pm\sqrt{\frac{[\Delta\Delta]}{n}}=\pm\sqrt{\frac{[dd]}{n}}$$

设 m 为单次观测值的中误差，根据误差传播定律，较差的中误差为

$$m_d=\sqrt{2}\,m$$

则单次观测值的中误差为

$$m=\pm\sqrt{\frac{[dd]}{2n}} \tag{6-18}$$

上式就是按双观测值之差求观测值中误差的公式。

1. 偶然误差与系统误差有什么不同？偶然误差有哪些特性？
2. 就表 6-4 中所列的各项测量误差，分析判定其误差性质，并简述消除和减小的方法。
3. 何谓中误差、极限误差和相对误差？

表 6-4 题 2 表

测量类别	误 差 名 称	误差性质	消除和减小的方法
钢尺量距	尺长不准 定线不准 拉力不均 读数误差 测钎插得不准		
水准测量	水准管轴不平行视准轴 符合气泡两半影像不严密重合 估读毫米数不准 尺垫下沉 水准尺倾斜		
水平角测量	对中误差 目标偏心误差 照准误差 整平误差 视准轴不垂直于横轴		

4. 试根据偶然误差的特性，说明等精度观测值的算术平均值是最可靠值。

5. 在图上量得一圆的半径 $R = 31.3\,\text{mm}$，其中误差 $m_R = \pm 0.3\,\text{mm}$，试求圆周长的中误差。

6. 一线路分两段丈量，丈量结果和中误差分别为 $d_1 = 64.55\,\text{m}$，$m_{d_1} = \pm 0.02\,\text{m}$；$d_2 = 95.35\,\text{m}$，$m_{d_2} = \pm 0.03\,\text{m}$。求线路全长及其中误差。

7. 以同精度对某角观测 5 次，观测值为 42°28′30″、42°28′39″、42°28′36″、42°28′32″、42°28′30″。试计算观测值中误差、算术平均值及其中误差。

第七章

小区域控制测量

本章提要：本章介绍小区域控制测量的基本知识；重点讲述导线测量的外业和内业工作；导线平面图的绘制方法；测角交会法定点；三、四等水准测量的方法与记录计算。

第一节　控制测量概述

按照测量工作必须遵循"从整体到局体，先控制后碎部"的原则，在地形图测绘和施工放样之前，应首先在测区内建立测图控制网和施工控制网，然后根据控制网进行地形测图和施工放样。在测区内选定若干个起控制作用的点构成一定的几何图形，称为控制网，这些点称为控制点。控制网有平面控制网和高程控制网两种。用较精密的测量仪器、工具和较严密的测量方法，精确测定控制点的平面位置(x,y)的工作，称为平面控制测量。精确测定控制点高程(H)的工作，称为高程控制测量。

平面控制测量的主要方法是三角测量和导线测量。三角测量是首先在测区内选定若干控制点，把相邻互相通视的点连接起来组成连续的三角形叫三角网，如图 7-1 所示。这些组成三角网的控制点叫三角点。然后用精密的方法丈量三角网中一条或几条边(叫基线)，测出各三角形的内角，经过计算求出全网各三角形的边长，最后根据其中一点的已知坐标和一边的已知方位角，计算出各三角点的坐标。

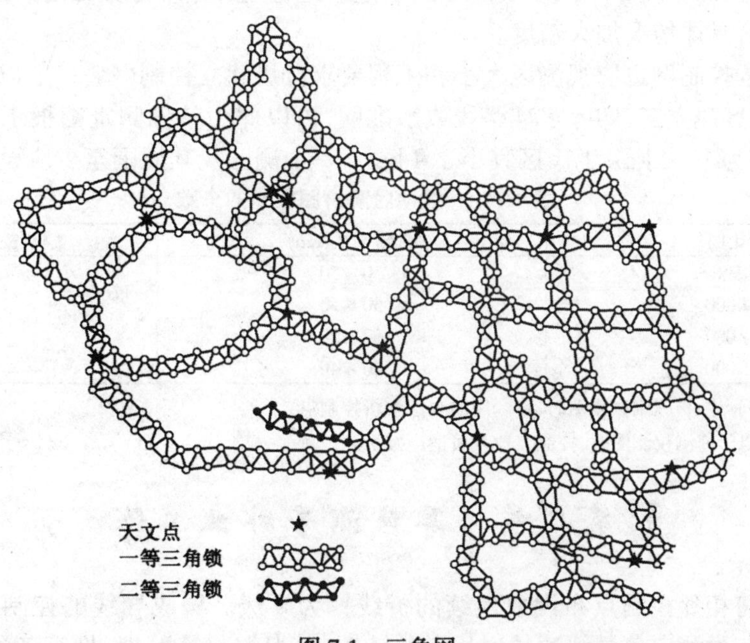

图 7-1　三角网

在全国范围内建立的三角测量控制网，称为国家平面控制网。它是全国各种比例尺测图的基本控制，并为确定地球形状与大小提供研究资料。国家平面控制网按控制次序和施测精度分为一、二、三、四等，从高级到低级，逐级加密布置。如图 7-1 所示，一等三角锁是国家平面控制网的骨干。二等三角网布设在一等三角锁内，形成国家平面控制网的全面基础。三、四等三角网作为二等三角网的进一步加密。

国家高程控制是用精密的水准测量方法建立的。它是测绘各种比例尺的地形图和各项工程建设的基本控制，并为地壳垂直运动、地震预报等提供重要研究资料。国家水准测量分一、二、三、四等。如图 7-2 所示，一等水准测量是国家高程控制的骨干，二等水准网是布设在一等水准环内，是国家高程控制的全面基础，三、四等水准网为国家高程网的进一步加密。

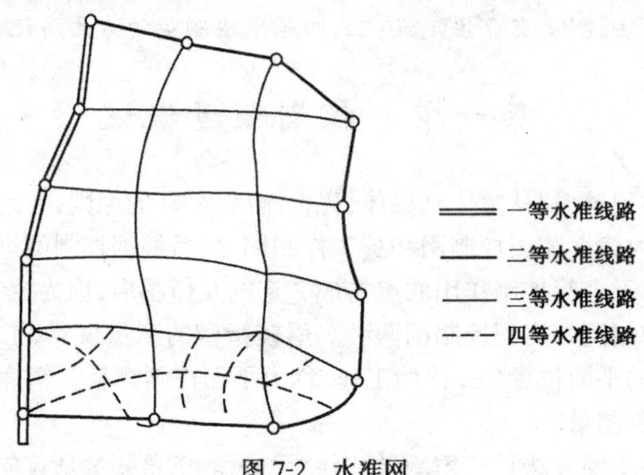

图 7-2　水准网

小地区平面控制网，根据测区面积大小，按精度要求分级建立控制网。在测区范围内建立统一的精度最高的控制网，称为首级控制网。直接为测图建立的控制网，称为图根控制网。这些组成控制网的点，称为图根控制点，简称图根点。图根点的密度应根据测图比例尺和地形条件而定，一般地区的密度不应低于表 7-1 的规定。地形复杂、隐蔽以及城市建筑区，应以满足测图需要并结合具体情况加大密度。

小地区高程控制网也应视测区大小和工程要求分级建立控制网。一般以国家等级水准点为基础，在全测区建立三、四等水准路线或水准网，再以此为基础测定图根水准点的高程。水准点间距，一般为 1～3 km，工厂区宜小于 1 km。一个测区及其周围至少应设立 3 个水准点。

表 7-1　一般地区解析图根点的个数

测图比例尺	图幅尺寸(cm)	解析控制点(个数)
1:500	50×50	8
1:1000	50×50	12
1:2000	50×50	15
1:5000	40×40	30

注：(1)表中所列点数指施测该幅图时，可利用的全部解析控制点；
(2)当采用电子速测仪测图时，控制点数量可适当减少。

第二节　导线测量外业工作

在测区内将相邻控制点布设成连续的折线称为导线。构成导线的控制点，称为导线点。导线测量就是依次测定各导线边的边长和各转折角，根据起算数据，推算各边的坐标方位角，从而求出各导线点的坐标。

一、导线的布设形式

根据测区的具体情况和要求，导线可布设成下列四种形式：

1. 闭合导线

闭合导线是起终于同一已知点的导线。如图 7-3 所示，导线从已知点 A 出发，经过若干导线点 1、2、3、4，最后仍回到起点 A，形成闭合多边形。闭合导线多用于宽阔地区的控制。

2. 附合导线

附合导线是布设在两已知点间的导线。如图 7-4 所示，导线从一已知高级控制点 A 和已知方向 BA 出发，经过若干导线点 1、2、3，最后附合到另一已知高级点 C 和已知方向 CD 上。附合导线适用于带状地区的控制。

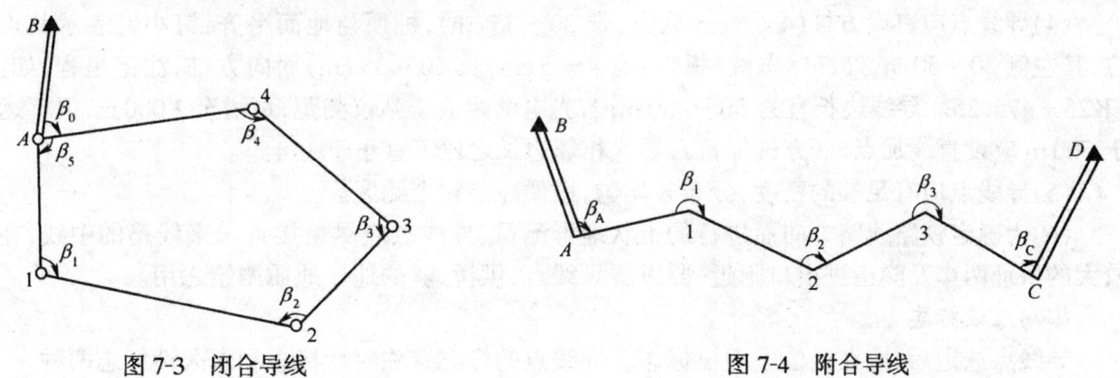

图 7-3　闭合导线　　　　图 7-4　附合导线

3. 支导线

支导线是由一已知点和一已知方向出发，既不回到原出发点，又不附合到另一已知点的导线。如图 7-5 所示，由已知点 A 出发的导线 $A12$，就是支导线，1、2 为支导线点。由于支导线缺乏检核条件，因此其点数一般不超过两个。它仅用于图根测量。

4. 导线网

从若干个已知控制点开始的导线，在一个或几个共同点上交叉或汇合的，称为导线网或结点导线。如图 7-6 所示。交叉点称为结点。布置成结点导线增加了检查的条件，可以提高导线的精度。

图 7-5　支导线　　　　图 7-6　导线网

二、导线测量外业工作

导线测量的外业工作包括：踏勘选点和建立标志、测角、测距、联测。

(一)踏勘选点及建立标志

根据方案研究中在小比例尺地形图上所选线路的位置，在野外用“红白旗”标出其走向和大概位置,并在拟定的线路转向点和长直线的转点处插上标旗,这一工作在铁路勘测中称为插大旗,为导线测量及各专业调查指出进行的方向。大旗点的选定,一方面要考虑线路的基本走向,故要尽量插在拟建线路中线附近;另一方面要考虑到导线测量、地形测量的要求,因为一般情况下大旗点即为导线点,故要便于测角、量距及测绘地形。

在踏勘选点之前,应收集有关测量资料,包括测区和附近原有的各种比例尺地形图、控制点的坐标及高程、及现有控制点分布简图。然后到现场踏勘,了解测区现状和寻找已知点。根据已知控制点的分布、测区地形、测图和工程要求等具体情况,在图上规划导线的初步方案,最后到实地合理地选定导线点的位置。选点时应注意下列事项:

(1)相邻点间通视良好,地势平坦,便于测距和测角。

(2)点位应选在土质坚实,便于安置仪器和保存标志的地方。

(3)视野开阔,便于施测碎部。

(4)导线点应钉设方桩(4~5 cm 见方,长 30~35 cm),桩顶与地面平齐,钉小钉表示其点位,其左侧 30~50 cm 处钉标志桩(板桩:宽 4~5 cm,长 30~35 cm)面向方桩,注记里程,如:CK25+475.25。导线边长宜为 50~400 m;若光电测距或全站仪测距,可增至 1 000 m,但不远于 500 m 应设直线加点桩(方桩加钉);导线相邻边长之比不宜小于 1:4。

(5)导线点应有足够的密度,分布较均匀,以便控制整个测区。

(6)为确定铁路线路方向而进行的带状地形测量,导线点应尽量接近未来线路的中线,在较大的桥址两岸及隧道进出口附近,要设置导线点,供桥、隧的地形地质测绘之用。

(二)埋设标志

导线点选定后,应在点位上埋设标志。导线点的标志有临时性标志和永久性标志两种。

1. 临时性标志

导线点定设方桩后,应在桩的周围浇上混凝土,称为包桩(如图 7-7 所示)。

2. 永久性标志

对于需要长期保存的导线点,应埋设混凝土桩(如图 7-8 所示)或石桩,桩顶嵌入带有"+"的金属标志,或将标志直接嵌入水泥地面或岩石上,作为永久性标志。

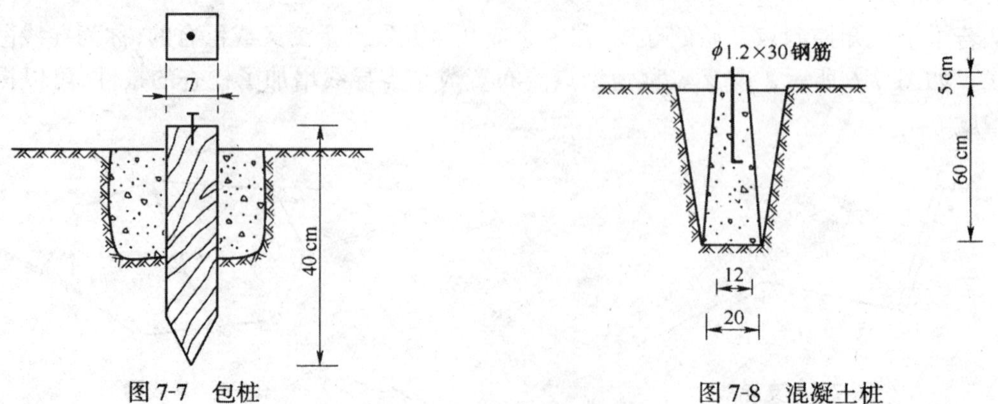

图 7-7　包桩　　　　图 7-8　混凝土桩

导线点应按顺序统一编号。为便于寻找,应丈量出导线点至附近明显地物的距离,绘草图,注明尺寸(如图 7-9 所示),称为"点之记"。

(三)测转折角

观测导线的转折角时,一般用测回法测量导线的转折角。转折角位于导线前进方向左侧,称为导线左角。位于导线前进方向右侧的称为导线右角。

(四)丈量边长

钢尺丈量是最常用的测距方法。应采用检定过的钢尺进行量距。钢尺量距时,一般采用两组人员同向测量,边长两次测量的相对精度的容许值为1/2000,取平均值。若全站仪或光电测距仪测距时,距离和竖直角应往返观测各一个测回,测距限差及竖直角观测限差如表7-2所示。全站仪或光电测距应往返测量,当水平距离较差在限差之内时,采用往测的水平距离,返测值仅供校核。

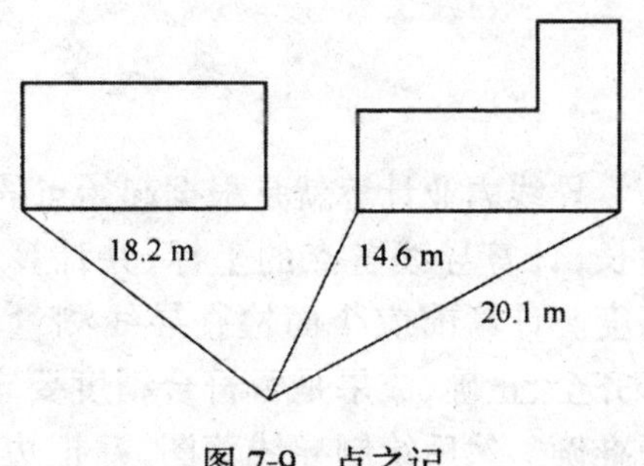

图7-9　点之记

表7-2　测距及竖直角观测限差表

仪器精度等级	测距中误差(mm)	同一测回各次读数互差(″)	测回间读数互差(″)、	往返平距较差	竖直角两半测回较差(″)
Ⅰ	≤5	5	7	$2\sqrt{2}\dfrac{m_D}{\sqrt{N}}$	12
Ⅱ	≤10	10	15		
Ⅲ	≤15	20	25		

(五)导线联测

为确定初测导线的方位检验测角和量边的精度,导线的起点、终点及不大于30 km处,应与大地点(三角点、导线点、Ⅰ级军控点)或其他单位不低于四等的大地点、GPS点联测(图7-10)。联测时可用导线法,困难情况可采用三角形法等。当有困难时,可用太阳高度法观测方位角,每次观测不应少于5组,或使用陀螺经纬仪定向。

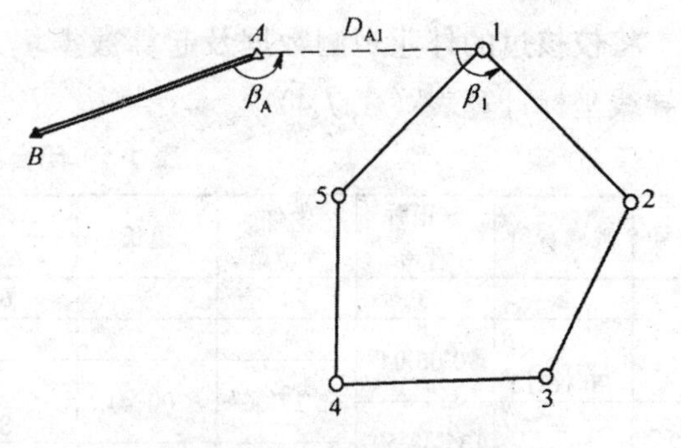

图7-10　导线联测示意图

导线测量的限差要求应符合表7-3要求。

表7-3　导线测量限差表

项　目 \ 仪器型号				DJ_2	DJ_6
水平角	检测时较差(″)			20	30
	闭合差(″)	附合和闭合导线		$25\sqrt{n}$	$30\sqrt{n}$
		延伸导线	两端测真北	$25\sqrt{n+16}$	$30\sqrt{n+10}$
			一端测真北	$25\sqrt{n+8}$	$30\sqrt{n+5}$
长　度	检测较差	光电测距仪和全站仪(mm)		$2\sqrt{2}m_D$	$2\sqrt{2}m_D$
		其他测距方法		1/2000	1/2000
	相对闭合差	光电测距仪和全站仪	水平角平差	1/6000	1/4000
			水平角不平差	1/3000	1/2000
		其他测距方法	水平角平差	1/4000	1/2000
			水平角不平差	1/2000	
	附合导线长度(km)			30	30

注:1. n——置镜点总数;

m_D——光电测距仪或全站仪的标称精度。

2. 附合导线的长度相对闭合差应为两化改正后的值。

第三节　导线测量的内业计算

导线内业计算就是根据起始点的坐标和起始边的坐标方位角以及所测得导线的转折角和边长，计算导线各点的坐标，并计算出导线测量的精度。计算前应全面检查导线测量的外业成果是否齐全、正确，成果是否符合精度要求，起算数据是否准确。然后绘制导线草图，并把边长、转折角、起始边方位角及已知点坐标等计算数据标注于图上相应位置，以便进行导线坐标计算。

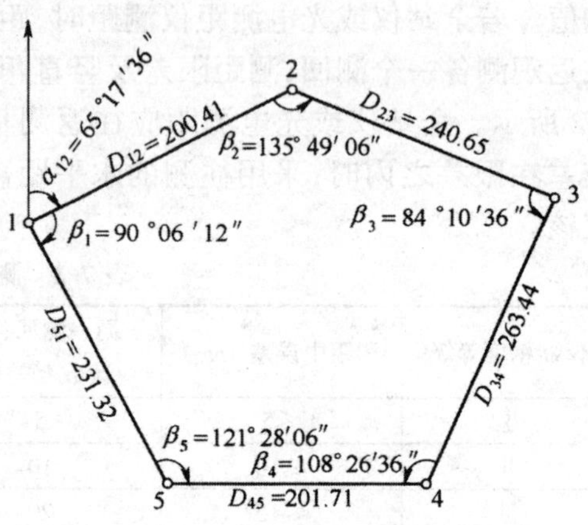

图 7-11　闭合导线坐标计算图

一、闭合导线的坐标计算

以图 7-11 中的实测数据为例，说明闭合导线坐标计算的步骤。闭合导线坐标计算可按以下几步进行：

（一）准备工作

将校核过的外业观测数据及起算数据填入“闭合导线坐标计算表”（表 7-4）中。

表 7-4　闭合导线坐标计算表

点号	观测右角	改正后右角	坐标方位角	边长	计算坐标增量 Δx	计算坐标增量 Δy	改正后坐标增量 Δx	改正后坐标增量 Δy	坐标 x	坐标 y
1	2	3	4	5	6	7	8	9	10	11
1	−8 90°06′12″	90°06′04″							1000.00	1000.00
			65°17′36″	200.41	+4 83.77	+4 182.06	83.81	182.10		
2	−7 135°49′06″	135°48′59″							1083.81	1182.10
			109°28′37″	240.65	+5 −80.24	+5 226.88	−80.19	226.93		
3	−7 84°10′36″	84°10′29″							1003.62	1409.03
			205°18′08″	263.44	+5 −238.17	+6 −112.59	−238.12	−112.53		
4	−7 108°26′36″	108°26′29″							765.50	1296.50
			276°51′39″	201.71	+4 24.10	+4 −200.27	24.14	−200.23		
5	−7 121°28′06″	121°27′59″							789.64	1096.27
			335°23′40″	231.32	+4 210.32	+5 −96.32	210.36	−96.27		
1									1000.00	1000.00
			65°17′36″							
2										
Σ	540°00′36″	540°00′00″		P=1137.53	+318.19 −318.41	+408.94 −409.18				

$\sum\beta_{测} = 540°00'36''$

$\sum\beta_{理} = 540°00'00''$

$f_\beta = \sum\beta_{测} - \sum\beta_{理} = +36''$

$f_{\beta限} = \pm 30''\sqrt{5} = \pm 76''$

$f_x = -0.22 \quad f_y = -0.24$

$f = \sqrt{f_x^2 + f_y^2} = 0.33$

$K = \frac{f}{P} = \frac{0.33}{1137.53} = \frac{1}{3447} < \frac{1}{2000}$

(二)角度闭合差的计算和调整

1. 角度闭合差的计算

角度闭合差是指实测的角度总和与理论角度总和的差值,用 f_β 表示。

n 边闭合导线其理论上内角和 $\sum\beta_{理}$ 应为

$$\sum\beta_{理}=(n-2)\times180° \tag{7-1}$$

设 $\sum\beta_{测}$ 为闭合导线实测内角总和,因此闭合导线角度闭合差 f_β 为

$$f_\beta=\sum\beta_{测}-\sum\beta_{理}=\sum\beta_{测}-(n-2)\times180° \tag{7-2}$$

导线测量的容许角度闭合差为

$$\left.\begin{aligned}f_{\beta容}&=\pm30''\sqrt{n} \qquad J_6\\ f_{\beta容}&=\pm25''\sqrt{n} \qquad J_2\end{aligned}\right\} \tag{7-3}$$

式中　n——转折角的个数。

角度闭合差的大小,反映测角精度和高低,若 $f_\beta>f_{\beta容}$,则说明所测角度不符合要求,应停止计算,检查原因,对于测错的角度应重新观测。

若 $f_\beta\leqslant f_{\beta容}$,说明测角精度符合要求,可将闭合差按相反的符号平均分配到各观测角中,而得出改正后的角值。

2. 角度闭合差的调整

角度闭合差调整的原则为:将角度闭合差反号,平均分配至各个角度,余数凑整分配到含较短边的角度上,使角度闭合差等于零。

即:

$$v_i=\frac{-f_\beta}{n} \tag{7-4}$$

为了保证 $\sum\beta=\sum\beta_{理}$ 的要求,则:

$$\sum v_i=-f_\beta \tag{7-5}$$

3. 改正后的角度计算

改正后的角度,等于实测角度加上改正数,即:

$$\beta_{改}=\beta_{实}+v_i \tag{7-6}$$

为了检核计算,应将所有改正后的角度求和,其总和应等于理论的角度总和。

$$\sum\beta_{测}=\sum\beta_{理} \tag{7-7}$$

(三)各边坐标方位角的计算

导线边的坐标方位角是按一条边的已知方位角和导线的转折角依次推算出来的。如图 7-12 所示,假定 12 边的坐标方位角为已知,则 23 边的坐标方位角 α_{23} 可按下列公式计算:

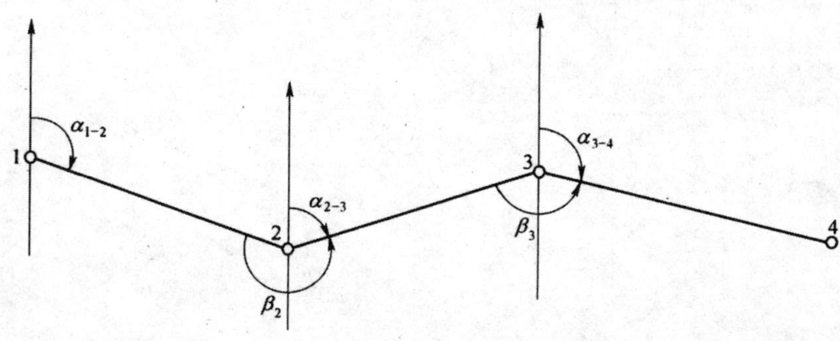

图 7-12　各边坐标方位角计算图

(一)坐标反算

根据两点的坐标,计算出该直线的坐标方位角和边长,称为坐标反算。如图 7-16 所示,附合导线的起终边 AB 和 CD 为高级控制边,根据已知的坐标值可以计算出坐标方位角 α_{AB}和 α_{CD}。坐标反算的步骤为:由两点的坐标,先计算出象限角,然后根据 Δx_{AB}和 Δy_{AB}的符号判断直线所在的象限,根据象限角与方位角的关系计算出方位角。

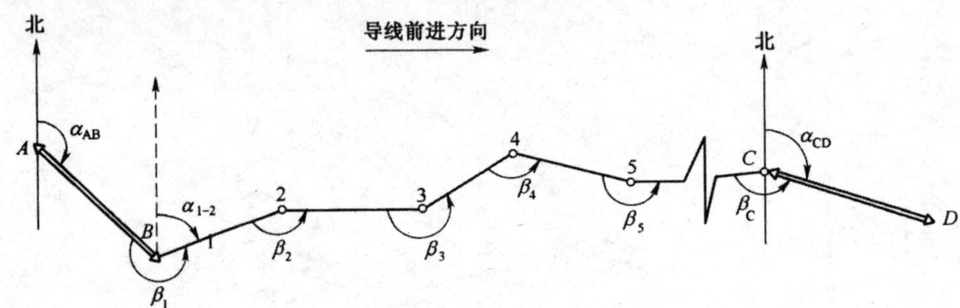

图 7-16 坐标反算示意图

$$R_{AB}=\arctan\frac{|\Delta y_{AB}|}{|\Delta x_{AB}|}=\arctan\frac{|y_B-y_A|}{|x_B-x_A|}$$

$$D_{AB}=\sqrt{\Delta x_{AB}^2+\Delta y_{AB}^2} \tag{7-17}$$

(二)角度闭合差的计算及调整

根据起始边 AB 的坐标方位角 α_{AB}和观测的右角 β,按式(7-8)可以推算出终边 CD 的坐标方位角 α'_{CD}:

$$\alpha_{B1}=\alpha_{AB}+180°-\beta_B$$

$$\alpha_{12}=\alpha_{B1}+180°-\beta_1$$

$$\cdots$$

$$\alpha_{n,n+1}=\alpha_{n-1,n}+180°-\beta_n$$

等号两边相加

$$\alpha'_{CD}=\alpha_{AB}+n\cdot 180°-\sum_1^n\beta_{测}$$

即终边的坐标方法角可按下式计算:

$$\alpha'_{终}=\alpha_{始}+n\cdot 180°-\sum_1^n\beta_{测} \tag{7-18}$$

式中 n——测角个数。

若观测左角,则

$$\alpha'_{终}=\alpha_{始}-n\cdot 180°+\sum_1^n\beta_{测} \tag{7-19}$$

由式(7-18)和式(7-19)计算所得的角度值若大于 360°,则应减去 360°;若小于 0°,则应加 360°。

$$f_\beta=\alpha'_{终}-\alpha_{终} \tag{7-20}$$

观测左角时,角度闭合差的分配原则与闭合导线相同。观测右角时,改正数与角度闭合差同号。

(三)坐标增量闭合差的计算

附合导线各边坐标增量的代数和,理论上应该等于终点和始点已知坐标之差,即:

$$\sum\Delta x_{理}=x_{终}-x_{起}$$

$$\sum \Delta y_{理} = y_{终} - y_{起} \tag{7-21}$$

如果二者不相等，其差值就是附合导线的坐标增量闭合差，即：

$$f_x = \sum \Delta x_{测} - (x_{终} - x_{始})$$

$$f_y = \sum \Delta y_{测} - (y_{终} - y_{始}) \tag{7-22}$$

坐标增量闭合差的调整以及坐标的计算与闭合导线相同，在此不再叙述。表 7-5 是附合导线坐标计算的算例。

表 7-5　附合导线坐标计算表

点号	观测右角	改正后右角	坐标方位角	边长	计算坐标增量		改正后坐标增量		坐标		点号
					Δx	Δy	Δx	Δy	x	y	
1	2	3	4	5	6	7	8	9	10	11	
A									2 365.16	1 181.77	A
			137°52′00″								
B	+10° 267°29′50″	267°30′00″							1 771.03	1 719.24	B
			50°22′00″	133.84	+3 +85.37	+6 +103.08	+85.40	+103.14			
2	+10° 203°29′20″	203°29′30″							1 856.43	1 822.38	2
			26°52′30″	154.71	+3 +138.00	+7 +69.94	+138.03	+70.01			
3	+10° 184°29′20″	184°29′30″							1 944.46	1 892.39	3
			22°23′00″	80.74	+2 +74.66	+4 +30.74	+74.68	+30.78			
4	+10° 179°15′50″	179°16′00″							2 069.14	1 923.17	4
			23°07′00″	148.93	+3 +136.97	+6 +58.47	+137.00	+58.53			
5	+10° 81°16′20″	81°16′30″							2 206.14	1 981.70	5
			121°50′30″	147.16	+3 −77.64	+6 +125.01	−77.61	+125.07			
C	+10° 167°07′20″	167°07′30″							2 128.53	2 106.77	C
			134°43′00″								
D									1 465.71	2 776.18	D
Σ	1083°08′00″			P = 665.38	+357.36	+387.24					

$d_{CD} = \alpha_{AB} + a \cdot 180° - \sum \beta_A$

$= 137°52'00'' + 6 \times 180° - 1\,083°08'00''$

$= 134°44'00''$

$f_\beta = d_{CD} - \alpha_{CD} = 134°44'00'' - 134°43'00''$

$= +1'$

$f_{\beta容} = \pm 30°\sqrt{6} = \pm 1'13'' > 1'$（合格）

$\sum \Delta x_{测} = x_C - x_D = 2\,128.53 - 1\,771.03 = 357.50$

$\sum \Delta y_{测} = y_C - y_D = 2\,106.77 - 1\,719.24 = 387.53$

$f_x = 357.36 - 357.50 = -0.14$

$f_y = 387.24 - 387.53 = -0.29$

$f = \sqrt{f_x^2 + f_y^2} = 0.32$

$K = \frac{1}{P/f} = \frac{0.32}{655.38} = \frac{1}{2035} < \frac{1}{2000}$

三、检查导线测量错误的方法

当导线的角度闭合差或坐标增量闭合差大大超过了容许值时，说明测量的外业资料或内业计算中有错误。这时应首先检查外业记录和内业计算，若检查无误则说明外业的观测有错误，应检查重测。为了节省野外检查工作量，应先找出可能发生错误的角和边，这样只需要作局部的重测。

（一）检查角度错误的方法

图示 7-17 附合导线中，若角度闭合差超限，可根据未经调整的角度自 A 向 B 计算各边的坐标方位角和各导线点的坐标，并同样自 B 向 A 进行推算。如果只有一点的坐标极为接近，

一、前方交会法

图 7-20 中，A、B 为坐标已知的控制点，P 为待求点。在 A、B 两点用经纬仪测量 α、β 角，根据 A、B 两点的坐标和 α、β 角通过式(7-23)计算即可得出 P 点的坐标。这就是前交会法定点。

$$x_P=\frac{x_A\cot\beta+x_B\cot\alpha+(y_B-y_A)}{\cot\beta+\cot\alpha}$$

$$y_P=\frac{y_A\cot\beta+y_B\cot\alpha+(x_A-x_B)}{\cot\beta+\cot\alpha} \tag{7-23}$$

必须指出：

(1)按式(7-23)计算时必须注意 ΔABP 是以逆时针方向编号的，否则公式中的加减号将有改变。

(2)为了检查计算中有无错误，可用计算出的 P 点坐标代替 A 点，而把 A 点代 B 点，用上式计算出 B 点坐标，并与 B 点的已知坐标核对。计算结果仅作计算校核，不能发现角度测错及已知点坐标用错等错误，也不能提高计算成果的精度。

(3)为了避免外业观测发生错误，并提高未知点 P 的精度，一般要求从三个已知点作两组前方交会。如图 7-21 中分别按 A、B 和 B、C 求出 P 点的坐标。如果这两组求出点位较差不大于比例尺精度的两倍，则取平均值作为 P 点的坐标。即点位误差

$$\Delta s=\sqrt{\delta_x^2+\delta_y^2}\leqslant 2\times 0.1M$$

式中 δ_x,δ_y ——P 点两组坐标之差；

M ——测图比例尺的分母。

图 7-20 前方交会法示意图

图 7-21 两组前方交会求 P 点坐标

【例】 图 7-21 中，A、B、C 为三个已知控制点，为用前方交会法确定 P 点，观测了 α_1，β_1、α_2，β_2 等角。今按公式(7-23)计算 P 点坐标，计算结果见表 7-6。

表 7-6 前方交会计算

点名	观测角		x		y	
A	α_1	61°14′25″	x_A	588.65	y_A	529.46
B	β_1	68°07′43″	x_B	438.30	y_B	301.10
P			x_P	261.50	y_P	555.79
B	α_2	74°31′25″	x_B	438.30	y_B	301.10
C	β_2	56°40′27″	x_C	174.80	y_C	208.87
P			x_P	261.52	y_P	555.77
			平均 x_P	261.51	平均 y_P	555.78
$\Delta s=\sqrt{2^2+2^2}=2.8\,\text{cm}<(2\times0.1\times1000=20\,\text{cm})$ 设 $\frac{1}{M}=\frac{1}{1000}$						

二、侧方交会

图 7-22 中如果在已知点 A 及待求点 P 上分别观测了 α 和 γ 角，这样就和前方交会一样，可利用公式(7-23)求出 P 点的坐标，这种方法称为侧方交会。当遇到不便安置仪器的已知点时，可用侧方交会代替前方交会。为了防止错误，可在 P 点再观测 ε 角，利用第三个已知点来进行检查。

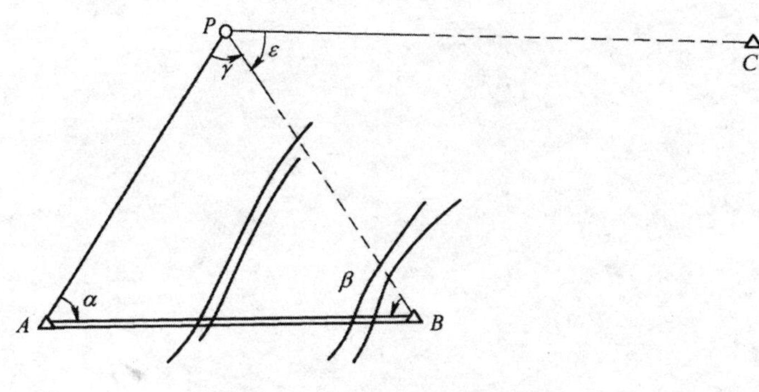

图 7-22　侧方交会法示意图

三、后方交会

图 7-23 中 A、B、C 为三个已知控制点，P 为待求点。如果在 P 点观测了夹角 α 和 β，根据三个已知点的坐标和 α，β 角即可求得出 P 点的坐标，这种方法称为后方交会。

$$\tan\alpha_{BP}=\frac{(y_B-y_A)\cot\alpha+(y_B-y_C)\cot\beta-x_A+x_C}{(x_B-x_A)\cot\alpha+(x_B-x_C)\cot\beta+y_A+y_C}$$

$$x_P=\frac{x_B\tan\alpha_{BP}-x_A\tan\alpha_{AP}+y_A-y_B}{\tan\alpha_{BP}-\tan\alpha_{AP}}$$

$$y_P=(x_P-x_A)\tan\alpha_{AP}+y_A$$

$$\alpha_{AP}=\alpha_{BP}-\alpha \tag{7-24}$$

实际计算用公式(7-24)时，点号的安排应与图 7-23 一致，即 A、B、C、P 按顺时针方向排列，A、B 间为 α 角，B、C 间为 β 角，为了检核，实际工作中常常观测四个已知点，每次用三个点，共组成两组后方交会，按前方交会一样的限差进行检查。后方交会还可有其他解法。在后方交会中，若 P 点与 A、B、C 点位于同一圆周上时，则 P 点的位置为不定。因为在这一圆周上任意点与 A、B、C 组成的夹角 α 和 β 的值都相同，所以这个圆称危险圆。在作后方交会时，必须注意勿使 P 点位于危险圆附近。

四、单三角形

利用测角交会法求未知点坐标时，用前方交会法和侧方交会法，未知点 P 必须与三个已知点通视；用后方交会法，未知点 P 必须与四个已知点通视。如果在未知点 P 上要同时与三个或四个已知点通视有困难，也就是在构成各种交会法的图形有困难时，可以采用单三角形的方法来测定未知点 P 的坐标。

单三角形的图形如图 7-24 所示，它是分别在已知点 A、B 和未知点 P 上设测得 $\angle\alpha$、$\angle\beta$、$\angle\gamma$。由图可以看出，单三角形的图形和前方交会的图形基本上是一致的，所不同的只有单三

前视距离(10) = [(4) − (5)] × 100

前、后视距差(11) = (9) − (10)

前、后视距累积差(12) = 本站(11) + 上站(12)。三等水准测量不得超过 6 m，四等水准测量不得超过 10 m。

(2)同一水准尺红、黑面读数差的检核。

同一水准尺红、黑面中丝读数之差应等于该尺红、黑面的尺常数 K(4.687 m 或 4.787 m)，其差值为：

前视尺(13) = (6) + K − (7)

后视尺(14) = (3) + K − (8)

(13)、(14)的值，三等水准测量不得大于 2 mm，四等水准测量不得大于 3 mm。

(3)高差计算与检核。

黑面尺所测高差(15) = (3) − (6)

红面尺所测高差(16) = (8) − (7)

黑面和红面所得高差之差(17) = (15) − (16) ± 0.100

式中 0.100 为单、双号两根水准尺的 K 值之差。

对于四等水准测量，黑、红高差之差不得超过 5 mm，对于三等水准测量，不得超过 3 mm。

平均高差(18) $= \frac{1}{2}[(15) + (16) \pm 0.100]$

3. 总的计算与检核

在手簿每页末或每一测段完成后，应作下列检核：

(1)视距的计算与检核。

$\sum(9) - \sum(10)$ = 末站(12)

视距总长 $= \sum(9) + \sum(10)$

(2)高差计算检核。

当测站数为偶数时：总高差 $= \sum(18) = \frac{1}{2}[\sum(15) + \sum(16)]$

当测站数为奇数时：总高差 $= \sum(18) = \frac{1}{2}[\sum(15) + \sum(16) \pm 0.100]$

三、三角高程测量

三角高程测量是根据两点间的水平距离或倾斜距离以及竖直角来计算出两点间的高差。可分经纬仪三角高程测量和光电测距三角高程测量，现在主要使光电测距(全站仪)三角高程测量，一般用于山区的高程控制和平面控制的高程测定。

(一)三角高程测量原理

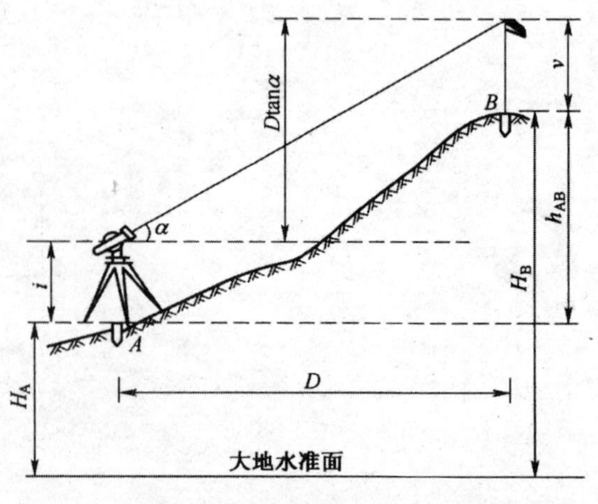

图 7-25 三角高程测量原理示意图

如图 7-25 所示，已知 A 点高程 H_A，欲测定 B 点高程。在 A 点安置光电测距仪(全站仪)，在 B 点安置棱镜，测量水平距离和竖直角(或直接测出高差)，量取仪高 i 及棱镜高 v，则

两点间高差及 B 点高程为

$$h_{AB}=D\cdot\tan\alpha+i-v$$
$$H_B=H_A+h_{AB} \tag{7-25}$$

三角高程测量中，距离通常较长，因此要考虑地球曲率和大气折光对高差的影响，称为球气差，其值为 $f=0.43\dfrac{D^2}{R}$，D 为两点间水平距离，R 为地球半径。则高差为

$$h_{AB}=D\cdot\tan\alpha+i-v+f$$

理论上，如果对 A、B 两点进行双向观测，取双向观测平均值，可以消除球气差的影响。但是折光系数受多种因素影响，变化较大，由于时间地点的差异，不可能完全相同，因此不能完全消除。

(二)三角高程测量的施测与计算

(1)在测区内，用水准测量引测一定数量的水准点，与三角高程控制点组成闭合路线或附合路线。在三角高程路线的各边上，均应进行双向观测。

(2)用上述方法测量两点间的高差。

(3)高程计算。

①闭合差。三角高程测量闭合应满足表 7-9 中规定(《工程测量规范》GB 50026—93)。

表 7-9　电磁波测距三角高程测量的主要技术要求

等级	仪器	测回数		指标差较差(″)	垂直角较差(″)	对向观测高差较差(mm)	附合或环形闭合差(mm)
		三丝法	中丝法				
四等	DJ_2	—	3	≤7	≤7	$40\sqrt{D}$	$20\sqrt{\sum D}$
五等	DJ_2	1	2	≤10	≤10	$60\sqrt{D}$	$30\sqrt{\sum D}$

注：D 为电磁波测距边长度(km)。

②闭合差调整及高程计算。当闭合差≤容许闭合差时，按边长成正比例的原则将闭合差反号分配于各主差之中，计算改正后高差，用改正后高差由起始点的高程计算各待求点的高程。

1. 导线有哪几种布设形式？各在什么情况下采用？

2. 导线测量的外业工作包括哪些？选择导线点时应注意哪些问题？

3. 何谓连接边和连接角？它们有什么用处？

4. 若在导线测量时分别观测导线前进方向的左角和右角，则在推算导线边的方位角时所采用的公式有何区别？

5. 导线坐标计算时应满足哪些几何条件？闭合导线与附合导线在计算中有哪些异同点？有哪些检核手续和如何进行检核？

6. 在闭合导线的已知数据和观测数据列于表 7-10，试计算各导线点的坐标。

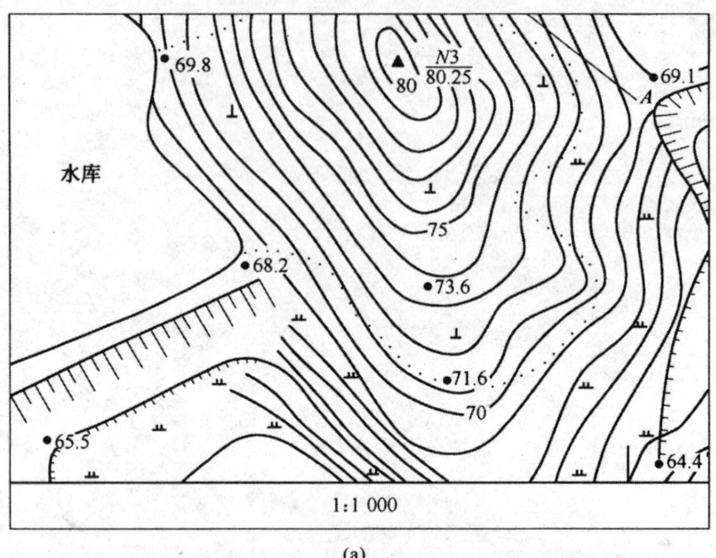

(a)

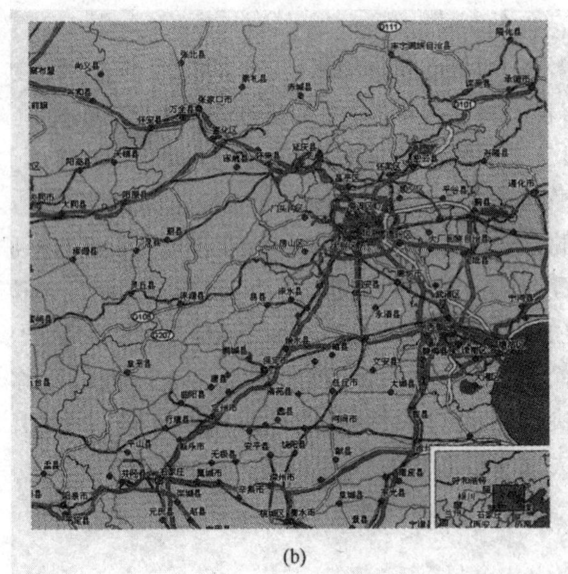

(b)

图 8-1　地形图和地图

(a)地形图;(b)地图

示比例尺。图 8-2 是 1:1000 的图示比例尺,绘制时先在图上绘两条平行线,再把它分成若干相等的线段,称为比例尺的基本单位,一般为 2 cm;将左端的一段基本单位又分成十等份,每等份的长度相当于实地 2m 。而每一基本单位所代表的实地长度为 2 cm×1000=20 m。

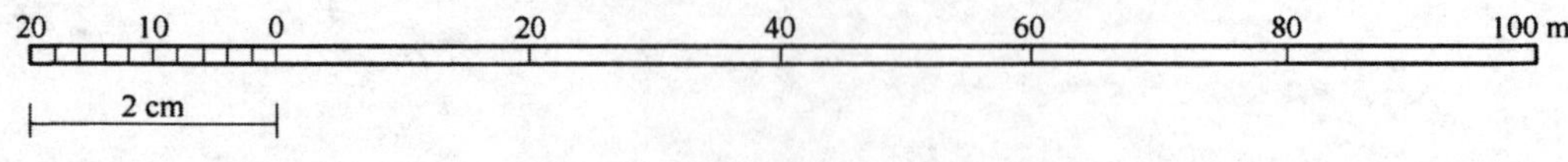

1:1 000

图 8-2　图示比例尺

地形图按比例尺的大小可以分为大比例尺图,如 1:500、1:1000、1:2000、1:5000 为大比例尺地形图；中比例尺地形图，如1:25000、1:50000、1:100000为中比例尺地形图；小比例尺地形图，如1:200000、1:500000、1:1000000等为小比例尺地形图。不同比例尺的地形图有不同的用途。大比例尺地形图通常用于各种工程建设的规划和设计。

（三）比例尺的精度

一般认为，人的肉眼能分辨的图上最小距离是0.1mm，因此通常把图上0.1mm所表示的实地水平长度称为比例尺的精度。根据比例尺精度，不但可以按比例尺确定地面上丈量距离应精确到什么程度，而且也可以按丈量地面距离的规定精度来确定测图比例尺。例如测绘1:1000比例尺的地形图时，地面上丈量距离的精度只需0.1mm×1000=0.1m。又如要求在图上能表示出0.5m的精度，则测图比例尺应为0.1mm÷0.5m=1:5000。

表8-1为不同比例尺的比例尺精度，可见比例尺越大，表示地物和地貌的情况越详细，精度越高。但是必须指出，同一测区，采用较大比例尺测图往往比采用较小比例尺测图的工作量和投资将增加数倍，因此采用哪一种比例尺测图，应从工程规划、施工实际需要的精度出发，不应盲目追求更大比例尺的地形图。

表8-1　比例尺精度表

比 例 尺	1:500	1:1000	1:2000	1:5000
比例尺精度(m)	0.05	0.10	0.20	0.50

三、地形图图式

为了便于测图和用图，用各种简明、准确、易于判断实物的图形或符号，将实地的地物和地貌在图上表示出来，这些图形和符号统称为地形图图式。地形图图式是由国家测绘总局统一制定并颁布的。地面上的地物和地貌，应按国家测绘总局颁发的《地形图图式》中规定的符号表示于图上。表8-2所列是国家测绘总局颁发的《地形图图式》中部分常用的地物和地貌符号。

表8-2　常用地物和地貌符号

编号	名 称	符 号	编号	名 称	符 号
1	三角点	凤凰山 394.468 3.0	5	水准点	2.0 BM5 32.804
2	小三角点	横山 95.93	6	坚固房屋	坚4 1.5
3	埋石的图根点	2.0 N16 84.46	7	普通房屋	2 1.5
4	不埋石的图根点	1.5 25 62.74 2.5	8	棚房	45° 1.5

续上表

编号	名 称	符 号	编号	名 称	符 号
9	窑洞 1. 住人的 2. 不住人的	1 2	21	岗亭、岗楼	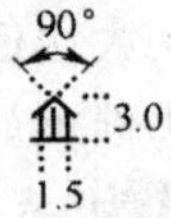 90° 3.0 1.5
10	建筑物间的悬空建筑	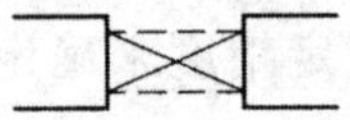	22	独立坟	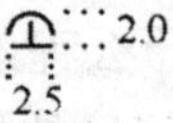 2.0 2.5
11	架空房屋吊楼	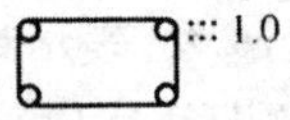 1.0	23	宝塔	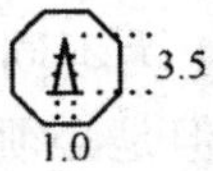 3.5 1.0
12	街道旁走廊	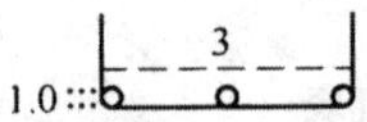 3 1.0	24	水塔	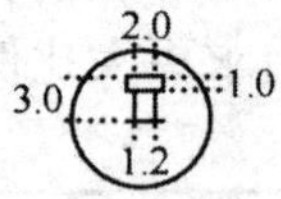 2.0 3.0 1.0 1.2
13	台阶	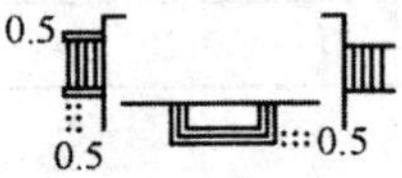 0.5 0.5 0.5	25	烟囱	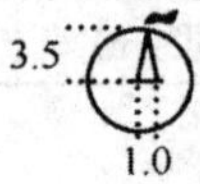 3.5 1.0
14	门廊	 1.0	26	避雷针	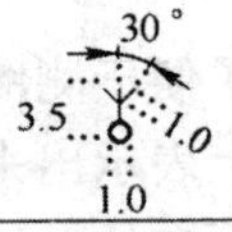 30° 3.5 1.0 1.0
15	温室	 温	27	窑	 瓦
16	牲圈	 牲	28	水车 水磨房	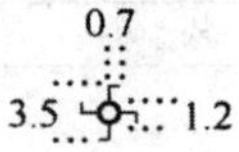 0.7 3.5 1.2
17	打谷场、球场	 球	29	水轮泵	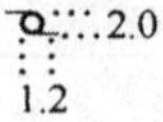 2.0 1.2
18	庙宇	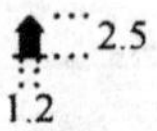 2.5 1.2	30	水池	 水
19	纪念像、纪念碑	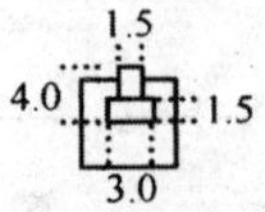 1.5 4.0 1.5 3.0	31	地下建筑物的地表入口	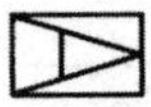
20	塑像	 1.0 4.0	32	粪池	

续上表

编号	名称	符号	编号	名称	符号
33	污水篦子	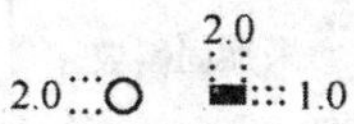 2.0 2.0 1.0	45	围墙	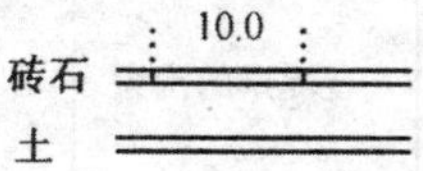 10.0 砖石 土
34	电力线、高压	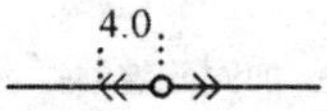 4.0	46	栏杆	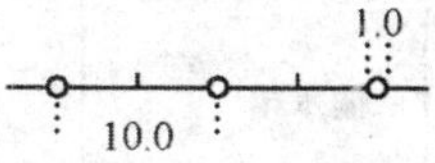 1.0 10.0
35	低压	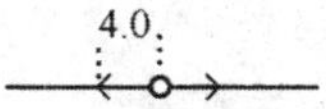 4.0	47	活树篱笆	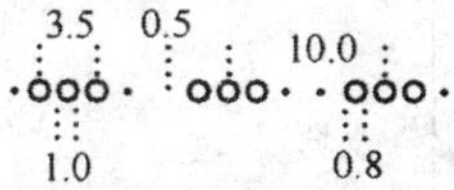 3.5 0.5 10.0 1.0 0.8
36	电线架		48	铁丝网	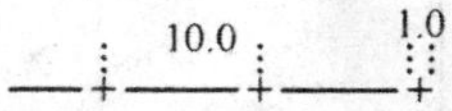 10.0 1.0
37	铁塔		49	铁路	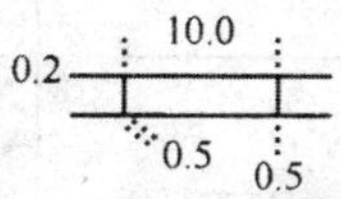 10.0 0.2 0.5 0.5
38	电杆上的变压器		50	轻便轨道	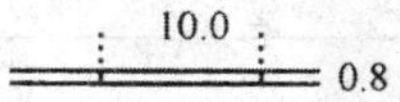 10.0 0.8
39	通讯线	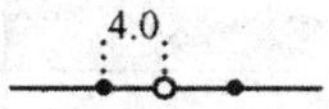 4.0	51	公路	 沥:砾
40	消火栓	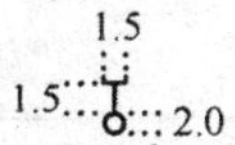 1.5 1.5 2.0	52	大车路	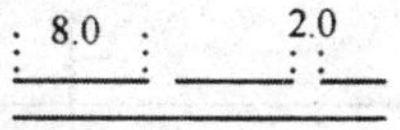 8.0 2.0
41	阀门		53	小路	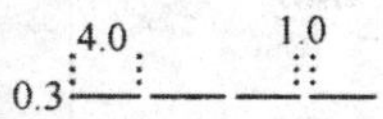 4.0 1.0 0.3
42	水龙头	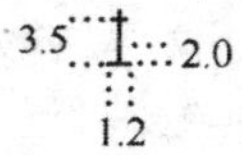 3.5 2.0 1.2	54	阶梯路	
43	地面上的管道	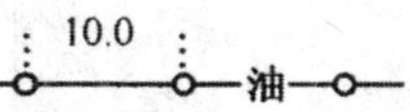 10.0 油	55	涵洞 1. 依比例尺的 2. 不依比例尺的	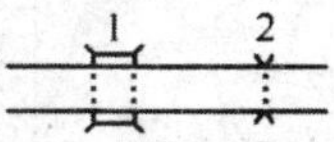 1 2
44	地面下的管道	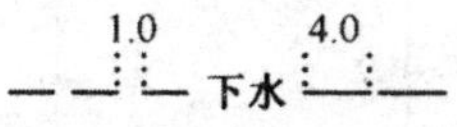 1.0 4.0 下水	56	里程碑	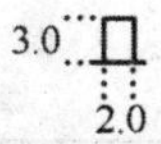 3.0 2.0

续上表

编号	名 称	符 号	编号	名 称	符 号
57	有堤岸的沟渠	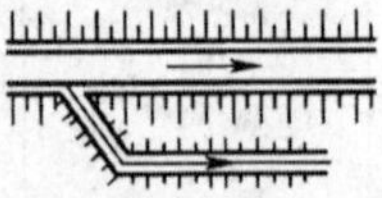	67	未加固斜坡	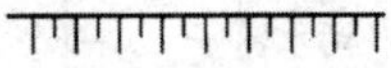
58	输水槽	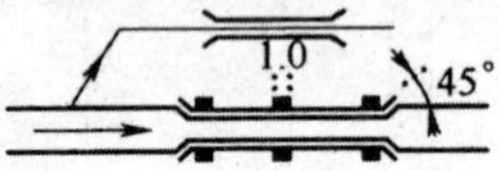 1.0 45°	68	加固陡坡	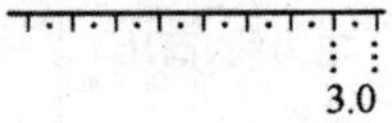 3.0
59	水塘	 塘	69	未加固陡坡	 1.5
60	水井	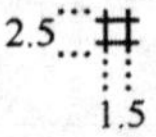 2.5 1.5	70	石堆	
61	河流车行桥	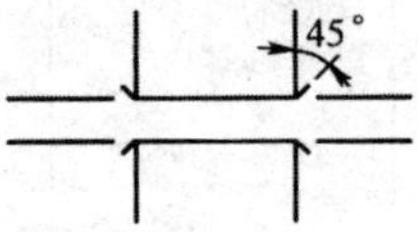 45°	71	独立石	 3.5
62	人行桥	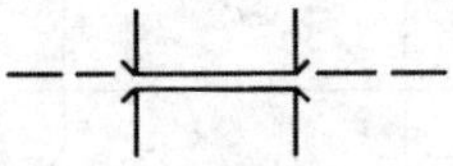	72	土堆	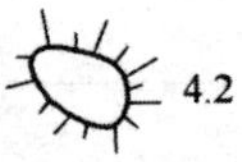 4.2
63	渡口	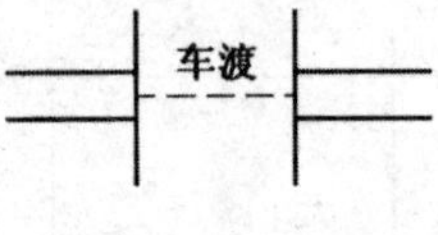 车渡	73	坑穴	 2.8 1.5
64	水闸	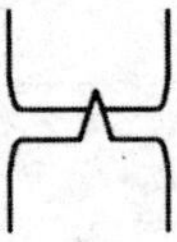	74	土龚	
65	瀑布、跌水	 瀑布	75	山洞	
66	加固斜坡	 3.0	76	陡崖 土质　　石质	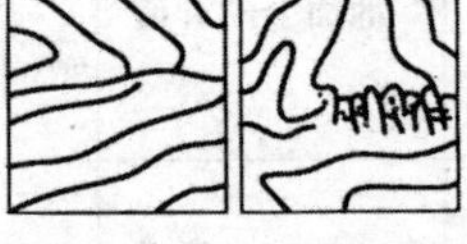

续上表

编号	名 称	符 号	编号	名 称	符 号
77	滑坡		82	行树	10.0 1.0
78	冲沟		83	森林	松
79	石块地		84	灌木林	0.5 1.0
80	地类界	1.5	85	稻田	
81	独立树 阔叶 针叶	3.0 3.0	86	旱地	1.0 2.0

图式中的符号有三类:地物符号、地貌符号和注记符号。

(一) 地物符号

地物在地形图上用地物符号表示。地物符号有下列几种。

1. 比例符号

有些地物的轮廓较大,如房屋、稻田和湖泊等,它们的形状和大小可以按测图比例尺缩小,并用规定的符号绘在图上,这种符号称为比例符号。

2. 非比例符号

有些地物,如三角点、水准点、里程碑等,轮廓较小,无法将其形状和大小按比例绘到图上,则不考虑其实际大小,而采用规定的符号表示之,这种符号称为非比例符号。非比例符号不仅其形状和大小不按比例绘出,而且符号的中心位置与该地物实地的中心位置关系,也随各种不同的地物而异,在测图和用图时应注意下列几点:

(1)规则的几何图形符号(圆形、正方形、三角形等),以图形几何中心点为实地地物的中心位置。

(2)底部为直角形的符号(路标等),以符号的直角顶点为实地地物中心位置。

(3)宽底符号(烟囱、岗亭等),以符号底部中心为实地地物的中心位置。

(4)几种图形组合符号(路灯、消防栓等),以符号下方图形的几何中心为实地地物的中心位置。

(5)下方无底的符号(山洞、窑洞等),以符号下方两端点连线的中心为实地地物的中心位置。

各种符号均按直立方向描绘，即与南图廓垂直。

3. 半比例符号(线形符号)

对于一些带状延伸地物(如通讯线、管道、垣栅等)，其长度可按比例尺缩绘，而宽度无法按比例尺表示的符号称为半比例符号。

4. 地物注记

用文字、数字或特有符号对地物加以说明者，称为地物注记。诸如城镇、工厂、河流、道路等的名称；桥梁的长宽及载重量；江河的流向、流速及深度；道路的去向及森林、果树的类别等都以文字或特定符号加以说明。

(二)地貌符号

地貌在图上表示的方法很多，而测绘中通常用等高线表示，因为用等高线表示地貌，不仅能表示地面的起伏形态，并且还能表示出地面的坡度和地面点的高程。

1. 等高线的概念

等高线是地面上高程相同的相邻各点所连接而成的连续闭合曲线。如图 8-3 所示，设有一高地被等间距的水平面 P_1、P_2、P_3 和 P_4 所截，则各水平面与高地表面相交的截线，即等高线。将各水平面上的等高线沿垂铅方向投影到一个水平面 M 上，并按规定的比例尺缩绘到图纸上，就得到该高地的地貌图。很明显，这些等高线的形状是由高地表面形状来决定的。

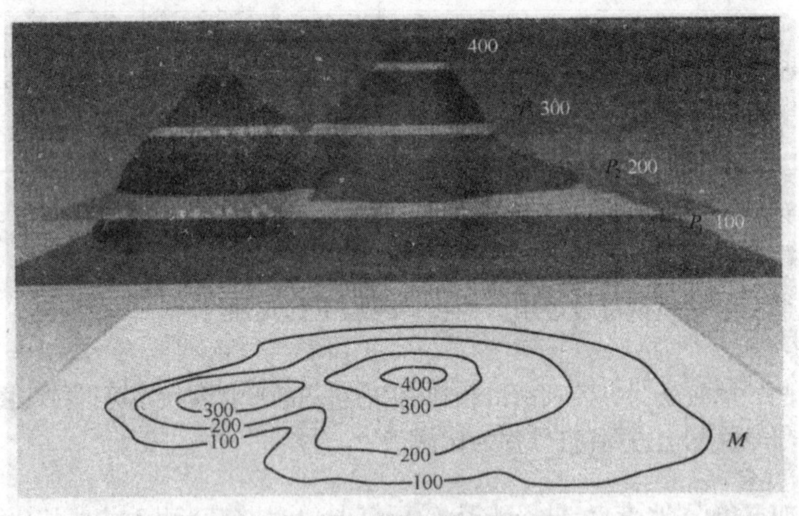

图 8-3　等高线

2. 等高距和等高线平距

地形图上相邻等高线的高差，称为等高距，亦称为等高线间隔，用 h 表示。在同一幅地形图内，等高距是相同的。等高距的大小是根据地形图的比例尺，地面起伏情况及用图的目的而选定的。

相邻等高线间的水平距离，称为等高线平距，常以 d 表示。因为同一张地形图中等高距是相同的，所以等高线平距 d 的大小是由地面坡度陡缓决定的。如图 8-4 所示，地面上 CD 段的坡度大于 AB 段，其等高线平距 cd 小于 ab。由此可见，地面坡度愈陡，等高线平距愈小；相反，坡度愈缓，等高线平距愈大；若地面坡度均匀，则等高线平距相等。

3. 典型地貌的等高线

图 8-4 等高线平距

地面上地貌的形态是多样的,对其进行仔细分析后,就后发现它们不外是几种典型地貌的综合。了解和熟悉用等高线表示典型地貌的特征,将有助于识读、应用和测绘地形图。典型地貌有:

(1)山头和洼地(盆地)。山头和洼地的等高线都是由一组闭合的曲线组成的。在地形图上区分它们的方法是看等高线上所注的高程。内圈等高线较外圈等高线高程高时表示山头,如图 8-5(a)所示。相反,内圈等高线较外圈等高线高程低时表示洼地,如图 8-5(b)所示。如果等高线上没有高程注记,则用示坡线来表示。示坡线是垂直于等高线的短线,用以指示坡度下降的方向。

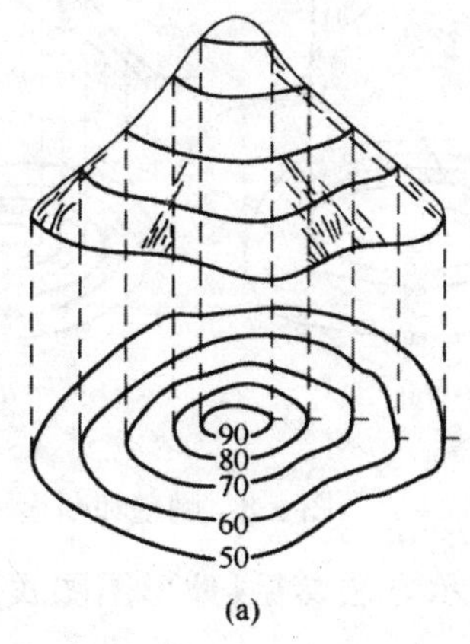

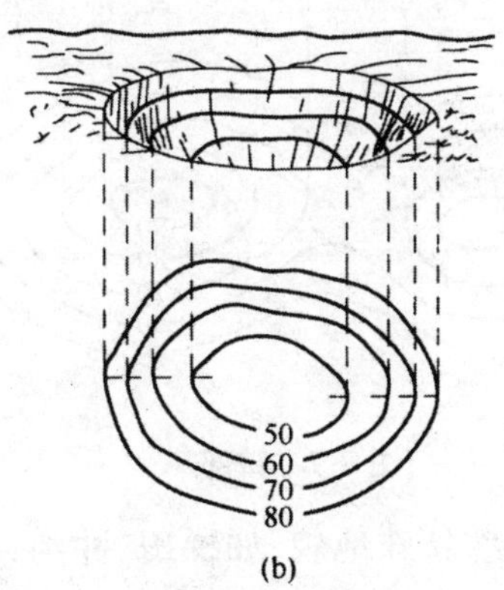

图 8-5 山头和洼地

(2)山脊和山谷。山顶向山脚延伸的凸起部分,称为山脊。山脊上最高点的连线是雨水分水的界线,称为山脊线或分水线。山脊等高线表现为一组凸向低处的曲线,如图 8-6(a)所示。

两山脊之间向一个方向延伸的低凹部分叫山谷。山谷中最低点的连线是雨水汇集流动的地方,称为山谷线或集水线。如图 8-6(b)所示。

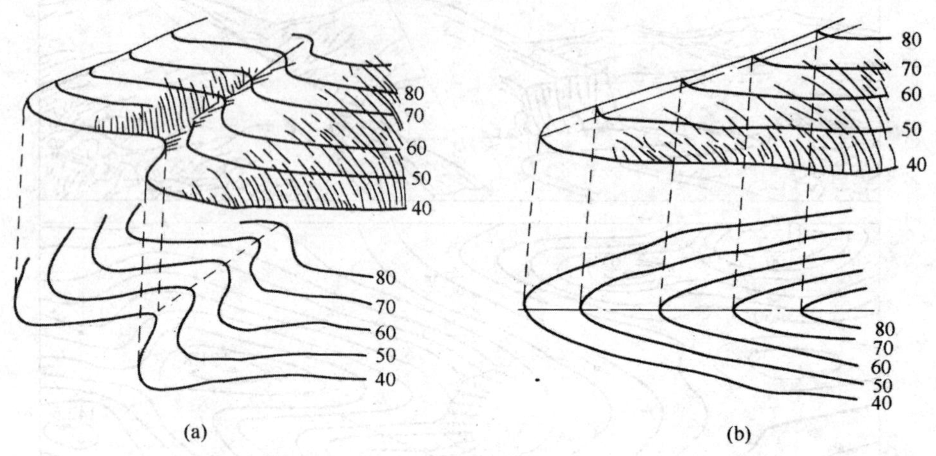

图 8-6 山脊和山谷

(3)鞍部。相邻两个山头之间的低凹部分,形似马鞍,称为鞍部。鞍部的等高线是两组相对的山脊与山谷等高线的组合,如图 8-7 所示。

(4)峭壁和悬崖。近于垂直的陡坡叫峭壁,如果用等高线表示将非常密集,因此采用峭壁符号来代表这一部分等高线。垂直的陡坡叫断崖,这部分等高线几乎重合在一起,故在地形图上通常用锯齿形的峭壁表示,如图 8-8(a)所示。上部向外突出,中间凹进的陡坡称为悬崖,上部的等高线投影在水平面上与下部的等高线相交,下部凹进的等高线用虚线表示,如图 8-8(b)所示。

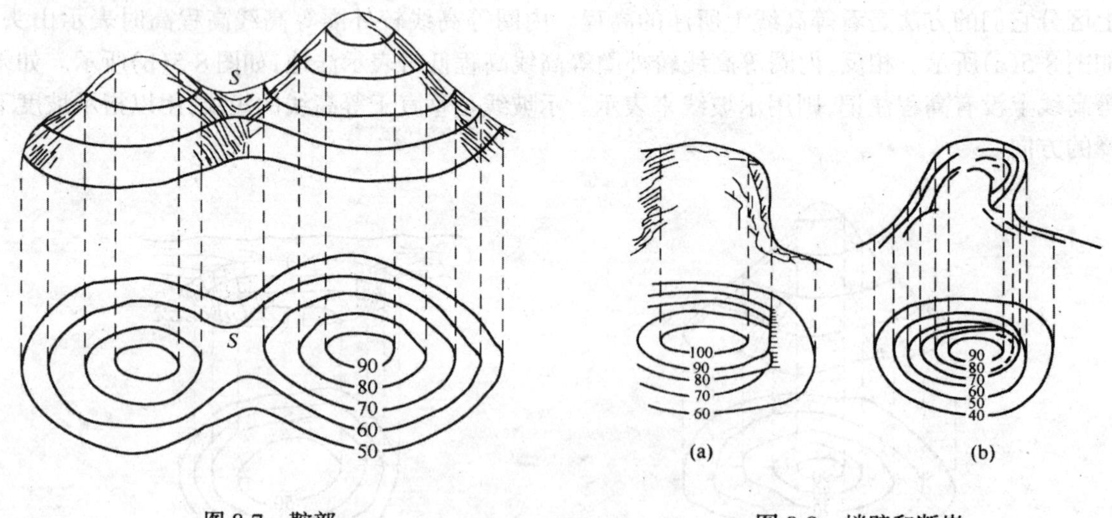

图 8-7 鞍部

图 8-8 峭壁和断崖

还有一些特殊地貌,如梯田、冲沟、雨裂、阶地等,表示方法参见《地形图图式》。图 8-9 是一块综合性地貌透视图及相应的等高线图。

4. 等高线的分类

为了更好地表示地貌的特征,便于识图用图,地形图上主要采用下列四种等高线:

(1)首曲线。在地形图上,按规定的基本等高距测绘的等高线,称首曲线,亦称基本等高

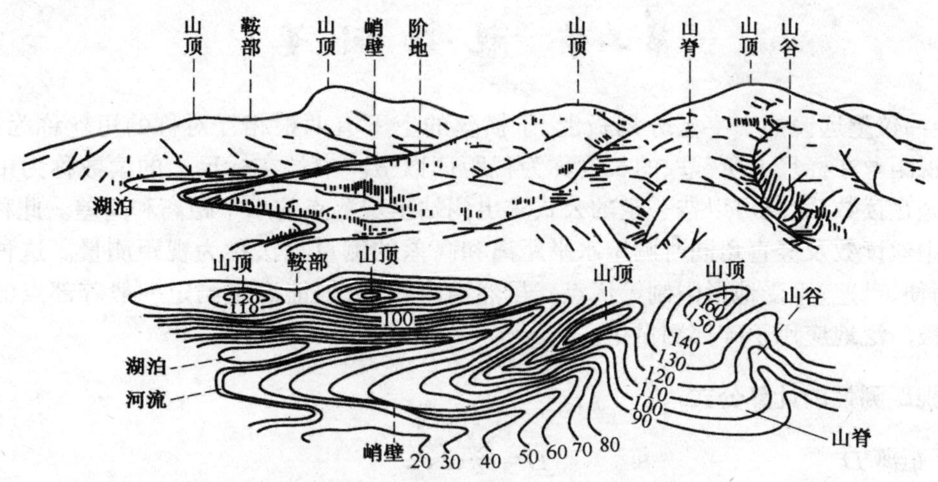

图 8-9 地貌透视图及相应等高线图

线。首曲线一般用细实线表示,如图 8-10 中 38 m 和 42 m 等高线。

(2)计曲线。为了读图方便,凡是高程能被 5 倍基本等高距整除的等高线加粗描绘,该等高线称为计曲线。计曲线一般用粗实线表示,并注明高程,如图 8-10 中 40 m 等高线。

(3)间曲线和助曲线。当首曲线不能显示地貌的特征时,按 1/2 基本等高距描绘的等高线称为间曲线,亦称为半距等高线,常以长虚线表示,如图 8-10 中 39 m 和 41 m 等高线。有时为显示局部地貌的需要,可以按 1/4 基本等高距描绘的等高线,称为助曲线,亦称为辅助等高线。一般用短虚线表示,如图 8-10 中 41.5 m 等高线。

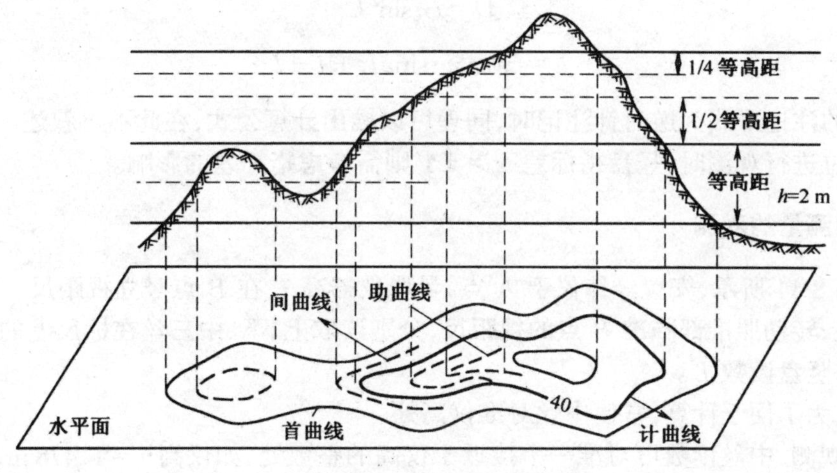

图 8-10 等高线分类图

5. 等高线的特性

(1)同一条等高线上各点的高程都相等。

(2)等高线是闭合曲线,如不在本图幅内闭合,则必在图外闭合。

(3)除悬崖或绝壁外,等高线在图上不能相交或重合。

(4)同比例尺地形图中,等高线的平距小,表示坡度陡,平距大表示坡度缓,平距相等则坡度相等。

(5)等高线与山脊线、山谷线成正交。

第二节 视距测量

在经纬仪望远镜的十字丝分划板上,于横丝的上下有两根相互对称的短丝称为视距丝。观测时,视距丝在标尺上所截取的长度称为视距读数 n。中丝在标尺上的读数称为中丝读数 l。测出竖盘读数后,就可以按一定的公式求出测站至观测点的水平距离和高差。此种根据视距读数、中丝读数及竖直角同时测定水平距离和高差的测量方法称为视距测量。这种方法具有操作简便、迅速、不受地形限制等优点。虽然精度较低,但能满足测定一般碎部点的精度要求,因此被广泛地应用于碎部测量中。

一、视距测量的计算公式

水平距离 D
$$D = cn\cos^2\alpha \tag{8-2}$$

高差 h
$$h = D\tan\alpha + i - l = \frac{1}{2}c\cdot n\sin2\alpha + i - l \tag{8-3}$$

式中 c ——视距乘常数,一般取 $c=100$;

n ——视距读数,$n=|$上丝读数 − 下丝读数$|$;

α ——竖直角;

l ——中丝读数;

i ——仪器高度,即从仪器横轴至地面点的铅垂距离。

为了简化计算,当竖盘的注记形式为顺时针注记时,水平距离和高差可用下式计算:

$$\alpha = 90° - L$$
$$D = cn\sin^2 L \tag{8-4}$$
$$h = \frac{1}{2}c\cdot n\cdot\sin2L + i - l \tag{8-5}$$

当竖盘的注记形式为逆时针注记时,同理可以推出计算公式,在此不再叙述。视距测量当使用一个盘位进行观测时,竖盘指标差 $x > \pm1'$ 则需考虑指标差的影响。

二、视距测量的观测

(1)如图 8-11 所示,安置经纬仪于 A 点,量取仪器高 i,在 B 点竖立视距尺。

(2)盘左,转动照准部瞄准 B 点的视距尺,分别读取上、下、中三丝在标尺上的读数。

(3)读取竖盘读数 L。

观测时,为了便于计算,常使中丝对准仪高处。

为便于观测,中丝读数可对准一个接近于仪高的整数处,如仪高 $i=1.478$ m,可使中丝读数对准 1.5 m 处,该数就称为换算仪高 i'。此时就需计算换算高程 $H_{换}$。

$$H_{换} = H_{已知} - (i' - i) \tag{8-6}$$

当水准尺仪高处视线被障碍物遮挡时,可将换算仪高增加 1 m 或升高水准尺,相应地计算高程减小 1 m。

三、视距测量的误差及注意事项

(一)视距测量的误差

1. 用视距丝读取视距读数 n 的误差

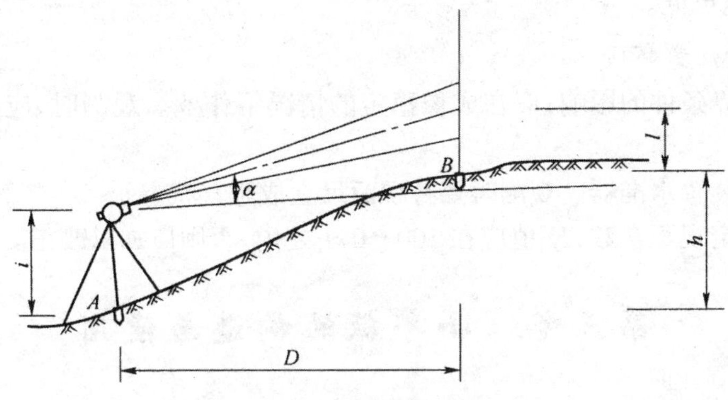

图 8-11　视距测量示意图

用视距丝在视距尺上读数的误差,与尺子最小分划的宽度、距离的远近、望远镜的放大率及成像清晰情况有关。因此读数误差的大小应视具体使用的仪器及作业条件而定。

2. 视距尺分划的误差

如果用水准尺进行普通视距测量,因通常规定水准尺的分米分划线偶然中误差为 ±0.5 mm,所以上、下丝读数的中误差为:$m_l=\pm0.5\sqrt{2}=0.71$ mm,即它在视距值上的影响为 0.071 cm。

3. 视距尺竖立不直的误差

视距尺倾斜对视距所产生的误差是系统性的,其影响随着地面坡度的增大而增加,在视距测量中不可忽视此项误差,特别是在山区作业,往往由于地面有坡度而给人以一种错觉,使视距尺不易竖直。

4. 常数 K 不准确的误差

视距常数 K 不准确所引起的误差与距离成正比。在仪器制造时,常数 K 一般能保证在 99.95～100.05 之间,故常数 K 引起的误差可不予考虑。

5. 竖直角观测的误差

竖直角的误差对水平距离的精度一般影响不大。当测量竖直角的误差为 ±1′,$\alpha=30°$ 时,对水平距离的误差约为 1/4 000,由于竖直角一般不会大于 30°,所以这项误差可以忽略不计。

6. 外界条件的影响

(1)大气竖直折光影响。由于视线通过的大气密度不同(特别是晴天,由于温差较大,造成大气密度很不均匀),而产生竖直折光差,越接近地面,视线受折光差的影响越大,并且这种误差是与距离的平方成正比。

(2)空气对流使视距尺的成像不稳定。这种现象在视线通过水面上空和视线接近地面时较为突出,特别在烈日曝晒下更为严重。成像不稳定造成读数误差的增大,对视距精度影响很大。

(3)风力使尺子抖动。如果风力较大使视距尺不易立稳而产生抖动。由于用两根丝读数,不可能两根丝在同时进行,所以对视距尺间隔将产生影响。

归纳所有误差来源对普通视距测量的总影响,以第 1、3、6 三种最突出。从实验资料分析,在比较良好的外界条件下,视距测量的精度约为距离的$\frac{1}{200}\sim\frac{1}{300}$。当外界条件较差或立尺不直时，只有$\frac{1}{100}$甚至更低。

(二)视距测量注意事项

(1)为减小外界条件的影响，应在成像稳定的情况下作业。观测时，应使视线离地面1 m以上。

(2)视距尺应装置水准器。观测时要将视距尺立成竖直状态。

(3)要严格测定视距常数，K 值应在 100 ± 0.1 之内，否则应加以改正。

第三节　小平板的构造与使用

一、平板仪测量原理

平板仪分为大平板仪和小平板仪，其主要特点是图解测量。如图8-12所示，设地面上有A、B、C三点，若需将这三点测绘于图上，可在A点水平地安置一块图板，板上固定一张图纸。将地面点A沿铅垂方向投影到图纸上，定出a点。设想过AB、AC方向作两个竖直面，与过A点的水平面分别交于直线AB'、AC'，则竖直面与图纸的交线ab、ac所夹的角度β就是地面直线AB和AC所夹的水平角。此时如果测得AB、AC的距离，换算出其水平距离AB'、AC'，按规定的比例尺在ab、ac方向上定出b、c两点，则图纸上的图形bac相似于地面上图形BAC，这就是平板仪测量原理。因在工程勘测中，主要使用小平板仪，故只介绍小平板仪。

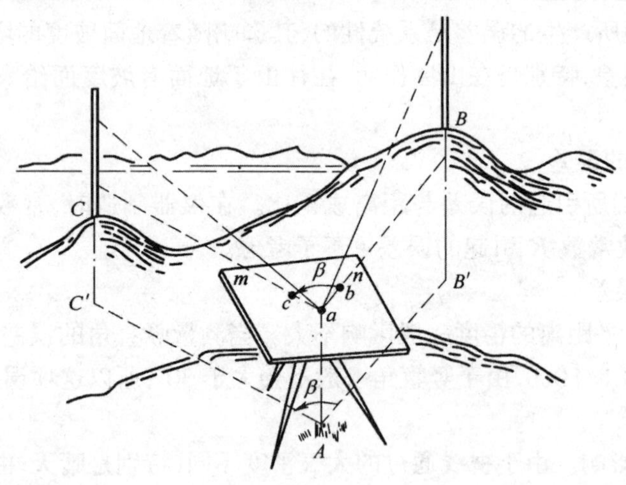

图8-12　平板仪测量原理示意图

二、小平板仪的构造

如图8-13所示，小平板仪主要由测图板、照准仪和三脚架组成。还有对点器和长盒罗针等附件。

测图板是用经过脱脂、压缩的木板制成的。图板底面中央部分可与三脚架头的基座相连接。基座上有三个定平螺旋和一个中心连接螺旋。

照准仪又称为测斜照准仪(简称测斜仪)，它用来瞄准目标和在图纸上画方向线的工具。

如图 8-13 所示，测斜仪由直尺、接目觇板、接物觇板和水准管构成。接目觇板上有三个觇孔，接物觇板细长窗内装有细丝，由接目觇孔与接物觇板的细丝构成的视准面来瞄准目标。直尺中部装有水准管，故又可用其整平测图板。

对点器由金属叉架和垂球组成，借助对点器可使地面上的点与图上相应点在同一铅垂线上。长盒罗针是用来标定图板的方向的。

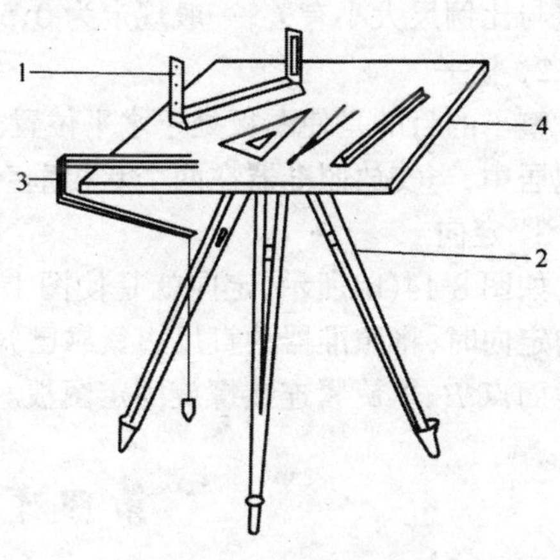

图 8-13 小平板仪

1—照准仪；2—三脚架；3—对点器；4—图板

三、小平板仪的安置

小平板仪安置在测站上的工作包括对点、整平和定向三项内容。由于它们之间互相影响，难于一次把平板仪安置好，首先用目估法粗略定向、整平，再移动平板仪目估对点，进行初步安置，然后再以相反的顺序进行精确对点、整平、定向。

1. 对点

如图 8-14(a)所示，对点就是使图上已知点 a 和地面上相应的测站点 A 位于同一铅垂线上。对点时，将对点器的尖端对准图上 a 点，移动脚架使垂球尖对准地面点 A。对点的容许

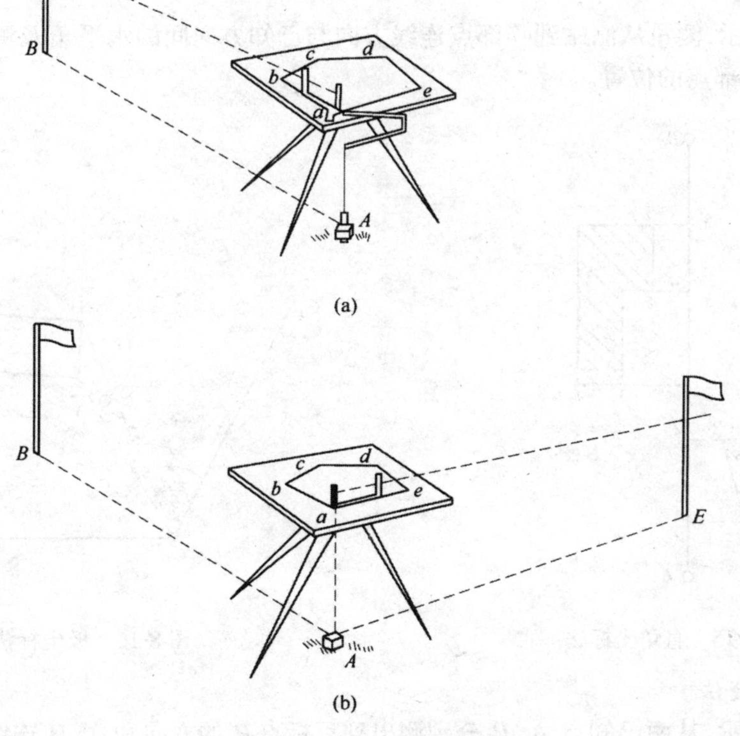

图 8-14 小平板仪的安置

误差与比例尺大小有关，一般规定为 $0.55\,\mathrm{mm}\times M$，$M$ 为比例尺分母。

2. 整平

整平的目的是使图板处于水平位置。调整定平螺旋，使放置于图板上的照准仪的水准管气泡居中，当安放照准器在两个互相垂直的方向上水准管气泡都居中时，测图板即水平。

3. 定向

如图 8-14(b)所示，定向就是使图上的已知方向线与地面上相应的方向线一致。用已知方向定向时，将照准器的直尺边紧靠已知直线 ab，松开中心连接螺旋，转动图板，使照准器瞄准地面点 B，再旋紧连接螺旋固定图板。

第四节 碎部测量

碎部测量是利用平板仪、经纬仪或全站仪、测距仪等仪器在某一测站上测绘各种地物、地貌的平面位置和高程位置。碎部测量主要内容包括：一是测定碎部点的平面位置和高程；二是在图上绘出地物和地貌。

一、测定碎部点的方法

(一)直角坐标法

如图 8-15 所示，以两导线点的连线作为 x 轴，选 A 点为原点，量出各碎部点到 x 轴的垂距(y 值)和垂足到 A 点的距离(x 值)即可确定各碎部点的位置。此法适用于测量狭长小巷两侧的地物。

(二)极坐标法

如图 8-16 所示，测量从测站到碎部点连线方向与已知方向间的水平角及测站到碎部点的距离，即可确定碎部点的位置。

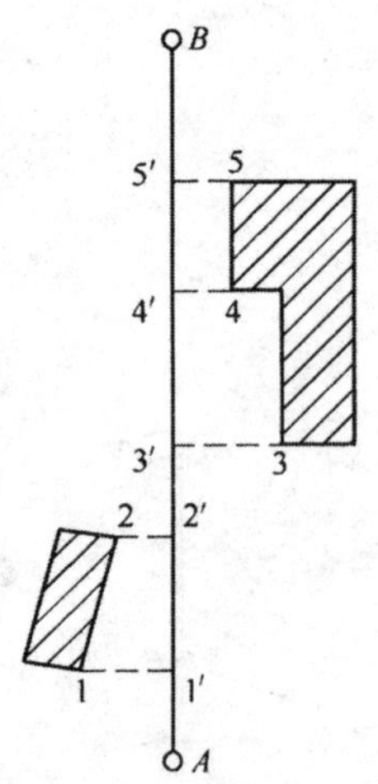

图 8-15 直角坐标法

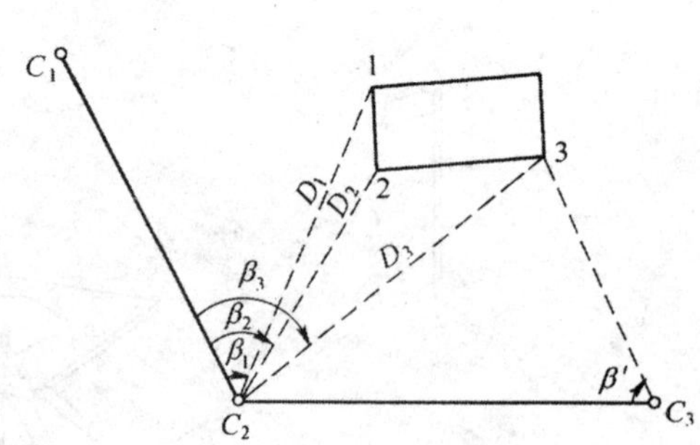

图 8-16 极坐标法

(三)角度交会法

如图 8-17 所示，从两已知点 A、B 分别测出到目标点 P 的方向和 A、B 连线方向间的夹角 α、β，用图解的方法即可确定 P 点。此法适用于目标较远或不易到达的点。

(四)距离交会法

如图 8-18 所示,从两已知点 A、B 分别测出到目标点 P 的距离 D_1、D_2,用图解的方法按比例尺在图上用圆规即可交出 P 点。此法适用于目标距离已知点较近,距离一般不要超过钢尺一整尺长。

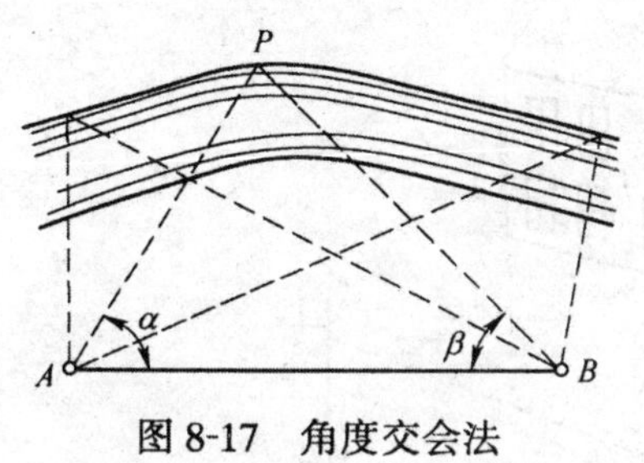

图 8-17 角度交会法

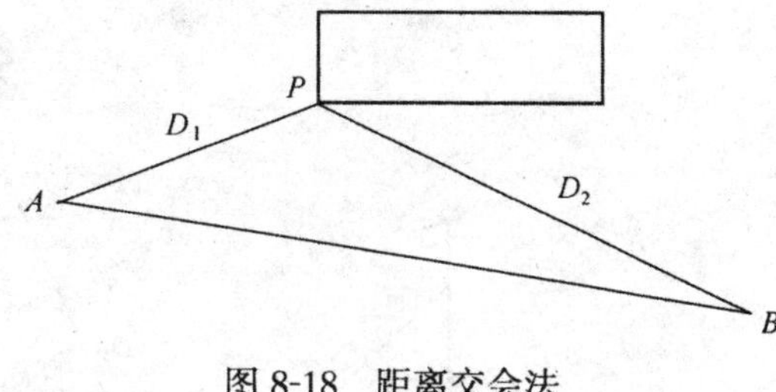

图 8-18 距离交会法

二、测绘地形的方法

碎部测图按使用的仪器不同可分为平板仪测图、小平板仪配合经纬仪测图、经纬仪测图以及利用全站仪进行数字化测图。下面介绍经纬仪测图的方法。

经纬仪测图实质是按极坐标定点进行测图,观测时先将经纬仪安置在测站上,绘图板安置于测站旁,用经纬度仪测定碎部点的方向与已知方向之间的夹角、测站点至碎部点的距离和碎部点的高程。然后根据测出的数据用分度规(图 8-19)把碎部点的位置展绘在图纸上,并点注

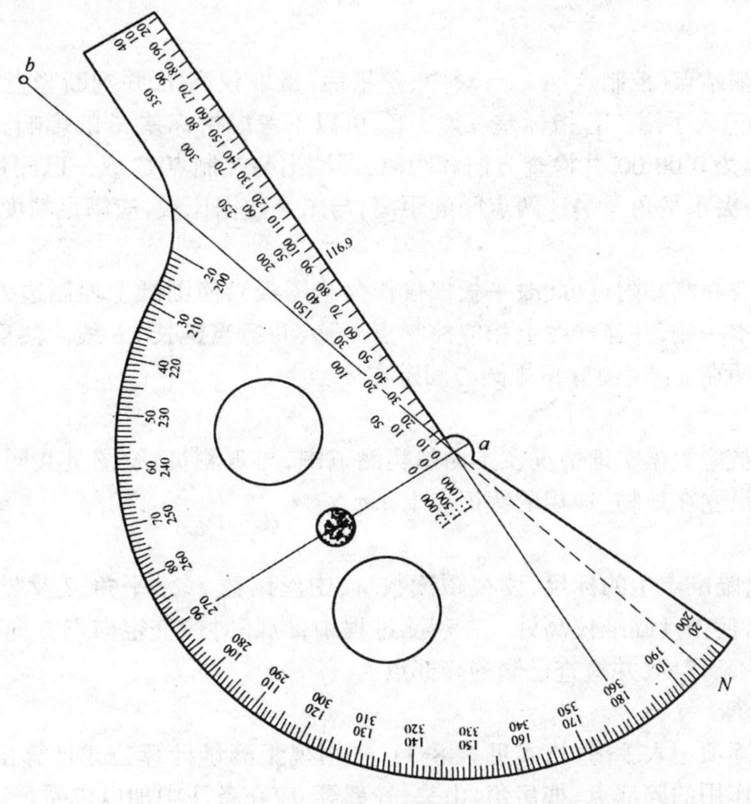

图 8-19 分度规

明点的高程(在铁路勘测中,碎部点的点位即注记高程的小数点)。然后对照实地情况,按地形图图式规定的符号勾绘地形图。

操作步骤如下(如图 8-20 所示):

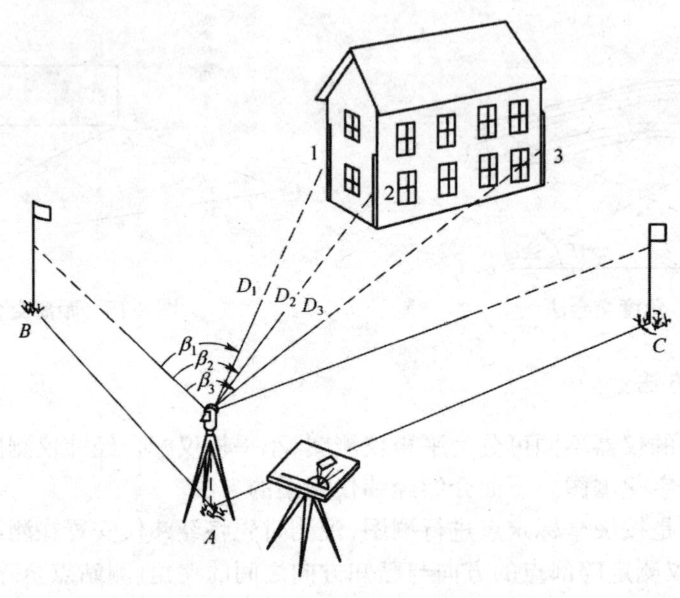

图 8-20 经纬仪测绘地形示意图

1. 安置仪器

安置仪器于测站点(控制点 A)上,对中、整平后,量取仪高 i,并判断竖盘的注记形式,测出竖盘指标差 x 记入手簿。若指标差 $x \leqslant \pm 1'$,可以不考虑指标差 x 的影响。瞄准另一控制点 B,置水平度盘为 $0°00'00''$ 并检查方向和距离,即测出与控制点 C 或一已测过的明显地物点如房角、电杆等所夹水平角及 AB 两点间的距离,与图上数据比较,应满足精度要求,否则要查找原因。

将小平板安置在测站附近(此时平板仪仅作为绘图板),使图纸上控制边方向与地面上相应控制边方向基本一致,并连接图上相应控制点 a、b,并适当延长 ab 线。然后用小针通过分度规圆心的小孔插在 a 点,使分角规圆心固定在 a 点。

2. 立尺

立尺前立尺员应根据实地情况及本测站实测范围,与观测员、绘图员共同商定跑尺路线,然后依次将视距尺立在地物、地貌的特征点上。

3. 观测

转动照准部,瞄准点 1 的标尺,读视距读数 n、中丝读数 t、水平角 β 及竖盘读数 $L(R)$。测量时,为简便常使中丝瞄准仪高处。在观测过程中,应随时检查定向点方向,其归零差不应大于 $4'$,否则应重新定向,并检查已测的碎部点。

4. 记录与计算

将观测数据逐项记入手簿(格式见表 8-3),并用视距测量计算公式计算出水平距离和高程。对于有特殊作用的碎部点,如房角、山头、鞍部等,应在备注中加以说明。

表 8-3 地形测绘手簿

测站:A 后视点:B 仪器高 $i=1.42\,m$ 指标差 $x=0$ 测站高 $H_A=207.40\,m$

点号	视距读数 n(m)	中丝读数 l(m)	竖盘读数 L(°′)	竖直角 α(°′)	高差 h(m)	水平角 β(°′)	水平距离 D(m)	高程 H(m)	附注
1	0.760	1.42	93 28	−3 28	−4.59	114 00	75.7	202.81	山脚
2	0.750	2.42	93 00	−3 00	−4.92	132 30	74.8	202.48	山脚
3	0.514	1.42	91 45	−1 57	−1.57	147 00	51.4	205.83	鞍部
4	0.257	1.42	87 26	+2 34	+1.15	178 25	25.6	208.55	山顶

5. 展绘碎部点

转动分度规,将碎部点 1 的水平角 β 对准起始方向线 ab,此时,分度规上零方向线便是碎部点 1 的方向。然后用测图比例尺按所测的水平距离在该方向上定出点 1 的位置,并注记高程。若等高距为 0.5 m 时,高程应注记至厘米;等高距大于 0.5 m 时可注记至分米。同法将其余各碎部点的平面位置及高程绘于图上。绘图员除要把碎部点展到图上外,还应参照实地情况,按照地形图图示规定的符号将地物和等高线表示出来。在测绘时,应随测随绘,地形图上的线划、符号和注记一般应在现场完成。

为了相邻图幅的拼接,每幅图应测出图廓外 5 mm。自由图边(测区的边界线)在测绘过程中应加强检查,确保无误。

在用经纬仪测绘地形图时,还应灵活地运用交会法及皮尺量距作图等方法测定碎部点,解决困难地区的地物测绘,提高工作效率。

三、地形点的选择及测绘

地形测量中正确选择碎部点,是保证成图质量和提高测图效率的关键。碎部点应选在地物和地貌的特征点上。地物的特征点是决定地物形状的地物轮廓线上的转折点、交叉点、弯曲点及独立地物的中心点,连接这些特征点就能得到与地物相似的地物形状。由于地物的形状极不规则,一般规定地物凹凸在图上小于 0.4 mm 的转折点可以按直线表示。地貌特征点包括等高线平面轮廓转折点以及地面坡度变化点。山脊线和山谷线称为地性线(地貌特征线),等高线平面轮廓转折点就位于地性线上。比较显著的地面坡度变化的地方有:山顶、盆地最低点、鞍部最低点、山脚点、坡度变化点等。

在进行测量前,作业人员应研究地形,确定跑尺线路。测绘过程中,跑尺员应注意立尺次序,加强与观测员的联络,并随身携带记录本记下所调查的地理名称,陡坎、冲勾等比高数据,以及局部隐蔽地区的丈量数据和草图。测绘地物时,应依次在其特征点的立尺,测完一地物后再测另一地物。测绘地貌时,可沿等高线分层立尺,以便于勾绘等高线。

(一)地物的测绘

1. 测绘地物的一般原则

地物一般分为两大类:一类是自然地物,如河流、湖泊、森林、草地、独立岩石等;另一类是人工地物,如房屋、铁路、公路、水渠、桥梁等。所有这此地物都要在地形图上表示出来。

地物在地形图上的表示原则是:凡是能依比例尺表示的地物,则将它们水平投影的几何形状相似地描绘在地形图上,如房屋等;或将它们的边界位置表示在图上,边界内再绘上相应的地物符号,如森林、草地等。不能依比例尺表示的地物,在地形图上以相应的地物符号表示在地物的中心位置上。

2. 居民地的测绘

居民地房屋的排列形式很多,农村中散列式即不规则排列的房屋较多,城市中的房屋排列比较整齐。对于居民地的外轮廓都应准确测绘,其内部主要街道以及较大的空地应区分出来。散列式的居民地或独立房屋应分别测绘,一般只要测出房屋的三个房角的位置即可确定整个房屋的位置。

3. 道路的测绘

(1)在铁路线上测量轨道中心线。对 1/500,1/1 000 的比例尺测图,按轨距绘双线,测轨顶标高,铁路两侧的附属建筑物,如信号机、公里标等按实际位置绘出。

(2)公路按实际位置绘出,并标明路面使用的材料。

(3)大车路是乡村主要的通路,一般可以通汽车,路宽不均匀,边界不清楚,测绘时应立尺于路中心,按平均宽度绘制。

(4)人行小路,可以适当取舍,如田埂与小路重合,只绘小路。

4. 管线的测绘

电力线通讯线路,应按杆柱进行实测,按规定的符号绘出。线路密集时,居民地的低压线路可适当取舍,择要绘出。架空管道要测实际墩柱的位置,埋入地下部分可以不绘出,同一杆上多种线路时择要绘出。

5. 水系的测绘

水系包括河流、渠道、湖泊、池塘等地物通常按实际情况以岸边为界测绘,如果要求测出水涯线(水面与地面的交线)、洪水位(历史上最高水位的位置)及平水位(常年一般水位的位置)、水下测量时,应按要求在调查研究的基础上进行测绘。

河流的两岸一般不大规则,在保证精度的前提下,对于小的弯曲和岸边不甚明显的地段可进行适当取舍。对于在图上只能以单线表示的小沟,不必测绘其两岸,只要测出其中心位置。渠道比较规则,有的两岸有堤,测绘时可以参照公路的测法。对那些田间临时性的小渠不必测出,以免影响图面清晰。

6. 植被的测绘

测绘植被是为了反映地面的植物情况。所以要测出各类植物的边界,用地类界符号表示其范围,再加注植物符号和说明。如果地类界与道路、河流、拦栅等重合时,则可不绘出地类界,但与境界、高压线等重合时,地类界应移位绘出。

(二)地貌的测绘

1. 测定地貌特征点

地貌特征点和特征线(地性线)构成了地貌的骨骼,反映了地表的特征和起伏变化,其位置决定了等高线的基本轮廓。在地貌测量中,必须选择在这些特征点上立尺,以便测定其位置。

2. 地形点的测定

为了表达实际情况,在地面平坦或坡度无显著变化的地方,需测定一定数量的地形点。地形点位置的选择没有特殊要求,地形点的分布与密度,应能反映地形、地貌的真实情况,满足正确插入等高线的需要。在图上的点间距:当地面横坡陡于 1:3 时,不宜大于 15 mm;地面横坡为 1:3 及以下时,不宜大于 20 mm。地形点的高程取至分米。最大观测距离要符合表 8-4 的要求。

表 8-4 最大视距

测图比例尺	最大视距(m)	
	竖直角<12°	竖直角≥12°
1:500	100	80
1:1000	200	150
1:2000	350	300
1:5000	400	350

数据来源:《新建铁路工程测量规范》。

(三)临时测站点

在地形复杂处由于原控制点不能测出隐蔽地形时,需要增设临时测站点(地形转点),地形转点可用视距法或交会法测设,设置一个地形转点时可按测绘地形点的方法上点。如要连续设置两个地形转点时,应用正切法上点。

四、地形图的绘制

在外业工作中,当碎部点展绘在图上后,就可对照实地随时描绘地物和等高线。如果测区很大,由多幅图拼接而成,还应及时对各图幅衔接处进行拼接检查,经过检查与整饰,才能获得合格的地形图。

(一)地物描绘

地物要按地形图图式规定的符号表示。房屋轮廓需用直线连接起来,而道路、河流等的弯曲部分则是逐点连成光滑的曲线。不能依比例尺描绘的地物,应按规定的非比例符号表示。

(二)等高线勾绘

勾绘等高线时,首先用铅笔轻轻描绘出山脊线、山谷线等地性线,再根据碎部点的高程勾绘等高线。不能用等高线表示的地貌,如悬崖、峭壁、土堆、冲沟、雨裂等,应按图式规定的符号表示。

由于碎部点是选在地面坡度变化处,因此相邻点之间可视为均匀坡度。等高线的高程应是等高距的整倍数,而所测地形点的高程并非整数,故勾绘等高线时,首先要用比例内插法在各相邻地形点间定出等高线通过的高程点,再将相邻各同高程点用光滑的曲线相连接。等高线的勾绘方法有解析法和目估法。

1. 解析法

解析法是根据在同一坡度上等高线的平距与高差成正比的特征,在相邻地貌特征点间按比例插绘出等高线所经过点的位置。图 8-21 中设 A、B 两点间为均匀坡度,A、B 的高程分别为 62.6m 和 66.2m,a、b 为其水平投影。若按照 1m 的等高距来勾绘等高线,则 A、B 两点间应该通过高程 63、64、65、66m 的四根等高线,它们通过直线 ab 的位置可按比例关系计算如下:

$$a1' = \frac{ab}{66.2-62.6}(63.0-62.6)$$

$$1'2' = 2'3' = 3'4' = \frac{ab}{66.2-62.6}\times 1$$

$$4'b = \frac{ab}{66.2-62.6}(66.2-66.0)$$

按比例尺在直线 ab 上绘出 1′、2′、3′、4′点,即等高线通过的点位。同法可定出其余相邻地貌特征点间等高线通过的位置,将高程相等的相邻点连成光滑曲线,即得等高线,如图8-22。

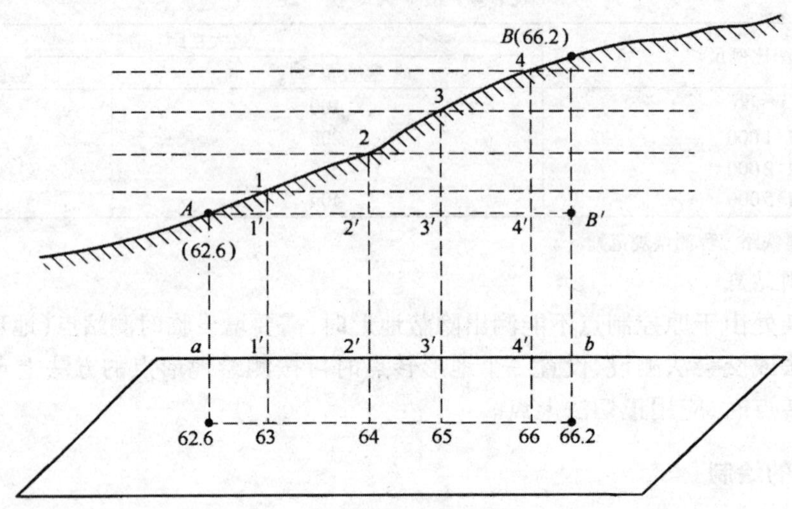

图 8-21 解析法绘制等高线示意图

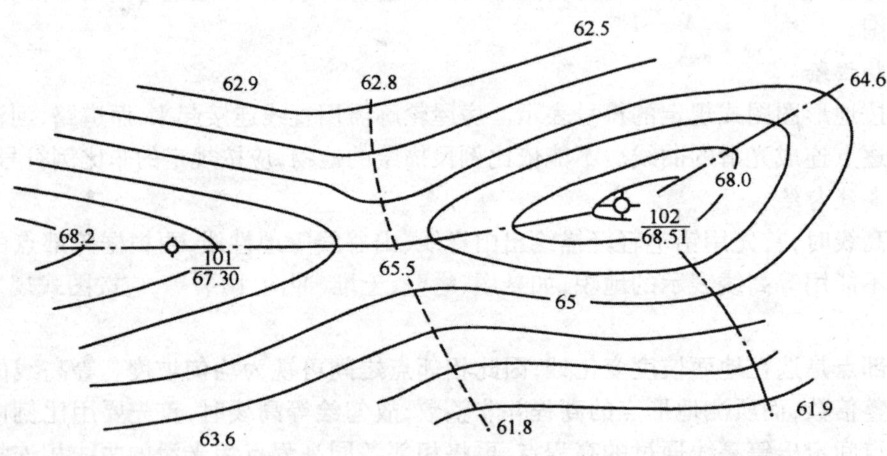

图 8-22 等高线示意图

2. 目估法

目估法是实际测图中常用的一种等高线插绘法。它是根据解析法的原理,用目估确定图上两地貌特征点间等高线通过的位置,其要领是“取头定尾,中间等分”,即目估确定距两特征点最近的等高线位置,中间的等高线位置可等分确定。

五、地形图的拼接

在较大区域内测图时,地形图是分幅测绘的。由于测绘的误差,相邻图幅的地物和等高线不能完全吻合。对相邻图幅地物的偏差应不超过规定中误差的 $2\sqrt{2}$倍,等高线位置的偏差在平原应不超过等高线的平距,在山地应不超过平距的 2 倍。在容许范围内时,取平均位置修正之,否则应到野外进行检查或重测。如图 8-23 所示。

六、地形图的整饰和清绘

地形图经过拼接和自检后,即可对原图进行整饰。整饰是按规定的图式符号对图面进行

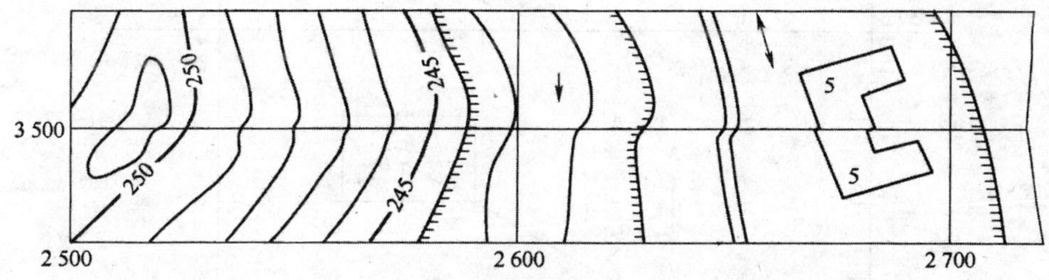

图 8-23　地形图拼接实例

加工,擦去无用的线条,使图面清晰美观,并给出图的边框、图号、图名和必要的注记。铅笔原图整饰完毕后,对原图进行着墨描绘。清绘应按标准图式规定的颜色和线条的粗细进行描绘,清绘时应注意线条位置的准确。

七、地形图的检查

地形原图完成后,应对原图进行全面的质量检查,检查可分室内检查和野外检查两种。室内检查包括对地形控制资料、观测记录及图面的检查,检查各项作业是否符合规定的要求。野外检查主要是检查地形的真实性,它又分巡视检查和仪器检查。巡视检查是将原图与实地对照,检查有无遗漏,地貌的描绘是否合理真实,注记是否正确。仪器检查是用仪器对一些地形点作抽样检查,检查其平面位置和高程的准确性,在检查了足够的点之后可对图的质量作出评价。具体要求可查阅各专业测量规范。

第五节　地形图的应用

一、确定图上点的坐标

大比例尺地形图上画有 10 cm×10 cm 的坐标方格网,并在图廓的西、南边上注有方格的纵、横坐标值,如图 8-24 所示。根据图上坐标方格网的坐标可以确定图上某点的坐标。如求图中 A 点的坐标,可通过 A 点作平行于坐标格网的纵横直线、交邻近的格网于 e、f、g、h。再按地形图比例尺(1:1 000)量出 $Ae=7$ cm, $Ag=7$ cm,则 A 点的坐标为

$$\begin{aligned} x_A &= x_a + Ae \cdot M = 57\,100 + 7\times 1\,000/100 = 57\,170\ \text{m} \\ y_A &= y_a + Ag \cdot M = 18\,100 + 7\times 1\,000/100 = 18\,170\ \text{m} \end{aligned} \tag{8-7}$$

为了校核量测的结果,并考虑图纸伸缩的影响,还需量出 Af 和 Ah 的长度。设图上坐标方格边长的理论值为 l,则 A 点的坐标可按下式计算:

$$\begin{aligned} x_A &= x_a + \frac{l}{Af+Ae}\cdot Ae \\ y_A &= y_a + \frac{l}{Ag+Ah}\cdot Ag \end{aligned} \tag{8-8}$$

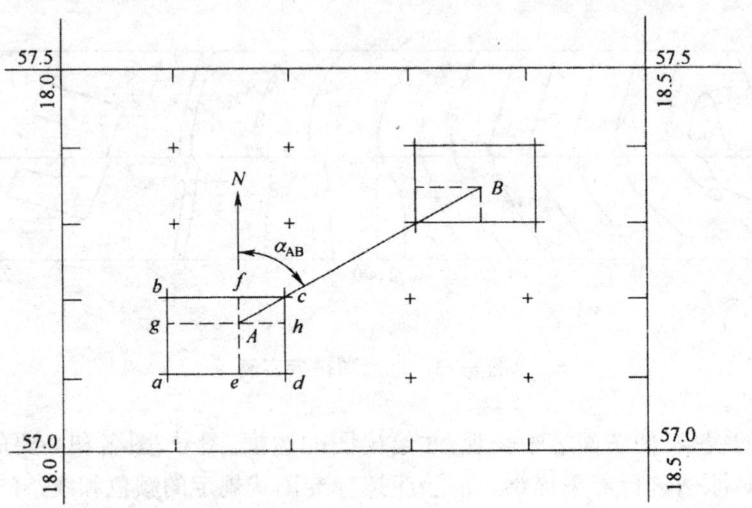

图 8-24 确定点的坐标示意图

二、确定图上点的高程

如果点位于等高线上，则点的高程就等于等高线的高程。如果点位于两等高线之间，则可用内插法求出。如图 8-25 所示，过待求点 B 作等高线的垂线，量取 Bm、Bn 之长，然后按下式计算 B 点的高程：

$$H_B = H_A + \frac{Bm}{Bm + Bn} \cdot h \tag{8-9}$$

式中 h——等高距。

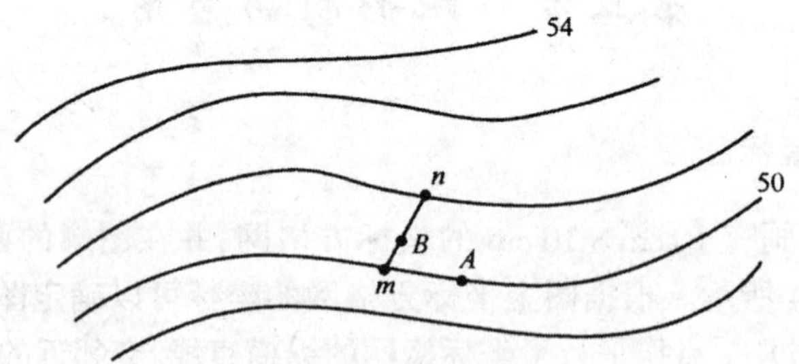

图 8-25 确定点的高程示意图

三、确定图上两点间距离

1. 图解法

如图 8-24 所示，欲求 AB 的距离，可以用直尺直接在图上量取，并根据比例尺换算成实际距离。如：量得图上直线 AB 距离为 21.5 cm，则 AB 实际距离为 $D_{AB} = 21.5 \times 1\,000 = 21\,500\ \text{cm} = 215\ \text{m}$。

2. 解析法

如图 8-24 所示，欲求 AB 的距离，可先确定 A、B 两点坐标值(x_A, y_A)及(x_B, y_B)，然后按下式反算 AB 的水平距离：

$$D_{AB}=\sqrt{(x_B-x_A)^2+(y_B-y_A)^2} \tag{8-10}$$

四、确定图上直线的坐标方位角

1. 图解法

如图 8-24 所示，欲求 AB 的方位角，可以用量角器直接在图上量取 AB 方位角 α_{AB}。为了校核，还应量取 BA 的方位角 α_{BA}。若 AB 方位角 α_{AB} 与 BA 方位角 α_{BA} 刚好相差 180°，则 AB 方位角即为 α_{AB}；若 AB 方位角 α_{AB} 与 BA 方位角 α_{BA} 不是相差 180°，则取两次的平均值作为 AB 的方位角 α_{AB}。如：在图上量得 $\alpha_{AB}=48°24'$，$\alpha_{BA}=228°36'$，则 AB 的方位角 $\alpha_{AB}=[\alpha_{AB}+(\alpha_{BA}-180°)]/2=[48°24'+(228°36'-180°)]/2=48°30'$。

2. 解析法

先求出直线两端点的坐标，然后用坐标反算的方法即可求出直线的坐标方位角。如图 8-24 所示，直线 AB 的方位角 α_{AB} 为

$$\alpha_{AB}=\arctan\left|\frac{y_B-y_A}{x_B-x_A}\right|=\arctan\left|\frac{\Delta y_{AB}}{\Delta x_{AB}}\right| \tag{8-11}$$

然后根据 Δx、Δy 的正负号，来判定 AB 方向所在的象限，最后根据方位角与象限角的关系计算坐标方位角 α_{AB}。

五、确定图上两点间的地面坡度

在地形图上求得直线的水平距离 D 以及两端点的高差 h 后，则可按下式计算该直线的地面平均坡度：

$$\begin{aligned}&\text{坡度} && i=\frac{h}{D}\\ &\text{倾角} && \alpha=\arctan\frac{h}{D}\end{aligned} \tag{8-12}$$

六、按一定的坡度定线

在设计铁路、公路、渠道等线路时，常需要定出一条线路，而其坡度要求不超过规定的限制坡度。设计人员可根据规定的限制坡度，在图上初步进行线路位置的选择。

如图 8-26 所示，在比例尺为 1:2000，等高距为 1 m 的地形图上，从 A 点处开始选一坡度为 4% 的线路到达 D 点，方法如下：

在地形图上求出 A、D 两点的高程，其中 $H_D=45.6\,\text{m}$，$H_A=38.4\,\text{m}$。一般从 A 点开始定线，则 A 点高程与 39 m 等高线高差为 $39-38.4=0.6\,\text{m}$，按公式(8-12)计算 4% 的坡度，高差为 1.6 m 时相应的平距为

$$d=\frac{h}{i}=\frac{0.6}{0.04}=15\,\text{m}$$

在 1:2000 比例尺的图上，此平距长 7.5 mm。以 A 为圆心，7.5 mm 为半径，作圆弧交 39 m 等高线于点 1，则 $A1$ 之间就是 4% 的坡度。从等高线 39 至 40 高差 1 m，则相应的平距为 12.5 cm，作圆弧交 40 于点 2。同法得 3、4、5 等点。连接这些点的线就是具有 4% 坡度的线路。当然，按此法可以定出多条线路，实际中要综合考虑选定。

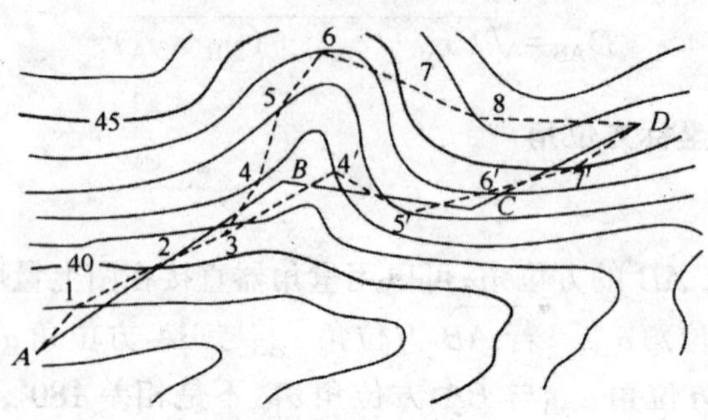

图 8-26　按坡度定线示意图

七、绘制断面图

断面图是表现沿某一条线的地面起伏情况的一种图。断面图在工程设计中有着重要的用途。断面图是以距离为横坐标，高程为纵坐标绘出的。断面图可以在现地实测（见第十章纵横断面测量），也可以从地形图上获取资料而绘出。

根据地形图绘制断面图是在地形图上确定各点间的距离及各点高程，再按要求绘出断面图。如图 8-27(a)中绘制已选定线路 *AD* 纵断面图，先量出 *AD* 直线与各等高线交点 1,2,3…等点到 *A* 的距离，按绘制断面的比例尺在横坐标轴上依次绘出 *A*,1,2,3…等点[图 8-27(b)]。根据等高线可得出这些点的高程，按比例尺在纵轴方向上标出各点的高程，就得出相应的地面点。连接相邻的地面点就得出这段线路的纵断面图。另外，也可沿线路在图上绘出相隔 20 m 或 50 m 的点，根据等高线内插求出这些点的高程，同样可以绘出纵断面图。为使断面图表示地面的真实情况，在地面坡度变化处应设加点，一并绘出。

八、确定汇水面积的界线

在设计桥梁、涵洞及排水管道等工程时，都需要知道有多大面积的雨水汇聚到这里，这个面积叫汇水面积。汇水面积的界线均由分水线（即山脊线）所组成，在地形图上很容易确定。例如图 8-28 中，要求绘出线路跨过山谷 *AB* 处的汇水面积界线时，可从该山谷谷源上的鞍部开始，连续绘出山谷两侧最邻近的山脊线，直到线路为止，则所形成的闭合界线就是 *AB* 处的汇水面积界线。勾绘汇水面积界线时，应注意使水流能流经指定断面的范围都包括在内。图上汇水范围确定后，可用面积求算方法求算汇水面积，再根据当地的最大降雨量，来确定最大洪水流量，作为设计桥涵孔径及管径尺寸的依据。

九、根据地形图平整场地

在建筑工程正式施工之前，一般需对将要施工的建筑场地进行整理，使整理后的地形适于布置和修建各类建筑物，并便于排泄地面水，满足交通运输和敷设地下管道的要求。这种使高低不平的自然地面变为满足设计要求地面的工作称为平整场地。平整场地的方法有方格网法、等高线法、断面法等。

（一）平整场地的方法

1. 方格网法

该法适用于地形起伏不大的方圆地区，一般要求填挖土（石）方量基本相等的条件下平整成水平场地，先求出水平场地的设计高程，再以此高程为基准计算各点的填、挖深度和填、挖方

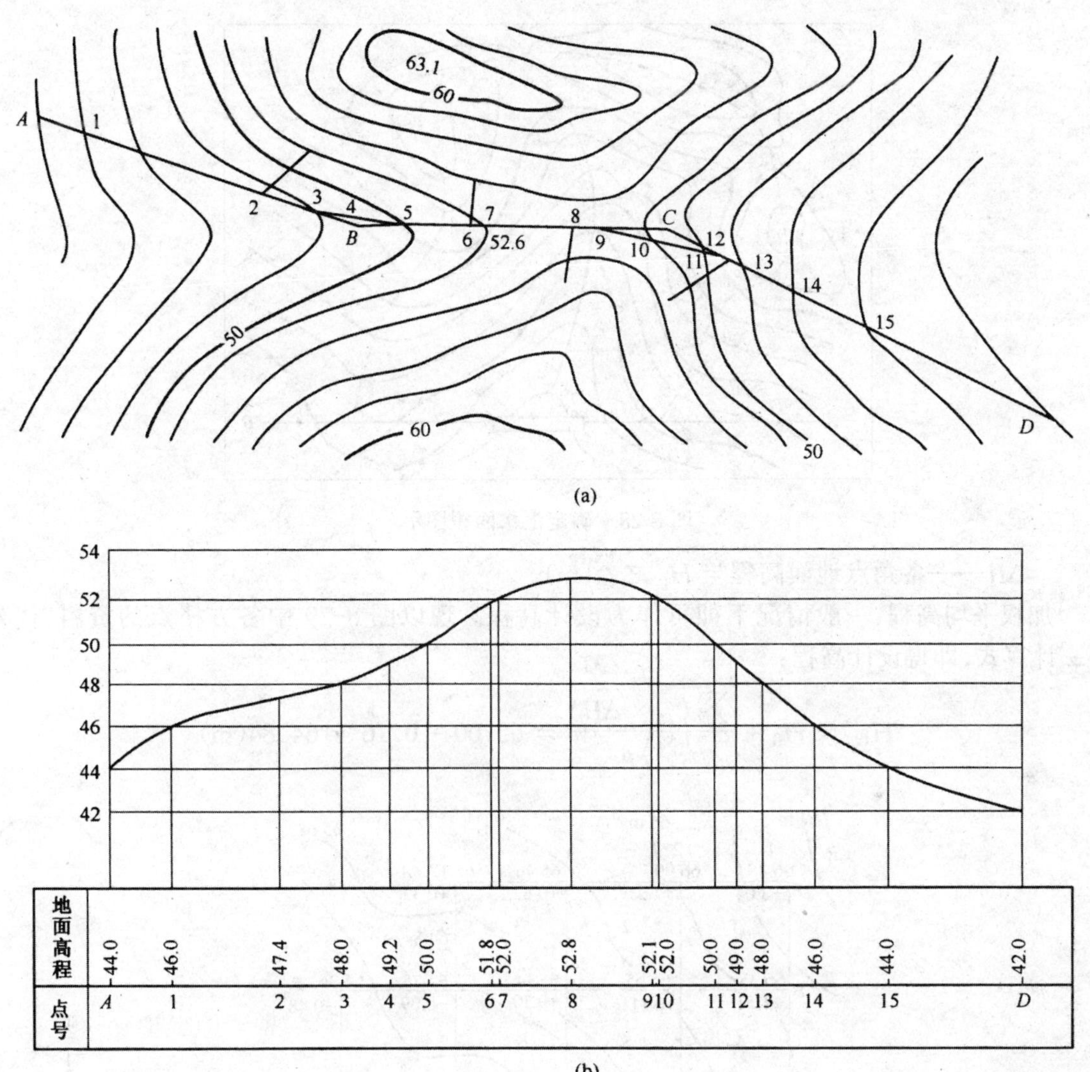

图 8-27　断面图的绘制

量。其步骤如下：

(1)在地形图上绘制方格网。在地形图上平整场地的区域绘制方格网，格网边长根据地形情况和填、挖土石方计算的精度要求而定，一般为 10～20 m。

(2)计算设计高程。方格角点的地面高程，是根据各角点在地形图上位置，用内插法算出。算出后分别注在各方格的右上方，如图 8-29 中 66.88 m、66.09 m、65.46 m…。方格网的平均高程是用加权平均的方法计算，即角点高程只控制一个方格土(石)方量的其权为 1，角点高程控制两个方格土(石)方量的其权为 2，依此类推各方格角点的权数可为 1、2、3、4。所以方格网的加权平均高程 H 可按下式计算：

$$H_{平} = H_0 + \frac{\sum(p \times \Delta H)}{\sum p} \tag{8-13}$$

式中　H_0 ——选择的一个近似平均值(m)；

　　　p ——各方格角点的权；

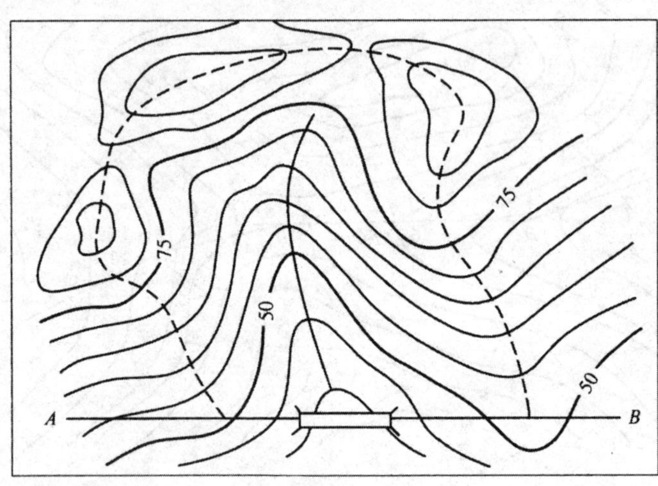

图 8-28　确定汇水面积图示

ΔH——各角点地面高程与 H_0 之差(m)。

加权平均高程,一般情况下即可作为设计高程。现以图 8-29 中各方格点的资料,代入 $H_{平}$ 计算式,即得设计高程:

$$H_{设} = H_0 + \frac{\sum(p \times \Delta H)}{\sum p} = 65.00 - 0.16 = 64.84(\mathrm{m})$$

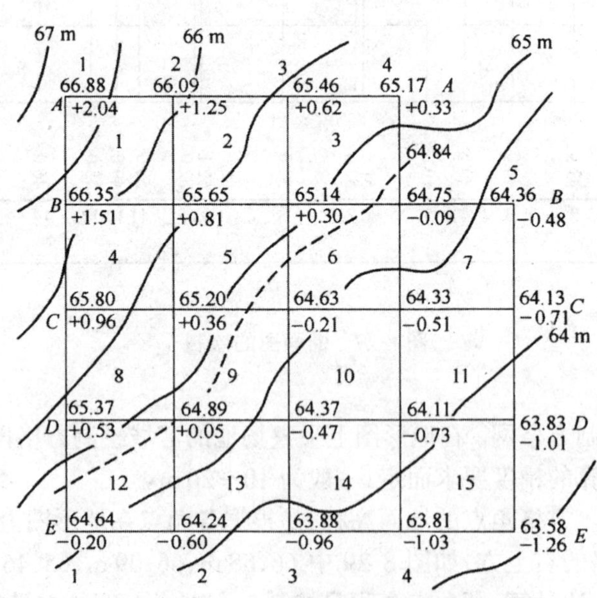

图 8-29　方格网法平整场地示意图

(3)绘出填挖边界线。根据算出的设计高程,在地形图上用内插法找出设计高程点,连接各设计高程点,即得填挖边界线,如图 8-29 中高程为 64.84 m 的等高线。与该等高线相比,地势高的一侧为挖方区,地势低的一侧为填方区。

(4)计算填挖高度。根据设计高程,就可以用它计算每一个方格点的填挖高度。

填挖高度 = 地面高程 − 设计高程

即
$$h=H_{地}-H_{设} \tag{8-14}$$

当 h 为"+"时表示挖方，h 为"−"时表示填方。将各点的填挖数写在各方格顶点的左上角。

(5)计算填挖土(石)方量。从图 8-29 可以看出，有的方格全为挖方，有的方格全为填方，有的方格有填有挖。计算时，填、挖要分开计算，图 8-29 中计算得到设计高程为 64.84 m。以方格 2、10、6 格为例计算填、挖方量。

方格 2 为全挖方，方量为

$$V_{2(挖)}=\frac{1}{4}(1.25+0.62+0.81+0.30)\times S_2=0.75S_2(\mathrm{m}^3)$$

方格 10 全为填方，方量为

$$V_{10(填)}=\frac{1}{4}(-0.21-0.51-0.47-0.73)\times S_{10}=-0.48S_{10}(\mathrm{m}^3)$$

方格 6 既有挖方，又有填方，方量为

$$V_{6(挖)}=\frac{1}{3}(0.3+0+0)\times S_{6(挖)}=0.1S_{6(挖)}(\mathrm{m}^3)$$

$$V_{6(填)}=\frac{1}{5}(0-0.09-0.51-0.21-0)\times S_{6(填)}=-0.16S_{6(填)}(\mathrm{m}^3)$$

式中，S_2 为方格 2 的面积，S_{10}为方格 10 的面积，$S_{6(挖)}$为方格 6 中挖方的面积，$S_{6(填)}$为方格 6 中填方的面积。最后将各方格填、挖方量各自累加，即得填、挖的总土方量。

2. 等高线法

如图 8-30 所示，先量出各等高线所包围的面积，相邻两等高线包围的面积平均值乘以等高距，就是两等高线间的体积(即土方量)。首先从设计高程的等高线开始，逐层求出各相邻等高线间的体积，再将其求和即为总土方量。图 8-30 所示的等高距为 2 m，施工场地的设计高程为 75 m，图中虚线即为设计高程的等高线，分别求出 75 m、76 m、78 m、80 m、82 m 五条等高线所围成的面积 S_{75}、S_{76}、S_{78}、S_{80}、S_{82}，则每一层的体积(土方量)为

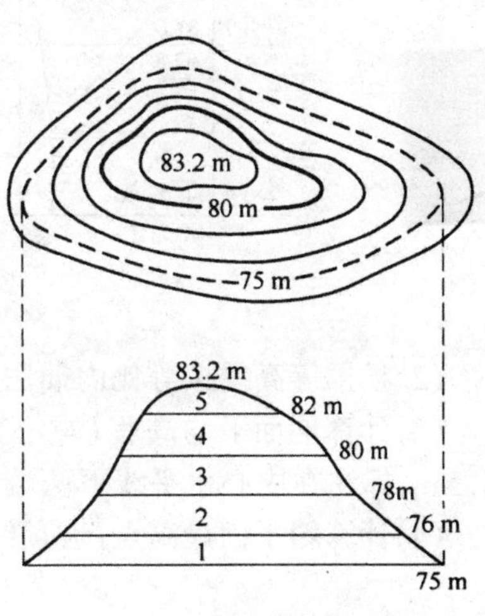

图 8-30　等高线法求总土方量示意图

$$\begin{aligned}
V_1&=\frac{1}{2}(S_{75}+S_{76})\times 1\\
V_2&=\frac{1}{2}(S_{76}+S_{78})\times 2\\
V_3&=\frac{1}{2}(S_{78}+S_{80})\times 2\\
V_4&=\frac{1}{2}(S_{80}+S_{82})\times 2\\
V_5&=\frac{1}{3}S_{82}\times 1.2
\end{aligned} \tag{8-15}$$

总土方量为

$$V_{总}=V_1+V_2+V_3+V_4+V_5 \tag{8-16}$$

(二) 把自然地面设计成倾斜地面

为了将自然地面平整成一定坡度 i 的倾斜场地,并保证填挖方量基本平衡,可采用方格网法按以下步骤确定填挖分界线和求得填挖方量:

(1)根据场地自然地面情况绘制方格网,如图 8-31 所示,使纵横方格网线分别与主坡倾斜方向平行和垂直。这样,横格线即为倾斜坡面水平线,纵格线即为设计坡度线。

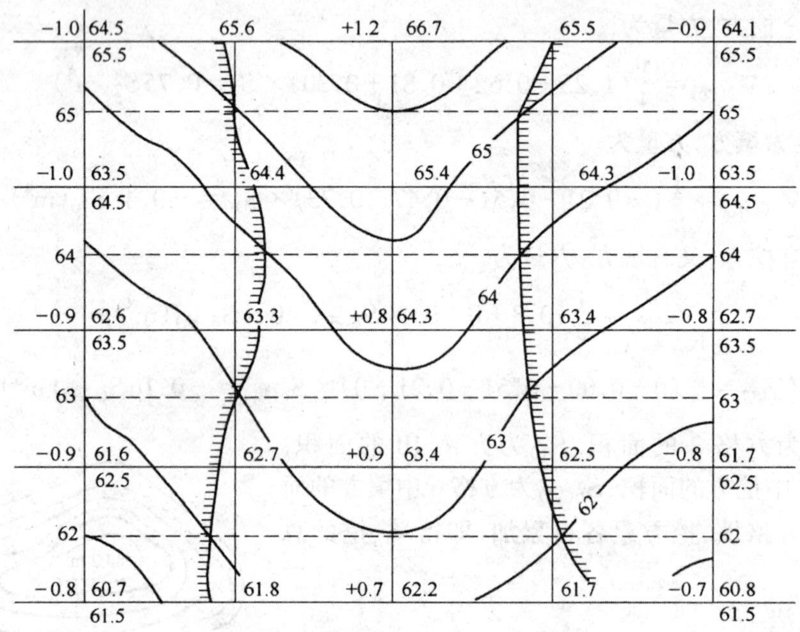

图 8-31 将自然地面平整成倾斜地面图示

(2)根据等高线按等比内插法求出各方格角顶的地面高程,标注在相应角顶的右上方。

(3)计算地面平均高程(重心点设计高程),方法同前。图 8-31 中算得地面平均高程为 63.5 m,标注在中心水平线下两端。

(4)计算斜平面最高点(坡顶线)和最低点(坡底线)的设计高程。

$$\left.\begin{aligned} H_{顶} &= H_{设} + iD/2 \\ H_{底} &= H_{设} - i/D/2 \end{aligned}\right\} \tag{8-17}$$

式中 D ——顶线至底线之间的距离。

在图 8-31 中,$i=10\%$,$D=40$ m,算得 $H_{顶}=65.5$ m,$H_{底}=61.5$ m,分别标注在相应格线的下两端。

(5)确定填挖分界线。为此,由设计坡度和顶、底线的设计高程按内插法确定与地面等高线高程相同的斜平面水平线的位置,用虚线绘出这些坡面水平线,它们与地面相应等高线的交点即为填挖分界点,将其依次连接,即为填挖分界线。

(6)根据顶、底线的设计高程按内插法计算出各方格角顶的设计高程,标注在相应角顶的右下方,将原来求出的角顶地面高程减去它的设计高程,即得填挖高度,标注在相应角顶的左下方。

(7)计算填挖方量。计算方法与平整成水平场地相同。

第六节 大比例尺数字化测图简介

广义的数字化测图又称为计算机成图，主要包括：地面数字测图、地图数字化成图、航测数字测图、计算机地图制图。在实际工作中，大比例尺数字化测图主要指野外实地测量即地面数字测图，也称野外数字化测图。大比例尺数字化测图是近几年随着电子计算机、地面测量仪器、数字测图软件和GIS技术的应用而迅速发展起来的全新内容，广泛用于测绘生产、土地管理、城市规划等部门，并成为测绘技术变革的重要标志。

一、数字化测图的特点

1．点位精度高

传统的经纬仪配合平板、量角器的图解测图方法，其地物点的平面位置误差主要受展绘误差和测定误差、测定地物点的视距误差和方向误差、地形图上地物点的刺点误差等影响。实际的图上点位误差可达到±0.47 mm。如在1:500的地籍测量中，测绘房屋时视距的读数精度就不够，要用皮尺或钢尺量距，用坐标法展点。普及了全站仪，虽然测距和测角的精度大大提高，但是若配合经纬仪测绘法绘制的地形图却体现不出仪器精度的提高，这就是白纸测图致命的弱点。数字化测图则不同，若距离在300 m以内时测定地物点误差约为±15 mm，测定地形点高程误差约为±18 mm。全站仪的测量数据作为电子信息可以自动传输、记录、存储、处理和成图。在这全过程中原始测量数据的精度毫无损失，从而获得高精度的测量成果。

数字地形图最好地反映了外业测量的高精度，也就是最好地体现了仪器发展更新、精度提高的高科技进步的价值。

2．改进了作业方式

传统的方式主要是通过手工操作，外业人工记录、人工绘制地形图；并且在图上人工量算坐标、距离和面积等。数字测图则使野外测量达到自动记录、自动解算处理、自动成图，并且提供了方便使用的数字地图软盘。数字测图自动化的程度高，出错（读错、记错、展错）的概率小，能自动提取坐标、距离、方位和面积等。绘制的地形图精确、规范、美观。

3．便于图件的更新

城镇的发展加速了城镇建筑物和结构的变化，采用地面数字测图能克服大比例尺白纸测图连续更新的困难，当实地房屋的改建扩建、变更地籍或房产时，只需输入有关的信息，经过数据处理就能方便地做到更新和修改，始终保持图面整体的可靠性和现势性。

4．增加了地图的表现力

计算机与显示器、打印机联机，可以显示或打印各种资料信息；与绘图机联机时，可以绘制各种比例尺的地形图，也可以分层输出各类专题地图，满足不同的用户的需要。

5．方便成果的深加工利用

数字化测图的成果是分层存放，不受图面负载量的限制，从而便于成果的加工利用。比如EPSW软件定义11层（用户还可以根据需要定义新层），房屋、电力线、铁路、道路、水系、地貌等存于不同的层中，通过打开或关闭不同的层得到所需的各类专题图，如管线图、水系图、道路图和房屋图等。还能综合相关的内容补充加工成城市规划图、城市建设图、房地产图以及各类管理用图。还可以在数字图上进行各类工程设计（CAD计算机辅助设计）。

6．可作为GIS的重要信息源

地理信息系统(GIS)具有方便的信息查询检索功能、空间分析功能以及辅助决策功能,在国民经济、办公自动化及人们日常生活中都有广泛的应用。要建立起地理信息系统,数据采集的工作是重要的一环。数字化测图作为GIS的信息源,能及时准确地提供各类基础数据更新GIS的数据库,保证地理信息的可靠性和现势性,为GIS的辅助决策和空间分析发挥作用。

二、数字化测图思路

数字化测图是以计算机为核心,在外连输入输出设备硬件、软件的条件下,通过计算机对地形空间数据进行处理得到数字地图,需要时也可用数控绘图仪绘制所需的地形图或各种专题地图。数字化测图思路如图8-32所示。

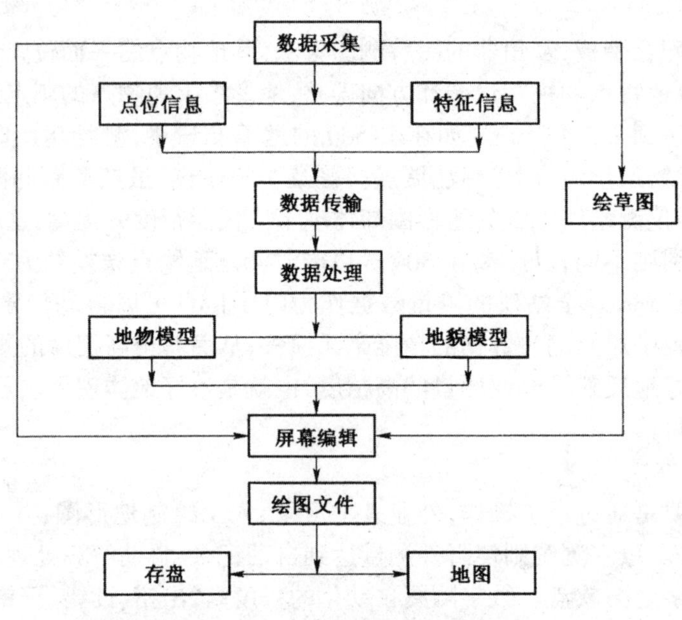

图8-32　数字化测图流程

三、大比例尺数字化测图的作业方法

大比例尺数字化测图有两种模式:数字测记和电子平板仪测绘。

(1)数字测记模式的数据采集工作是用全站仪测量、电子手簿记录。相对复杂的地形要人工画草图,然后进行室内数据处理,即将测量数据由记录器传输到计算机,由计算机自动检索编辑图形文件,配合人工草图进一步编辑、修改,自动成图。这种模式可由多台全站仪配合一台计算机、一套软件进行。

(2)电子平板仪测绘,这种方法也称为内外业一体化数字测图方法。全站仪在野外测量的同时又与安装了相应测图软件的便携机(电子平板)连接通信,由便携机实现测量数据的记录、解算、建模,以及图形编辑、图形修正等工作,实现内外业一体化。

(3)采用GPS实时动态定位技术(RTK),以RTK型GPS接收机采集数据,然后由计算机自动处理,自动成图。

四、大比例尺数字测图过程

大比例尺数字测图要经过数据采集与编码、计算机数据处理和自动绘制地形图三个阶段。数据采集与编码工作主要是通过外业测量完成,内业通过计算机进行数据处理,在计算机上进行图形编辑,生成绘图文件后,再由绘图仪绘制成图。图 8-33 所示是大比例尺数字化测图的流程示意图。

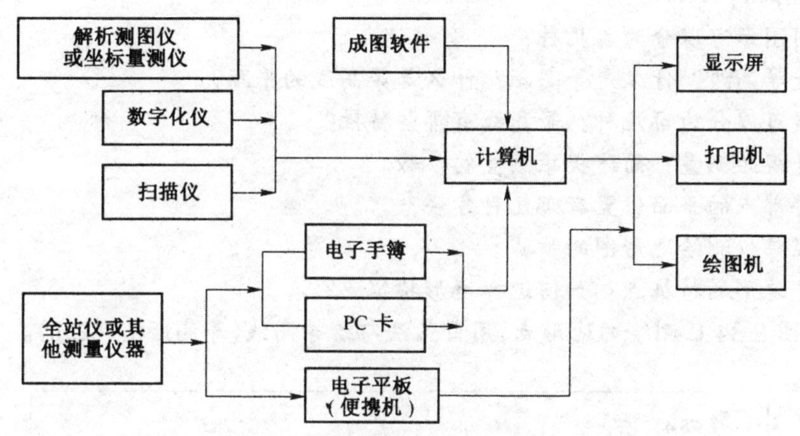

图 8-33 大比例尺数字化测图流程

数字化测图系统的基本硬件为:全站仪、电子记录手簿、便携式计算机、A1 或 A0 幅面绘图仪、打印机、A1 或 A0 幅面数字化仪。

(一)数据采集与编码

数字化测图的外业工作是进行数据的采集与编码,外业测量工作包括控制测量和地形测量。一般采用全站仪等进行观测并记录。每一个碎部点的记录包括点号、观测值或坐标,另外还有与地图符号有关的符号码以及点之间的连接关系码。这些信息码以规定的数字代码表示。为了检查记录的数据和编码的正确性,往往进行外业巡视检查,考查是否有漏测,地物和地貌表示是否与实地一致等。还可用简易绘制图仪绘制工作图或用便携机显示图形,对照草图检查。

(二)数据处理和图形文件生成

将外业测量数据输入计算机进行处理,生成图块文件,在计算机屏幕上显示图形。然后在人机交互方式下进行地图的编辑,生成数字地图的图形文件。数据处理分数据预处理、地物点的图形处理和地貌点的等高线处理。数据预处理是对原始记录数据做检查,删除已作废标记的记录和删去与图形生成无关的记录,补充碎部点的坐标计算和修改有错误的信息码。数据处理的过程也就是应用测量程序的平差过程,平差后求出各碎部点的三维坐标,再将其进行编码分类,形成与地形编码相对应的数据文件。

(三)地图绘制

人机交互编辑形成的数字地图图形文件可以储存在磁带、磁盘、移动硬盘等数据载体上,随时都可以调用或通过自动绘图仪直接绘制成地图。

复习思考题

1．地形可以分为哪两类？地形图按照表达的内容划分可以分为哪几类？

2．什么是地形图的比例尺？什么是比例尺的精度？它们之间有什么关系？在测图和用图中各有什么作用？

3．地形图图示可以分为哪几种？

4．什么是等高线？什么是等高距？什么是等高线的平距？

5．等高线可以分为哪几种？等高线有哪些特性？

6．什么是视距测量？简述视距测量的步骤。

7．测绘碎部点的平面位置有哪几种方法？

8．简述经纬仪测绘地形图的步骤。

9．什么是地形的特征点？如何选择地形特征点？

10．根据图 8-34 已测绘的地形点，用目估法勾绘等高线（等高距 $h=2\,\text{m}$）。

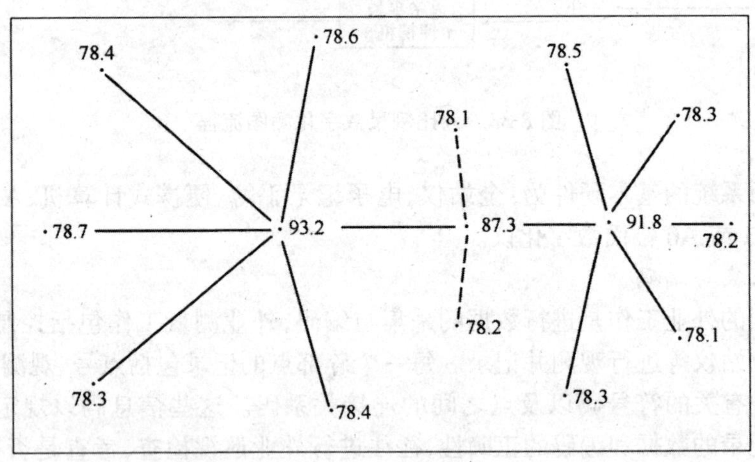

图 8-34　题 10 图

11．计算表 8-5 中各点的水平距离和高程。

表 8-5　碎部测量手簿

测站：A，定向点：B，仪器高：1.42 m，测站高程：207.40 m，指标差 $x=0''$，仪器：DJ_6									
测点	尺间隔（m）	中丝读数 l（m）	竖盘读数 L	垂直角 α	高差 h（m）	水平角 β	水平距离 D（m）	高程 H（m）	备注
1	0.760	1.420	93°28′						房角
2	0.750	2.420	93°00′						山脚

注：竖盘为顺时针注记。

12．地形图主要有哪些应用？在如图 8-35 所示的 1:2000 地形图上完成以下工作。

（1）确定 A、C 两点的坐标和高程；

（2）计算 AC 的水平距离和方位角；

（3）绘制 AB 方向的断面图。

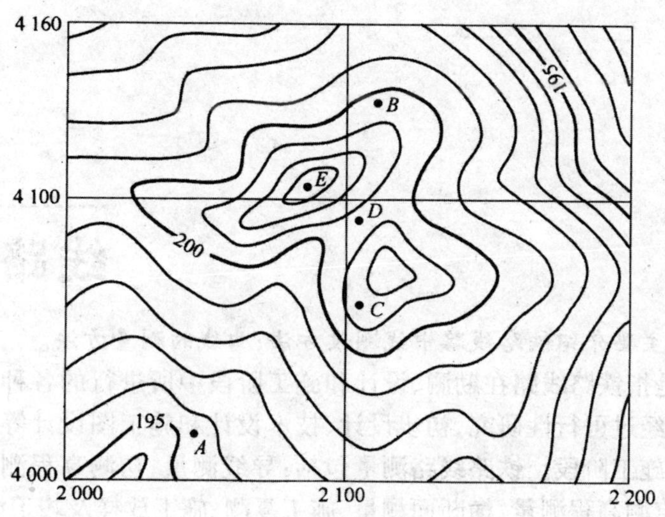

图 8-35 题 12 图

13. 什么是数字化测图？简述数字化测图的过程。

第九章

线路中线测量

本章提要：本章主要介绍铁路线路中线测设方法；曲线的测量方法。

铁路线路测量是指铁路线路在勘测、设计和施工阶段中所进行的各种测量工作。铁路新线勘测设计，一般要经过可行性研究、初步设计、技术设计和施工图设计等几个阶段。线路测量贯穿于整个设计、施工阶段。铁路线路测量包括：导线测量、初测高程测量、地形测量、放线及交点、中线测量、定测高程测量、横断面测量、施工复测、施工放样及竣工测量等测量工作。

第一节　铁路中线测量

一、铁路线路的组成形式

铁路线路因为受地形、地质或技术、经济等其他因素的限制，不能以一条直线延续始终，而是隔一定距离就要改变方向，在转向的地方需要用曲线将相邻的直线连接起来。线路由直线和曲线两部分组成，曲线包括圆曲线和缓和曲线，如图 9-1 所示。线路中线测量就是在地面上把线路标定出来。

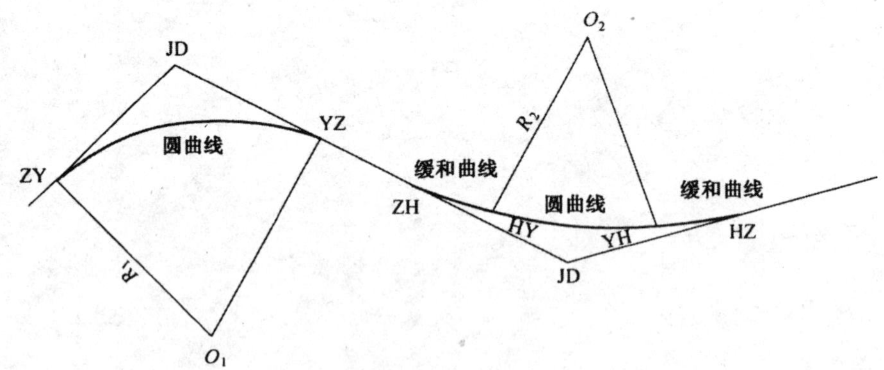

图 9-1　线路组成

二、放线定交点、转点

放线是指把直线上的转点及交点在地面上测设出来。放线的方法主要有三种：穿点放线法、拨角放线法和坐标放线法。

（一）穿点放线法

1．准备放线资料

从初测导线点、航测外控点、典型地物点或 GPS 点作已知边的垂线，与纸上定线的交点，称支距点，如图 9-2 中的 ZD_1，ZD_2，ZD_3 等。根据比例尺，量出长度，计算支距，作为放线的依据。一条直线不应少于 3 个点。

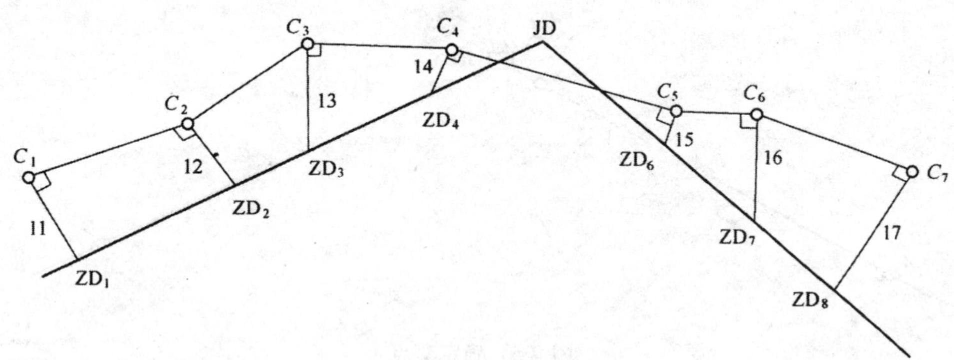

图 9-2　确定支距点

2. 实地放点及穿线

根据图上所量得的支距，在实地上找到相应的控制点，利用经纬仪、方向架或直角器测设垂线方向，采用钢尺或皮尺沿垂线方向量取相应的支距，定出支距点。

用经纬仪选定一条尽可能多地穿过或靠近临时点的直线 AB，在 A、B 或其方向上打下两个或两个以上的方向桩，随即取消支距点，这一工作称为穿线。如图 9-3 所示。同样方法可以确定出另一直线 CD。

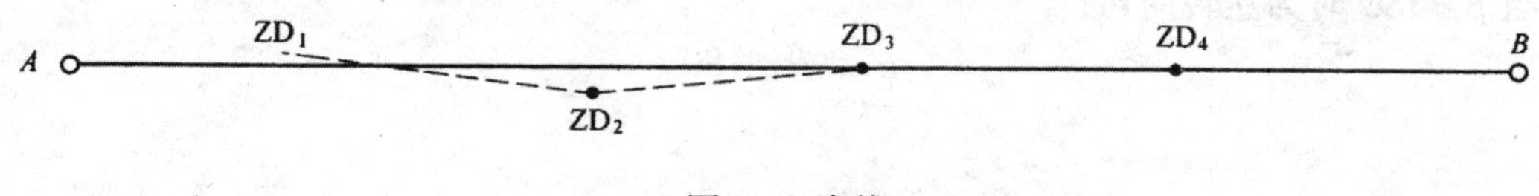

图 9-3　穿线

3. 定交点

测定出直线后，还要继续测设出交点。测设交点，按以下步骤进行：

(1)在 A 点上安置仪器，盘左瞄准 B 点，得到直线方向，在估计交点的前后沿直线方向设立两个点 a'、b'。

(2)倒镜为盘右，瞄准 B 点，在直线方向上量取相同的长度得到 a''、b''。如果 a'、b' 与 a''、b'' 重合，则该两点就是直线 AB 延长线上的点；如果 a'、b' 与 a''、b'' 不重合，则分别取 a'、a'' 和 b'、b'' 的中点 a、b 作为直线 AB 延长线上的点，并打桩钉钉子表示点位。如图 9-4 所示。

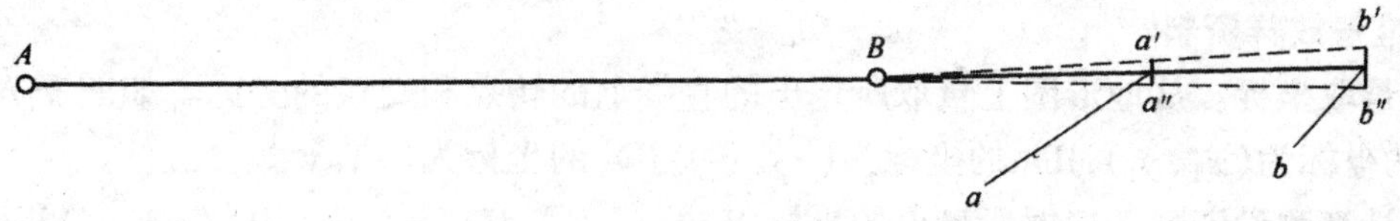

图 9-4　定骑马桩

这种采用盘左、盘右延长直线的方法，称为正倒镜分中法。a、b 两桩俗称骑马桩。

(3)在 C 点上安置仪器，采用正倒镜分中法得到骑马桩 c、d。

(4)在 a、b 及 c、d 间分别拉一细绳，两细绳的交点即为交点的位置，在该位置打木桩钉钉子表示交点位置。如图 9-5 所示。

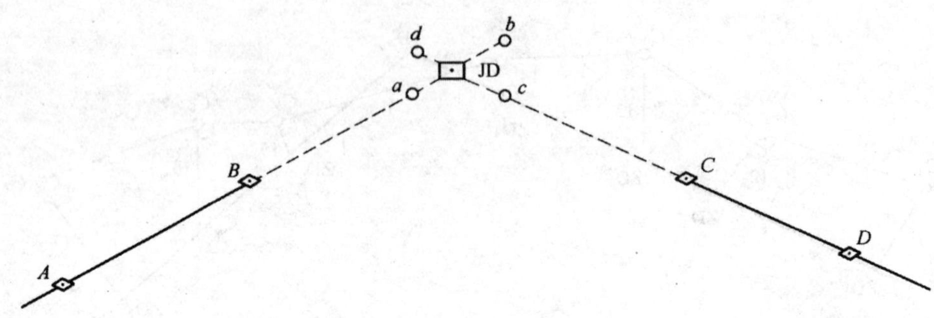

图 9-5　确定交点

4. 测量转向角

转向角是指在线路前进方向的每一个交点处，前视方向线偏离后视方向之延长线的转折角。如图 9-6 中的 α 角。线路有右转和左转之分，故转向角可分为右转向角 α_R 和左转向角 α_L。转向角的测定，是在交点测设完以后，把仪器安置于交点上，用全测回法测出线路前进方向的右角 β，转向角的计算可按下式计算。

当 $\beta \leqslant 180°$ 时为右转向角：

$$\alpha_R = 180° - \beta \tag{9-1}$$

当 $\beta \geqslant 180°$ 时为左转向角：

$$\alpha_L = \beta - 180° \tag{9-2}$$

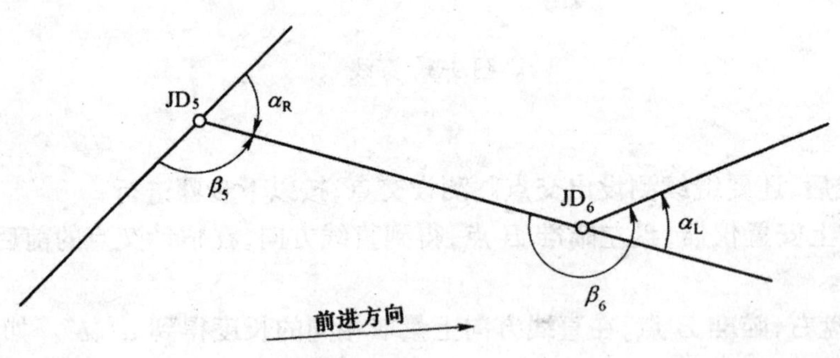

图 9-6　转向角

(二)拨角放线法

1. 准备放样资料

(1)量取坐标。从地形图上量取所定出的直线上的转点和交点的坐标。如图 9-7 所示，量得 JD_1 的坐标为 (x_1, y_1)，JD_2 的坐标为 (x_2, y_2)，JD_3 的坐标为 (x_3, y_3)。

(2)计算测设资料。根据所量得的坐标 $JD_1(x_1, y_1)$，$JD_2(x_2, y_2)$，$JD_3(x_3, y_3)$ 和初测导线点坐标 $N_1(x_{N1}, y_{N1})$、$N_2(x_{N2}, y_{N2})$，反算出直线上转点与导线边、转点与交点、交点与交点间的夹角及距离 $\beta_1, \beta_2, \beta_3, \cdots, S_1, S_2, S_3 \cdots$。所计算的夹角 β 及距离 S 称为拨角放线法的测设资料。

交点至转点或转点之间的距离，使用光电测距仪时不宜长于1000 m；使用钢尺时，不宜长于400 m，地形平坦、视线清晰时，亦不应长于500 m。两点间的距离均不得短于50 m。当短于50 m时应设置远视点。在大桥和长隧道两端应增设转点。

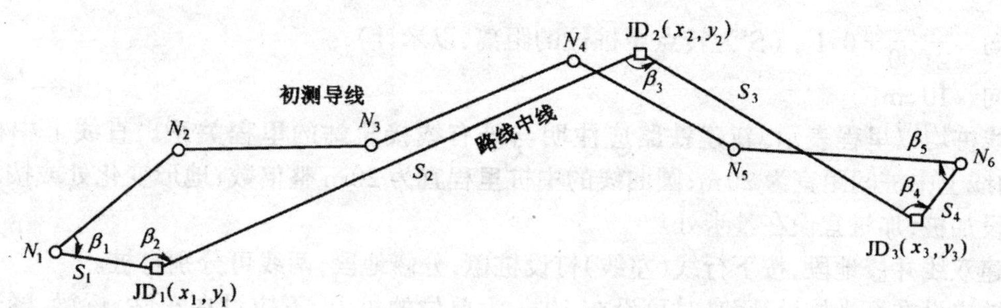

图9-7　拨角放线法示意图

2. 实地放线

根据放线的测设资料，首先置镜于初测导线点 N_1，后视 N_2，采用正倒镜分中法定出 JD_1，即在 N_1 上置镜，首先采用盘左瞄准 N_2，使水平度盘读数等于0°00′00″，称为归零，然后转动照准部，当水平度盘读数等于 β_1 时即为 JD_1 的方向，沿此方向量取 S_1，得到 JD_1'；倒镜变为盘右，同样瞄准，归零，转动照准部，当水平度盘读数等于 β_1 时即为 JD_1 的方向，沿此方向从 N_1 量取 S_1，得到 JD_1''，若 JD_1' 与 JD_1'' 误差在限差以内，分中定位作为 JD_1。同样方法，依次可以定出 JD_2、JD_3…。

正倒镜的点位横向误差每100 m距离不应大于5 mm；当点间距离大于400 m时，最大横向差亦不应大于20 mm。

距离应采用往返丈量。

3. 联测与放线误差的调整

拨角放线法虽然速度较快，但其缺点是放线误差积累，为了保证测设的中线位置正确，不偏离理论位置过大，《新建铁路工程测量规范》(TB 10101—99)规定，中线每隔5 km，特殊情况下不大于10 km应与初测导线、GPS点、航测外控点联测一次，其闭合差不应超过表9-1的规定。

表9-1　中线闭合差

水平角闭合差(″)	DJ_6	$\pm 30\sqrt{n}$
	DJ_2	$\pm 25\sqrt{n}$
长度相对闭合差	钢卷尺	1/2000
	全站仪或光电测距	1/3000

表中，n 为闭合环中线上置镜点和初测导线点的总和；长度采用初、定测闭合环长度。当闭合差超限时，应查找原因，纠正放线点位；若闭合差在限差以内，则应在联测处截断累积误差，使下一个放线点回到设计位置上。

交点、转点及曲线主点均为线路定测控制点，一般应固桩。

三、里程桩和加桩测量

放线后，地面上已钉出控制中线位置的转点桩ZD及交点桩，为了把中线详细测设到地面，必须依据控制桩进行中线测量。

中线测量就是把线路中线的公里桩、百米桩、中桩和加桩测设于地面。在控制桩上安置经纬仪或全站仪，瞄准前方另一控制点，沿着视线方向量距，定出中线桩，距离测量精度要求同导线测量要求，符合精度后，以第一次量距为准。

中桩桩位限差为：

纵向 $\frac{S}{2\,000}+0.1$ （S 为转点至桩位的距离，以米计）；

横向 10 cm。

中线桩均以里程表示，新建铁路应注明与既有线接轨站的里程关系。直线上中桩间距 50 m；曲线上中桩间距宜为 20 m；圆曲线的中桩里程宜为 20 m 整倍数；地形变化处或按设计需要应另设加桩，加桩宜设在整米处。

新建双线并修地段，按下行线（左线）钉设桩橛；分修地段，两线可分别打桩。

断链应设在百米桩处，困难时可设在 10 m 为单位的桩上，不应设在车站、桥梁、隧道和曲线范围内。

第二节 圆曲线的测设

一、圆曲线的主点

如图 9-8 所示，两条直线用圆曲线连接，沿着线路的前进方向，由直线进入圆曲线的分界点即圆曲线的切点称为直圆点（ZY）；圆曲线的中间点称为曲中点（QZ）；由圆曲线进入直线的分界点称为圆直点（YZ）。

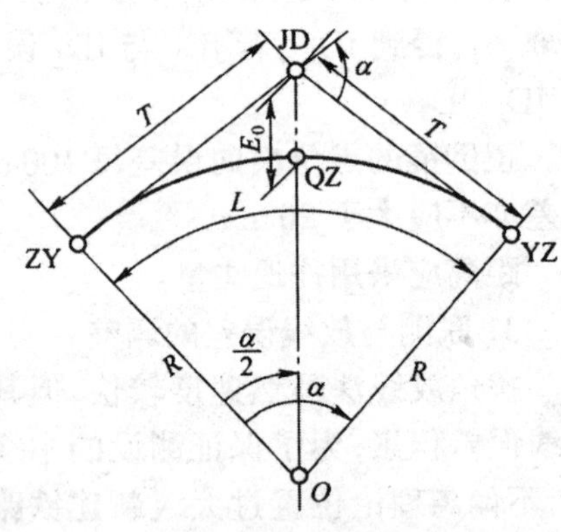

图 9-8 圆曲线主点

二、圆曲线的要素及其计算

1. 圆曲线的测设要素

圆曲线的测设要素是指：转向角 α、圆曲线半径 R、切线长 T（交点到直圆点的距离）、曲线长 L（直圆点到圆直点的曲线长度）、外矢距 E_0（交点到曲中点的距离）、切曲差 q（两条切线长与曲线长的差值），如图 9-8 所示。

2. 圆曲线的测设要素的计算公式

$$T = R\tan\frac{\alpha}{2} \tag{9-3}$$

$$L = R\cdot\alpha\cdot\frac{\pi}{180^\circ} \tag{9-4}$$

$$E_0 = R\cdot(\sec\frac{\alpha}{2} - 1) \tag{9-5}$$

$$q = 2T - L \tag{9-6}$$

圆曲线的测设要素除了按上面式子进行计算外，还可以直接在《铁路曲线测设用表》中查得。曲线测设用表分为三册，第一、二册为一个偏角时缓和曲线及圆曲线的综合资料表，第三册包括缓和曲线常数、曲线偏角、曲线坐标等资料。

【例1】已知 $\alpha_y=18°22'00''$，$R=1\,000$ m，求曲线的要素 T、L、E_0、q。

解：根据公式可以计算曲线要素

$$T=R\cdot\tan\frac{\alpha}{2}=1\,000\times\tan\frac{18°22'00''}{2}=161.666\,\text{m}$$

$$L=R\cdot\alpha\cdot\frac{\pi}{180°}=1\,000\times18°22'00''\times\frac{\pi}{180°}=320.559\,\text{m}$$

$$E_0=R\cdot(\sec\frac{\alpha}{2}-1)=1\,000\times(\sec\frac{18°22'00''}{2}-1)=12.984\,\text{m}$$

$$q=2T-L=2\times161.666-320.559=2.773\,\text{m}$$

三、主点里程的计算

里程的计算均应沿线路中心线计算。已知交点 JD 的里程，要计算各主点里程。

ZY 里程 = JD 里程 − T

QZ 里程 = ZY 里程 + $L/2$

YZ 里程 = QZ 里程 + $L/2$

为了保证计算无误，需要进行校核。

YZ 里程 = JD 里程 + $T-q$

若计算出来的 YZ 里程和前面所计算出来的 YZ 里程相等，说明计算无误；若计算出来的 YZ 里程与前面计算出来的 YZ 里程不相等，则要检核计算过程。

【例2】根据例1，已知 JD 里程为 DK48 + 028.050，计算各主点里程。

解：

JD	DK48 + 028.050
$-T$	−161.666
ZY	DK47 + 866.384
$+L/2$	+320.559/2
QZ	DK48 + 026.664
$+L/2$	+320.559/2
YZ	DK48 + 186.943

计算检核：

JD	DK48 + 028.050
$+T$	+161.666
	DK48 + 189.716
$-q$	−2.773
YZ	DK48 + 186.943

YZ 里程的两个计算结果相同，计算无误。

四、主点的测设

(1)如图 9-9 所示，在交点 JD 上安置经纬仪，分别瞄准直线上的转点 ZD_1、ZD_2，固定水平制动螺旋，得到切线方向，用钢尺分别沿两切线方向量取切线长 T，分别得到直圆点 ZY 和圆直点 YZ。切线长应采取往返丈量，相对误差应不超过 1/2 000。

例如上例切线长 T 为 161.666 m，从 JD 沿切线方向先量取 160 m，在该处插测钎，然后从此处返测这段直线长度，量得结果为 160.04 m，因为往返测得距离的相对误差为 1/4 001，小于

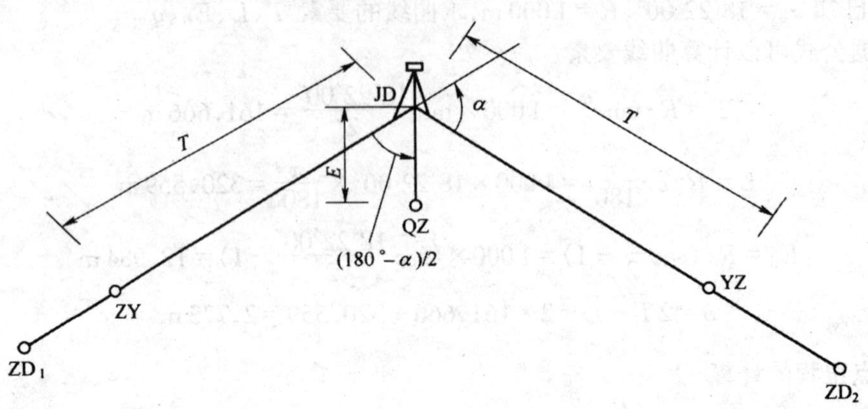

图 9-9　主点测设示意图

1/2 000，说明合格，取往返测量的距离作为测钎到 JD 的距离即为 160.02 m，最后从这个测钎再延长 1.646 m 即得到 ZY 和 YZ 点，打桩钉钉子表示点位。

(2)瞄准直线上的 ZD_1，归零，转动照准部，使水平度盘读数为 $90° - \frac{\alpha_L}{2}$ 或 $270° + \frac{\alpha_R}{2}$，采用正倒镜分中法定出 QZ 方向，沿着方向往返丈量距离 E，打桩定钉，表示 QZ 点位。

五、圆曲线的详细测设

圆曲线主点测设后，即可进行圆曲线的详细测设。圆曲线详细测设的方法很多，下面主要介绍三种常用的方法。

(一)切线支距法

这种方法是以切线方向作为 x 轴，以圆曲线的起点(ZY)或终点(YZ)为坐标原点，垂直于切线并指向圆心的方向为 y 轴，然后利用曲线各点在该坐标系中的坐标，设置圆曲线上的点。

1. 计算公式

如图 9-10 所示，各点坐标 x、y 按下列公式计算：

$$x_i = R \cdot \sin\varphi_i$$

$$y_i = R \cdot (1 - \cos\varphi_i) \qquad (9\text{-}7)$$

$$\varphi_i = \frac{180° \cdot l_i}{\pi \cdot R}$$

式中　l_i——圆曲线上某点至 ZY 或 YZ 点的曲线长；

φ_i——弧长 l_i 所对的圆心角。

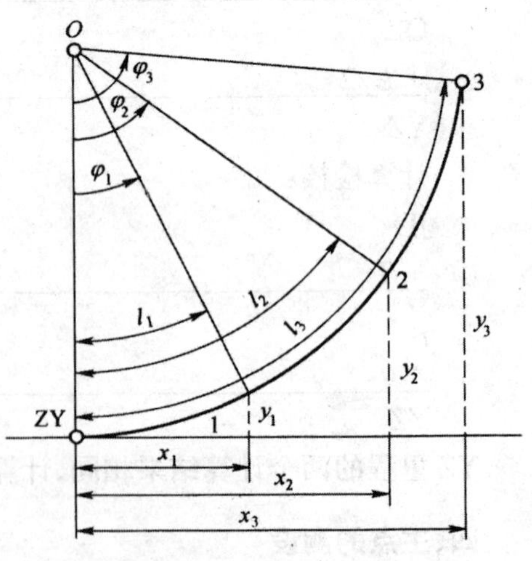

图 9-10　圆曲线上点的坐标计算图示

根据式(9-7)可以先计算出圆曲线各点所对的圆心角，然后求出各点切线支距坐标。各点坐标也可以直接由《铁路曲线测设用表》查得。

【例 3】根据例 2，采用切线支距法测设圆曲线，试计算测设资料。

解：切线支距法测设资料的计算具体见表 9-2。

表 9-2　切线支距法坐标计算表

圆曲线各桩点	桩点至曲线起点(终点)的弧长 l_i	弧长所对的圆心角 φ_i	横坐标 x	纵坐标 y
ZY(DK47+866.384)	0	0	0	0
DK47+880	13.616	0°46′49″	13.616	0.093
+900	33.616	1°55′34″	33.610	0.565
+920	53.616	3°04′19″	53.590	1.437
+940	73.616	4°13′04″	73.550	2.708
+960	93.616	5°21′50″	93.479	4.379
+980	113.616	6°30′35″	113.372	6.447
DK48+000	133.616	7°39′20″	133.219	8.913
+020	153.616	8°48′06″	153.013	11.776
QZ(DK48+026.664)	160.280	9°11′00″	159.595	12.817
DK48+040	146.943	8°25′09″	146.415	10.777
+060	126.943	7°16′24″	126.602	8.046
+080	106.943	6°07′39″	106.739	5.713
+100	86.943	4°58′53″	86.834	3.777
+120	66.943	3°50′08″	66.893	2.240
+140	46.943	2°41′23″	46.926	1.102
+160	26.943	1°32′37″	26.940	0.363
DK48+180	6.943	0°23′52″	6.943	0.024
YZ(DK48+186.943)	0	0	0	0

2. 设置方法

(1)在 ZY 点上安置经纬仪，瞄准 JD 得到切线方向。沿切线方向量取 x_1，x_2，x_3…等点，这样在切线上就分别得到圆曲线各点的垂足点，如图 9-11 所示。

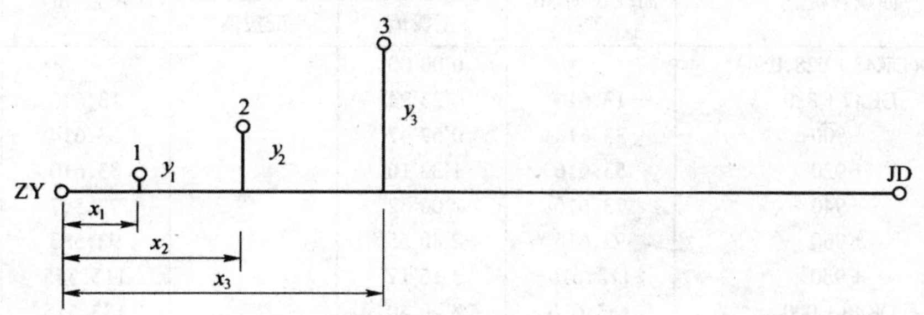

图 9-11　切线支距法设点示意图

(2)从垂足点用方向架或皮尺(勾股定理)定出切线的垂线方向，沿垂线方向分别量取相应的 y 值，即得圆曲线上各点，直至 QZ 点。

(3)同法，测出另一半曲线的各点。

这种方法具有测点误差不积累的优点，适用于平坦开阔地区。由于全站仪的普及，该法已很少使用。

(二)偏 角 法

圆曲线的切线与曲线上某点的弦线的夹角称为偏角。偏角法就是根据圆曲线上某点的偏角和弦长来测设圆曲线。

1. 测设资料的计算

测量上所用的偏角，实际上就是数学上的弦切角。如图 9-12 所示，圆曲线上某一点的弦切角等于其圆心角的一半。

$$\varphi_i = \frac{180° \cdot l_i}{\pi \cdot R}$$

$$\delta_i = \frac{1}{2}\varphi_i = \frac{90° \cdot l_i}{\pi \cdot R} \tag{9-8}$$

式中 φ_i ——圆曲线上某点 i 的圆心角；

δ_i ——圆曲线上某点 i 的偏角；

l_i ——圆曲线上某点至 ZY(YZ)的曲线长；曲线长 l_i 就等于该点的里程与 ZY(YZ)的里程之差。

为了检核计算，QZ 点的偏角应等于 $\alpha/4$，若由式(9-8)计算出来的 QZ 点的偏角等于 $\alpha/4$，说明计算正确，否则，检查计算过程。

由图 9-12 可知，弦长 c_i 可根据下式计算：

$$c_i = 2R\sin\frac{\varphi_i}{2} = 2R\sin\delta_i \tag{9-9}$$

根据式(9-8)、式(9-9)就可以计算出采用偏角法测设圆曲线的测设资料。

【例 4】根据例 2，采用偏角法测设圆曲线，试计算测设资料。

解：偏角法测设资料的计算具体见表 9-3。

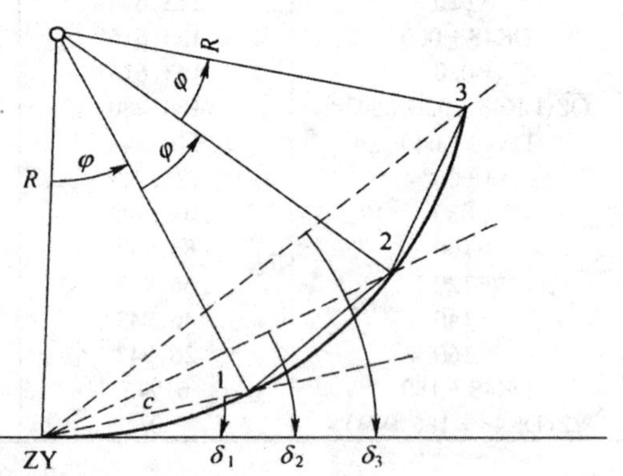

图 9-12 偏角法测设资料计算图示

表 9-3 偏角法坐标计算表

置镜点	曲线各桩点	曲线长 l_i(m)	偏角值		长弦(m)	短弦(m)
			正拨值	反拨值		
ZY	JD(DK48+028.050)		0°00′00″			
	DK47+880	13.616	0°23′24″		13.616	13.616
	+900	33.616	0°57′47″		33.614	20.000
	+920	53.616	1°32′10″		53.610	20.000
	+940	73.616	2°06′32″		73.597	20.000
	+960	93.616	2°40′55″		93.583	20.000
	+980	113.616	3°15′17″		113.555	20.000
	DK48+000	133.616	3°49′40″		133.515	20.000
	+020	153.616	4°24′03″		153.467	20.000
	QZ(DK48+026.664)	160.280	4°35′30″		160.108	6.664
YZ	QZ(DK48+026.664)	160.280		355°24′30″	160.108	13.336
	DK48+040	146.943		355°47′25″	146.810	20.000
	+060	126.943		356°21′48″	126.858	20.000
	+080	106.943		356°56′11″	106.889	20.000
	+100	86.943		357°30′33″	86.919	20.000
	+120	66.943		358°04′56″	66.931	20.000
	+140	46.943		358°39′19″	46.939	20.000
	+160	26.943		359°13′41″	26.942	20.000
	DK48+180	6.943		359°48′04″	6.943	6.943
	JD(DK48+028.050)			0°00′00″		
备注	$\alpha/4 = 18°22′00″/4 = 4°35′30″$，$R = 1000$ m ZY：DK47+866.384，QZ：DK48+026.664，YZ：DK48+186.943					

2. 设置方法

(1)如图 9-13 所示,在 ZY 点上安置经纬仪,瞄准 JD,使水平度盘读数等于 0°00′00″。

(2)松开照准部制动螺旋,转动照准部,使水平度盘读数为 δ_1,即 0°23′24″,然后沿视线方向量取 c_1,即 13.616 m,即得到第一点,打桩。

(3)继续转动照准部,使水平度盘读数为 δ_2,即 0°57′47″,从第一点起丈量 20 m,且与经纬仪视线相交,得第二点,打桩。

同样测设 3,4,…,直至 QZ 点。

(4)将仪器搬至 YZ 点,按照上述方法设置另一半曲线。

由于全站仪的广泛使用,也可在 ZY 安置全站仪,根据偏角和长弦,用极坐标法测设曲线。

《新建铁路工程测量规范》规定,偏角法测设曲线闭合差限差为:

横向误差(沿半径方向)　10 cm;

纵向误差(沿切线方向)　$\frac{1}{2000}$。

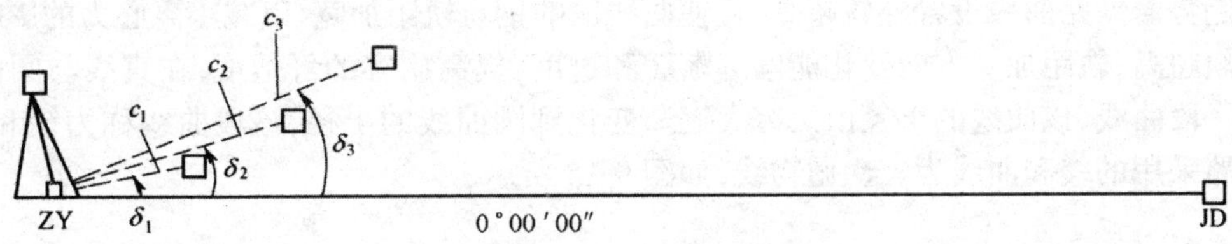

图 9-13　偏角法设点示意图

(三)任意点坐标法

用任意点坐标法测设圆曲线,首先建立一个坐标系。通常以 ZY 点为坐标原点;以切线方向为坐标纵轴,x 轴;以半径方向为坐标横轴,y 轴。

1. 测量任意置镜点坐标

如图 9-14 所示,在待测的圆曲线附近,选择视野开阔,便于安置仪器的 A 点,作为测设圆曲线的置镜点。ZY 为坐标原点,设为 O 点,安置全站仪;测量 OA 的距离;测量 OA 与圆曲线切线间的水平角,即直线 OA 在该坐标系中的方位角 α_{OA};则 A 点的坐标为

$$\left.\begin{aligned} x_A &= D \cdot \cos\alpha_{OA} \\ y_A &= D \cdot \sin\alpha_{OA} \end{aligned}\right\} \tag{9-10}$$

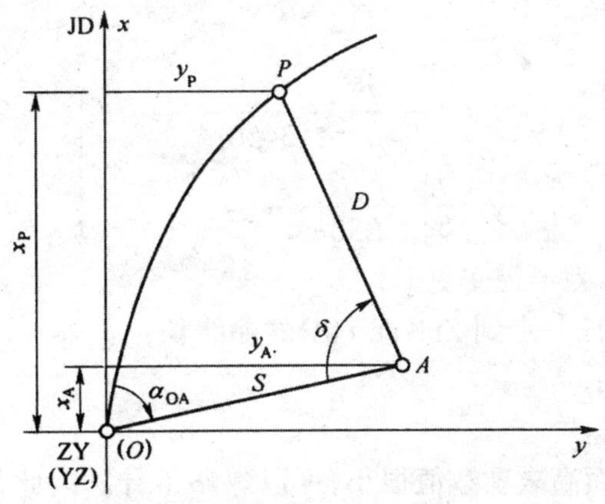

图 9-14　任意点坐标法测设示意图

2. 计算测设资料

利用公式(9-7),计算圆曲线待测点坐标。

3. 设置方法

在 A 点安置全站仪,根据全站仪坐标放样功能,依次测设圆曲线上各点。

(四)精度校核

任意点坐标法测设圆曲线时,应加强检核,检核数每百米不宜少于1个点,中桩检测点位误差不应超过10 cm。当置镜点多于2个时,切线控制点应形成闭合多边形,闭合差精度要求同导线测量精度。

第三节 缓 和 曲 线

列车在行驶中,当从直线驶入圆曲线时会产生离心力,离心力的作用有使列车向曲线外侧倾倒的趋势。铁路曲线设置外轨超高,且使曲线段的钢轨轨距加宽,以减小离心力的影响。为了使外轨超高、轨距加宽方向变化能够逐渐缓和过度,提高旅客的舒适度,在直线与圆曲线之间插入一段曲线,该曲线的半径由无穷大逐渐变化到圆曲线的半径,该段曲线称为缓和曲线。我国铁路采用的缓和曲线为三次抛物线,如图9-15所示。

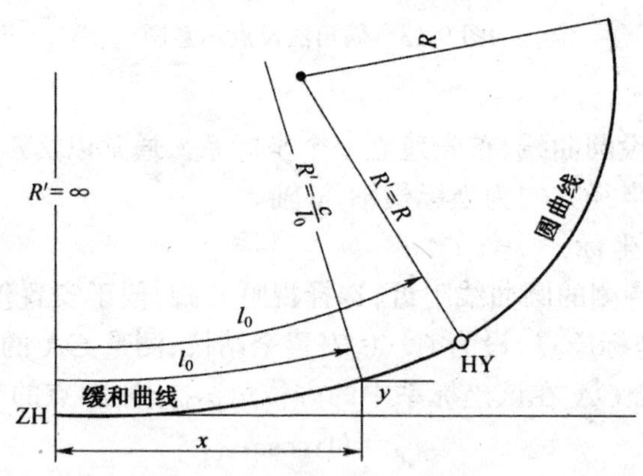

图 9-15 缓和曲线计算图示

缓和曲线方程式为

$$\left.\begin{aligned} x &= l - \frac{l^5}{40c^2} + \frac{l^9}{3456c^4} - \cdots \\ y &= \frac{l^3}{6c} - \frac{l^7}{336c^3}\cdots \end{aligned}\right\} \tag{9-11}$$

式中 $c = Rl_0$,为常数,称为半径变更率;

l——缓和曲线上任一点到ZH(或HZ)的曲线长;

R——圆曲线半径;

l_0——缓和曲线长。

实际应用时,由于后面高次项数值很小,可以忽略不计。因此,缓和曲线的方程式常见的形式为

$$\left.\begin{aligned} x &= l - \frac{l^5}{40R^2 l_0^2} \\ y &= \frac{l^3}{6Rl_0} \end{aligned}\right\} \tag{9-12}$$

第四节　加缓和曲线后曲线的基本要素的计算和主点的设置

一、加缓和曲线后曲线的变化

在两端切线已经确定的情况下，如果在圆曲线的两端加入缓和曲线，必须采用合适的方法才能使两种曲线圆顺连接，长度适当。为了设置缓和曲线，圆曲线必须向内移动。圆曲线内移有两种方法：一种是圆心内移，半径不变；另一种是圆心不动，半径减小。我国铁路上目前采用的是第一种方法。如图 9-16 所示。

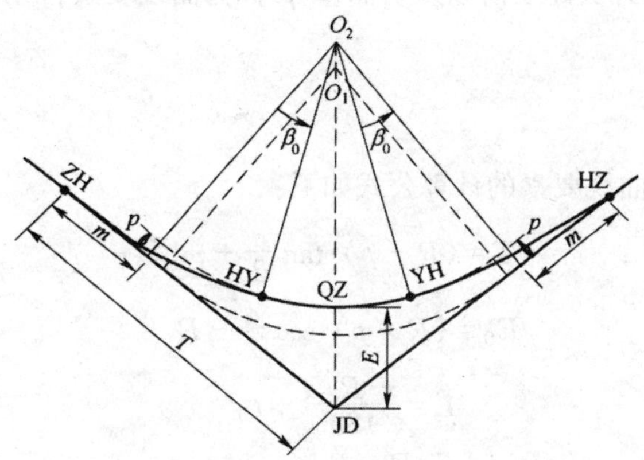

图 9-16　加缓和曲线的综合曲线

由于圆心内移，致使圆曲线在原来切点处沿垂线方向也内移。该内移量称为内移距 p。

内移距 p 的计算公式为

$$p = \frac{l_0^2}{24R} - \frac{l_0^4}{2\,688R^3} \approx \frac{l_0^2}{24R} \tag{9-13}$$

由于圆心的移动，以及加入缓和曲线等原因，则曲线起终点不在原来的位置。起终点的位置各向两侧延长了 m 值，所以由图 9-17 中明显看出，曲线的总长度比原来增长了，每侧增长的数值约为 m。m 称为切垂距，即切点至垂足的距离。

切垂距 m 的计算公式为

$$m = \frac{l_0}{2} - \frac{l_0^3}{240R^2} \tag{9-14}$$

从上式看出，第二项数值较小，所以在一般情况下，可近似的认为 m 为缓和曲线长的一半。

由图 9-16 可知，移动后的曲线中，圆曲线的长度比原来缩短了，圆曲线两端原来的圆弧已被缓和曲线所代替。缓和曲线与圆曲线相接处的半径和从 O_2 向切线所作的垂线间的夹角为 β_0，称为缓和曲线切线角，计算公式为

$$\beta_0=\frac{l_0}{2R}(\text{弧度})=\frac{90\cdot l_0}{\pi R}(\text{度}) \tag{9-15}$$

缓圆点坐标 x_0、y_0 的计算公式为

$$\left.\begin{aligned} x_0 &= l_0-\frac{l_0^3}{40R^2} \\ y_0 &= \frac{l_0^2}{6R} \end{aligned}\right\} \tag{9-16}$$

加设缓和曲线后,各主要点的名称如下:

直缓点——沿线路前进方向,直线与曲线的连接点,即曲线的起点,用 ZH 表示;

缓圆点——沿线路前进方向,缓和曲线与圆曲线的连接点,用 HY 表示;

曲中点——曲线中点,仍然用 QZ 表示;

圆缓点——沿线路前进方向,圆曲线与缓和曲线的连接点,用 YH 表示;

缓直点——沿线路前进方向,缓和曲线与直线的连接点,用 HZ 表示。

切线长 T,曲线长 L,外矢距 E_0,以及切曲差 q,称为曲线要素;p、m、β_0 称为缓和曲线常数。

二、曲线要素的计算

根据图 9-16 所示,各曲线要素的计算公式如下:

切线长　$T=(R+p)\cdot\tan\frac{\alpha}{2}+m$

外矢距　$E_0=(R+p)\cdot\sec\frac{\alpha}{2}-R$　(9-17)

曲线长　$L=\frac{\pi\cdot R\cdot\alpha}{180^\circ}+l_0$

或　$L=\frac{\pi\cdot R}{180^\circ}(\alpha-2\beta)+2l_0$

切曲差　$q=2T-L$

曲线要素可以从《铁路曲线测设用表》第一册或第二册中查出。缓和曲线常数 β_0, m, p 可在第三册的缓和曲线常数表中查出。

【例 5】已知 $\alpha_y=18^\circ22'00''$, $R=1\,000$ m, $l_0=70$ m,计算曲线的各要素 T、L、E_0、q。

解:要计算曲线的各要素,先求出缓和曲线的常数 β_0, m, p。

$$\beta_0=\frac{90\cdot l_0}{\pi R}=\frac{90\times 70}{\pi\times 1\,000}=2^\circ00'19''$$

$$p=\frac{l_0^2}{24R}=\frac{70^2}{24\times 1\,000}=0.204\text{ m}$$

$$m=\frac{l_0}{2}-\frac{l_0^3}{240R^2}=\frac{70}{2}-\frac{70^3}{240\times 1\,000^2}=34.999\text{ m}$$

$$T=(R+p)\cdot\tan\frac{\alpha}{2}+m=(1\,000+0.204)\times\tan\frac{18^\circ22'00''}{2}+34.999=196.698\text{ m}$$

$$L=\frac{\pi\cdot R\cdot\alpha}{180^\circ}+l_0=\frac{\pi\times 1\,000\times 18^\circ22'00''}{180^\circ}+70=390.560\text{ m}$$

$$E_0=(R+p)\cdot\sec\frac{\alpha}{2}-R=(1\,000+0.204)\times\sec\frac{18^\circ22'00''}{2}-1\,000=13.190\text{ m}$$

$$q = 2T - L = 2 \times 196.698 - 390.559 = 2.836\,\mathrm{m}$$

三、主点里程计算

主点的里程计算与圆曲线的主点里程计算方法基本相同,现用例 5 数据,若 JD 的里程为 DK48+028.048,则各主要点的里程计算如下:

JD 里程	DK48+028.048
$-T$	-196.698
ZH 里程	DK47+831.350
$+l_0$	$+70$
HY 里程	DK47+901.350
$+\frac{L}{2}-l_0$	$+\frac{390.560}{2}-70$
QZ 里程	DK48+026.630
$+\frac{L}{2}-l_0$	$+\frac{390.560}{2}-70$
YH 里程	DK48+151.910
$+l_0$	$+70$
HZ 里程	DK48+221.910

计算检核:

JD 里程	DK 48+028.048
$+T$	$+196.698$
	DK48+224.746
$-q$	-2.836
HZ 里程	DK48+221.910

HZ 里程的两个计算结果相同,说明计算无误。

四、主要点的设置

加缓和曲线后曲线主要点的设置与圆曲线主要点的设置方法基本相同。缓圆点坐标为 x_0, y_0,如图 9-17 所示。

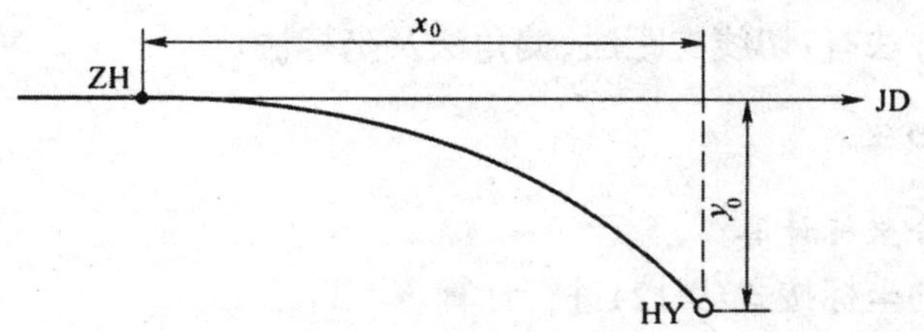

图 9-17　缓和点坐标

在例 5 中,根据公式(9-16)可以计算出 HY 点的坐标:

$$x_0 = l_0 - \frac{l_0^3}{40R^2} = 70 - \frac{70^3}{40 \times 1\,000^2} = 69.991\,\mathrm{m}$$

$$y_0=\frac{l_0^2}{6R}=\frac{70^2}{6\times1\,000}=0.817\,\text{m}$$

曲线主点测设步骤：

(1)在交点 JD 安置仪器，瞄准直线转点或相邻交点，归零；沿切线方向量出 $T-x_c$ 分别打入木桩得点 x_c，如图 9-18 所示；

(2)从 x_c 点向曲线起点或终点方向量取 x_0 值，打入木桩即得到直缓点 ZH 或缓直点 HZ；距离要往返丈量，精度应到达 1/2 000；

(3)转动照准部，使水平读数为 $90°-\frac{\alpha_L}{2}$ 或 $270°+\frac{\alpha_R}{2}$，此时沿望远镜视线方向，量取外矢距 E_0，打桩嫉得到曲中点 QZ；

(4)将经纬仪移至 x_c 桩上，瞄准交点 JD，使水平度盘读数对到 0°00′00″，转动照准部，使读数对到 90°(或 270°)，从 x_c 沿望远镜视线方向量 y_0 值，打木桩即得缓圆点 HY 或圆缓点 YH。

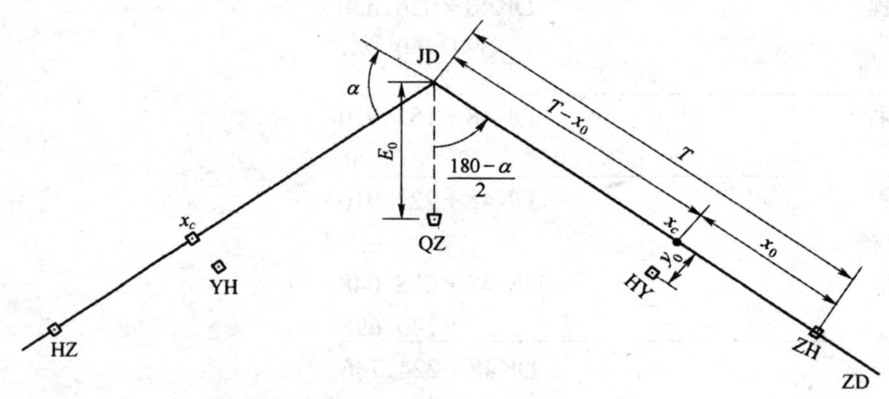

图 9-18　曲线主点设置图示

第五节　加缓和曲线后曲线的详细测设

曲线的主点测设后，可进行曲线的详细设置。加入缓和曲线后的曲线的详细测设，缓和曲线部分每 10 m 测设一点，圆曲线部分按整桩号法设置，即圆曲线部分每 20 m 测设一点，第一点里程凑整为 20 m 的整倍数。

曲线详细测设的方法有：切线支距法、偏角法及坐标法。

一、切线支距法

(一)缓和曲线部分坐标计算

缓和曲线上各点的坐标按式(9-12)进行计算。

(二)圆曲线部分坐标计算

夹在两缓和曲线中间的圆曲线上各点的坐标计算，如图 9-19 所示。

$$\begin{aligned}x_i&=R\cdot\sin\alpha_c+m\\y_i&=R\cdot(1-\cos\alpha_c)+p\\\alpha_c&=\frac{180(l_i-l_0)}{\pi\cdot R}+\beta_0\end{aligned}\tag{9-18}$$

式中　x_i, y_i ——两缓和曲线圆曲线上某点的坐标；

l_i ——圆曲线上某点至 ZH(或 HZ)的弧长；

α_c ——圆曲线上某点的半径与从圆心向切线所作垂线间的夹角。

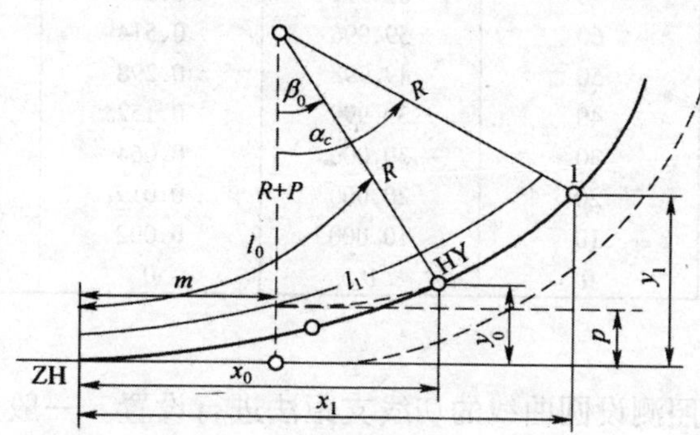

图 9-19　切线支距法坐标计算图示

将圆曲线上各点的 l_i 值代入式(9-18)，即可求出 α_c 值。根据求出 α_c 值，可求出各点的坐标。

【例 6】　根据例5，采用切线支距法测设加缓和曲线后的曲线，试计算测设资料。

解：切线支距法测设资料的具体计算见表 9-4。

表 9-4　切线支距法坐标计算表

曲线各桩点	桩点至曲线起点(终点)的弧长 l_i	横坐标 x	纵坐标 y	备　注
ZH(DK47+831.350)	0	0	0	
DK47+841.350	10	10.000	0.002	
+851.350	20	20.000	0.019	
+861.350	30	30.000	0.064	$x_i = l_i - \frac{l_i^5}{40R^2 l_0^2}$
+871.350	40	39.999	0.152	$y_i = \frac{l_i^3}{6R \cdot l_0}$
+881.350	50	49.998	0.298	
+891.350	60	59.996	0.514	
HY(DK47+901.350)	70	69.991	0.817	
DK47+920	88.650	70.094	0.820	
+940	108.650	108.581	2.915	
+960	128.650	128.511	4.586	
+980	148.650	148.403	6.655	
DK48+000	168.650	168.250	9.122	
+020	188.650	188.044	11.985	$x_i = R \cdot \sin\alpha_c + m$
QZ(DK48+026.630)	195.280	194.592	13.021	$y_i = R \cdot (1-\cos\alpha_c) + p$
DK48+040	181.910	181.380	10.976	$\alpha_c = \frac{180(l_i - l_0)}{\pi \cdot R} + \beta_0$
+060	161.910	161.567	8.246	
+080	141.910	141.704	5.913	
+100	121.910	121.798	3.978	
+120	101.910	101.858	2.442	
+140	81.910	81.890	1.304	

续上表

曲线各桩点	桩点至曲线起点(终点)的弧长 l_i	横坐标 x	纵坐标 y	备　注
YH(DK48+151.910)	70	69.991	0.817	$\left.\begin{aligned} x_i &= l_i - \frac{l_i^5}{40R^2 l_0^2} \\ y_i &= \frac{l_i^3}{6R \cdot l_0} \end{aligned}\right\}$
+161.910	60	59.996	0.514	
+171.910	50	49.998	0.298	
+181.910	40	39.999	0.152	
+191.910	30	30.000	0.064	
+201.910	20	20.000	0.019	
DK48+211.910	10	10.000	0.002	
HZ(DK48+221.910)	0	0	0	

(三) 设置方法

各点坐标求出后,按照测设圆曲线的切线支距法进行设置。一般是自直缓点及缓直点各测设一半,测完后用钢尺丈量、相邻点间的距离,检查是否为 20 m 或 10 m,检查最后一点至曲中点的距离是否正确。

二、偏 角 法

(一)缓和曲线部分偏角计算

在图 9-20 中,设距起点距离为 l_i 的 t 点的偏角为 i_t,因为 i_t 角甚小,可按下式计算

$$i_t = \frac{l_i^2}{6Rl_0}(\text{rad}) \tag{9-19}$$

式中　l_i ——缓和曲线上任意一点至 ZH(或 HZ)的曲线长。

当时 $l_i = l_0$ 时,

$$i_0 = \frac{l_0^2}{6Rl_0} = \frac{l_0}{6R}(\text{rad}) \tag{9-20}$$

$$\beta_0 = \frac{l_0^2}{2R}(\text{rad})$$

$$i_0 = \frac{1}{3}\beta_0 \tag{9-21}$$

由图 9-20 可知:

$$b_0 = \beta_0 - i_0 = \frac{2}{3}\beta_0 \tag{9-22}$$

其中 i_0 称为缓和曲线的总偏角,b_0 称为缓和曲线的反偏角。

第一点偏角

$$i_1 = \frac{i_0}{n^2} \tag{9-23}$$

式中　n ——缓和曲线测点数。

缓和曲线上第一点的偏角 i_1,称为缓和曲线基本角,其他各点的偏角等于其点号的平方乘以缓和曲线基本角。

缓和曲线弦长计算为

$$c_i = l_i - \frac{l_i^5}{90R^2 \cdot l_0^2} \tag{9-24}$$

(二)圆曲线部分偏角计算

圆曲线偏角

$$\delta_i = \frac{90 \cdot l_i}{\pi \cdot R}$$

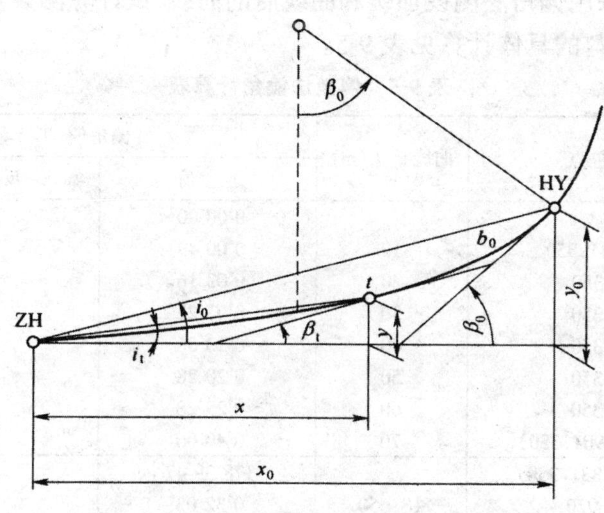

图 9-20　偏角法测设缓和曲线

设置圆曲线部分时，仪器应从 ZH 搬到 HY。圆曲线部分的测设，关键是找出 HY(或 YH)的切线方向。

如图 9-21 所示，在 HY(或 YH)上安置经纬仪，瞄准 ZH(或 HZ)，使水平度盘读数等于(180°±b_0)(当曲线相对于切线为左转时用"+"，为右转时用"-")，平转照准部，当水平度盘读数等于 0°00′00″时，该方向即为 HY(或 YH)的切线方向。该种方法可以避免 2c 误差的影响。

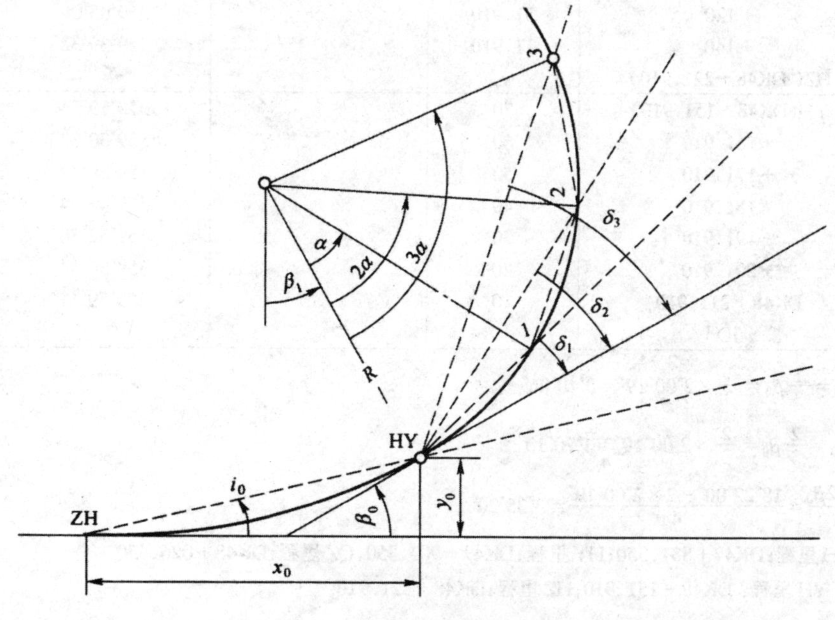

图 9-21　偏角法测设圆曲线

应该注意仪器在 HY 或 YH 对于 QZ 点的偏角 i_{QZ}等于$\frac{\alpha-2\beta}{4}$,而不能按$\frac{\alpha}{4}$计算。

【例 7】根据例 5,采用偏角法测设加缓和曲线后的曲线,试计算测设资料。

解:偏角法测设资料的具体计算见表 9-5。

表 9-5 偏角法偏角计算表

置镜点	曲线各桩点	曲线长 l_i(m)	偏角值		弦长(m)
			正拨值	反拨值	
ZH	JD		0°00′00″		
	DK47+841.350	10	0°00′49″		10.000
	+851.350	20	0°03′16″		20.000
	+861.350	30	0°07′22″		30.000
	+871.350	40	0°13′06″		40.000
	+881.350	50	0°20′28″		49.999
	+891.350	60	0°29′28″		59.998
	HY(DK47+901.350)	70	0°40′06″		69.996
HY	ZH(DK47+831.350)		178°39′47″		
	DK47+920	18.650	0°32′03″		18.646
	+940	38.650	1°06′26″		38.647
	+960	58.650	1°40′49″		58.644
	+980	78.650	2°15′11″		78.626
	DK48+000	98.650	2°49′34″		98.610
	+020	118.650	3°23′57″		118.584
	QZ(DK48+026.630)	125.280	3°35′20″		125.194
YH	QZ(DK48+026.630)	125.280		356°24′40″	125.194
	DK48+040	111.910		356°47′38″	111.856
	+060	91.910		357°22′01″	91.879
	+080	71.910		357°56′24″	71.892
	+100	51.910		358°30′46″	51.908
	+120	31.910		359°05′09″	31.909
	+140	11.910		359°39′32″	11.910
	HZ(DK48+221.910)				
HZ	YH(DK48+151.910)	70		359°19′54″	69.996
	+161.910	60		359°30′32″	59.998
	+171.910	50		359°39′32″	49.999
	+181.910	40		359°46′54″	40.000
	+191.910	30		359°52′38″	30.000
	+201.910	20		359°56′44″	20.000
	DK48+211.910	10		359°59′11″	10.000
	JD				
备注	$i_0=\frac{1}{3}\beta_0=\frac{1}{3}\times2°00'19''=0°40'06''$ $b_0=\frac{2}{3}\beta_0=\frac{2}{3}\times2°00'19''=1°20'13''$ $\frac{\alpha-2\beta_0}{4}=\frac{18°22'00''-2\times2°00'19''}{4}=3°35'20''$ ZH 里程:DK47+831.350;HY 里程:DK47+901.350,QZ 里程:DK48+026.630 YH 里程: DK48+151.910,HZ 里程:DK48+221.910				

(三)设置方法

(1)在 ZH 点安置经纬仪,瞄准交点(JD),使水平度盘读数等于 0°00′00″(归零);

(2)转动照准部,使水平度盘的读数等于 i_1,得到第一点的方向,然后沿此视线方向量取第一点的弦长 c_1,打桩即得第一点;

(3)继续转动照准部,使水平度盘读数等于 i_2,从第一点起丈量 10 m,且与经纬仪视线相交,得第二点,打桩。同理测出 3,4,…,至 HY 点,并与主点桩校核;

(4)将仪器移至 HY 点,找出 HY 点的切线方向;

(5)同样,测出圆曲线上各点,直至 QZ 点;

(6)按照同样的方法测设另一半曲线。

在采用偏角法测设曲线的时候,一定要注意曲线相对于切线是右转还是左转,以确定所拨的角度是正拨还是反拨。当曲线相对于切线是右转时,采用正拨值;当曲线相对于切线是左转时,采用反拨值。

利用全站仪,根据偏角和长弦,可用极坐标法测设曲线。

《新建铁路工程测量规范》规定,偏角法测设曲线闭合差限差为

横向误差(沿半径方向)　10 cm;

纵向误差(沿切线方向)　$\frac{1}{2000}$。

三、坐标法

加入缓和曲线后曲线,采用坐标法测设步骤同圆曲线,在这里不再详细介绍。

1. 铁路新线的线路测量主要有哪些程序?各有哪些内容?

2. 铁路线路的平面组成形式主要有哪些?

3. 定测放线的方法主要有哪些?各适用于何种情况?

4. 试述拨角放线法的步骤与方法。

5. 什么是路线的右角?什么是路线的转向角?它们之间有什么关系?如何区分是右转向角还是左转向角?已知一测量员测得某路线的右角 $\beta_{右}=228°18'48''$,计算该转向角的大小,并说明是左转向角还是右转向角。

6. 如图 9-22 中,初测导线点 C_1 的坐标为 $x_0=10\,117$ m, $y_0=10\,259$ m; C_1C_2 边的坐标方位角为 72°14′06″;从图上量得中线交点 JD_1 的坐标为: $x_1=10\,045$ m, $y_1=10\,268$ m; JD_2 的坐标为: $x_2=11\,186$ m, $y_2=12\,094$ m,试计算用拨角放线法测设 JD_1 和 JD_2 所需要的资料。

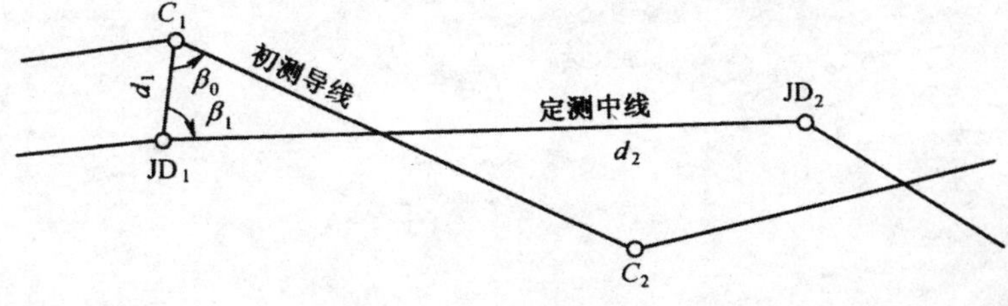

图 9-22　题 6 图

7. 曲线的详细测设主要有哪些方法？各适用于什么情况？

8. 什么是正拨与反拨？它们与曲线测设的方向有什么关系？

9. 已知：$\alpha_y=28°30'18''$，$R=1\,000$ m，JD—DK18＋128.18，求：

(1)计算各主点里程；

(2)列表计算各点的切线支距坐标(采用整桩号法，第一点里程凑整为20 m的倍数)；

(3)列表计算各点的偏角(采用整桩号法，第一点里程凑整为20 m的倍数)。

10. 已知：$\alpha_y=18°28'48''$，$R=1\,000$ m，$l_0=60$ m，JD—DK18＋128.18，求：

(1)计算各主点里程，并结合具体的数据说明主点测设的步骤；

(2)列表计算各点的切线支距坐标(圆曲线部分采用整桩号法，第一点里程凑整为20 m的倍数)；

(3)列表计算各点的偏角(圆曲线部分采用整桩号法，第一点里程凑整为20 m的倍数)；

(4)结合具体的数据说明仪器安置于HY，如何找HY点的切线方向。

11. 曲线测量中如何检核纵向误差和横向误差？它们的允许值是多少？

12. 什么是正、倒镜分中法？简述正、倒镜分中法的步骤。

13. 在缓和曲线及圆曲线上用偏角法施测，若遇有障碍时如何测设？如 $R=1\,000$ m，$l_0=100$ m，仪器在第六点时用公式计算对于前后各点的偏角(每10 m一点)，若在距ZH点80 m处有一涵洞，求仪器在第六点对于涵洞中心的偏角。

第十章

铁路线路断面测量

本章提要：本章主要介绍铁路线路纵、横断面测量的方法，纵横断面图的绘制方法。

铁路线路断面测量包括纵断面测量和横断面测量。

纵断面测量就是根据水准点高程，沿着地面已定出的线路中线，测出各中桩桩前地面高程，并根据测得的高程和各中桩里程，绘制线路纵断面图。纵断面测量又称为定测高程测量、中平测量或中桩水准测量。纵断面测量是在沿线水准点高程测量的基础上进行的，以水准点高程为依据。沿线水准点高程的测量又称为基平测量。因此基平测量和中平测量统称为线路水准测量。

横断面测量是在中平测量的基础上测量垂直于线路方向的地面起伏形状的工作；并根据测得的资料，绘制出中线两侧起伏变化的线路横断面图。

第一节　线路纵断面测量

线路纵断面测量是线路纵断面设计的重要依据。线路纵断面设计主要是根据地形条件和行车要求确定线路的坡度、路基的标高和填挖高度，以及沿线桥涵、隧道的位置等许多重要问题。因此，线路纵断面测量包括两方面内容，线路中桩高程测量和绘制纵断面图。纵断面的测量方法常采用水准仪进行中平测量；隧道顶及个别深沟的中桩高程也可以采用三角高程测量。

一、线路中桩高程测量

(一)观测方法

线路中桩高程测量，一般对中桩进行两次观测，从一个水准点开始，沿中线测出各中桩高程，到另一个水准点进行闭合检查。

测量时，在每个测站上，除了观测高程转点的读数，还要逐个观测中桩水准尺读数。中桩水准尺读数称为中视读数。为了防止仪器下沉的影响，观测的顺序宜为后视—前视—中视。如图 10-1 所示。安置水准仪于测站Ⅰ，读出 BM_{13}的后视读数 2.129，再读转点前视读数 1.012，最后再读中视读数。分别记入表中。如表 10-1 所示。注意在纪录时应注意预留出填写中视读数的格数。

由于转点起着传递高程的作用，所以前后视读数应读到毫米，而中桩不起传递高程的作用，中视读数读到厘米即可。

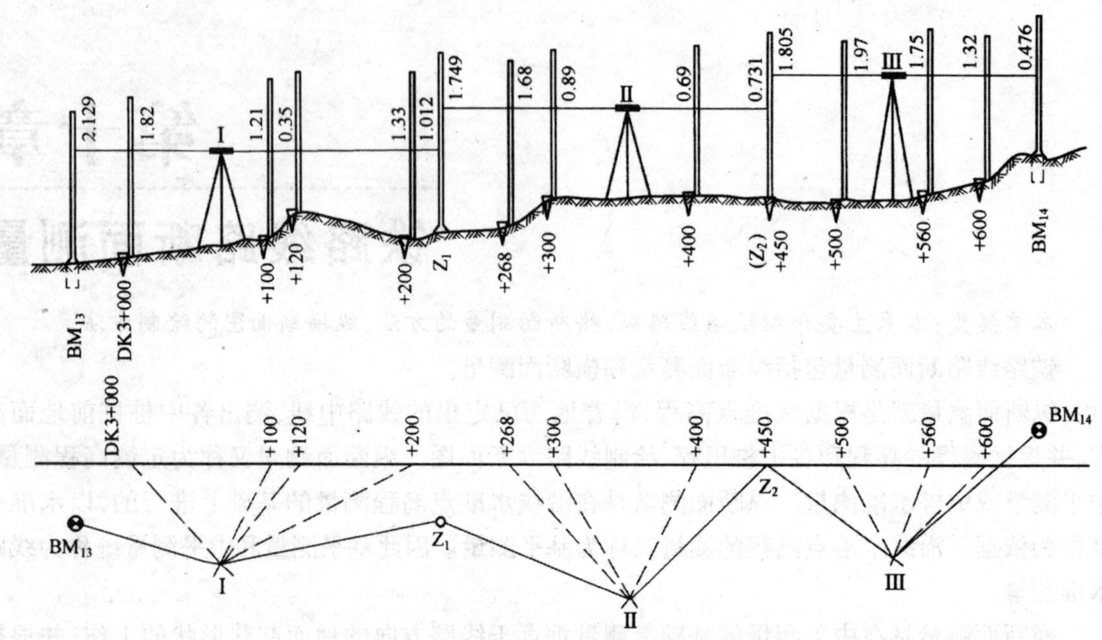

图 10-1　线路中桩高程测量示意图

表 10-1　水准测量纪录

测点	后视(m)	仪器高程(m)	中视(m)	前视(m)	计算高程(m)	附注
BM_{13}	2.129	217.591			215.462	原有 215.462
DK3+000			1.82		215.77	
+100			1.21		216.38	
+120			0.35		217.24	
+200			1.33		216.26	
Z_1	1.749	218.328		1.012	216.579	
+268			1.68		216.65	
+300			0.89		217.44	
+400			0.69		217.64	
(Z_2)+450	1.805	219.402		0.731	217.597	
+500			1.97		217.43	
+560			1.75		217.65	
+600			1.32		218.08	
BM_{14}				0.476	218.926	原有 218.917
Σ	5.683			2.219		
计算与检核	$f_h=\sum a-\sum b-(H_{BM_{14}}-H_{BM_{13}})$ $=(5.683-2.219)-(218.917-215.462)$ $=0.009\,m$ $f_{h容}=\pm 50\sqrt{L}=\pm 50\sqrt{0.6}=\pm 39\,mm$　$f_h<f_{h容}$　合格					

第Ⅰ站观测完毕后，搬仪器至测站Ⅱ，按上述方法继续观测，至BM_{14}闭合。

(二)计算与检核

计算高程是在纪录表中进行的。其计算公式为

$$仪器高程=后视点高程+后视读数$$

$$中桩高程=仪器高程-中视读数$$
$$转点高程=仪器高程-前视读数$$

如表 10-1 中：

测站Ⅰ的仪器高程 $H_i=H_{13}+a_1=215.462+2.129=217.591\,\text{m}$

中桩 DK3+000 高程 $=217.591-1.82=215.77\,\text{m}$

转点 Z_1 的高程 $=217.591-1.012=216.579\,\text{m}$

闭合差计算与校核：

$$h_{测}=\sum a-\sum b=5.683-2.219=+3.464\,\text{m}$$

原已知高差 $h_{原}=H_{14}-H_{13}=+3.455\,\text{m}$

则闭合差为 $f_h=h_{测}-h_{原}=+9\,\text{mm}$

《新建铁路工程测量规范》(TB 10101—99)规定：纵断面测量允许闭合差 $f_{h容}=\pm 50\sqrt{L}$ (mm)，式中 L 为附合水准路线的长度，单位为千米。

例如本例 $L=0.6\,\text{km}$。

则：

$$f_{h容}=\pm 50\sqrt{L}=\pm 50\sqrt{0.6}=\pm 39\,\text{mm}$$
$$f_h<f_{h容}\quad 合格$$

测量精度合格后，即可计算表 10-1 中各点高程。

为了防止产生错误，观测应进行两次，两次测得的中桩高程进行对比，同一个桩的两个高程不得相差±100 cm。在允许范围内，以第一次测量结果为准。如果超限，则应重新观测。

中平测量不仅可以用水准测量方法测量中桩高程，也可采用全站仪测量。全站仪测量更适用于隧道顶部和个别深沟的中桩测量。中桩高程测量时，应注意以下几点：

(1)转点应设在稳固处。

(2)测量时按中桩号表进行，并应与地面中桩号核对，以免漏测。

(3)收工前，应测到水准点闭合，若测不到水准点，应在收工处设稳固的转点，并要测出该转点的高程。

(三)跨过深谷的测量

当线路中线跨过深谷时，如图 10-2 所示。为了避免由于经过沟底而设置过多的转点，并产生误差，可以先在沟的对岸设置转点 Z_2；读取前视读数 b_2，然后再进入沟底观测。不过沟底各点的读数应另行纪录。

为了消除由测站 1 前视转点 Z_2 时，视线过长而引起的误差，在设置测站 4 时，可将后视转点 Z_2 的距离适当加长，这样，可以以测站 4 产生的误差来抵消测站 1 的误差。

二、线路纵断面图的绘制

线路纵断面图是沿线路中心的垂直剖面图，是铁路设计的基础文件之一，它比较详细、形象地将线路中线经过的地形起伏、地质情况及设计的线路平、纵断面资料用图示法表示出来。如图 10-3 所示。

纵断面图是绘制在毫米方格纸上的。水平距离方向表示线路里程，竖直方向表示高程。为了明显地反映出中线起伏变化量，高程所用比例尺是水平距离比例尺的 10 倍。通常水平距离比例尺采用 1:10 000，而高程比例尺采用 1:1 000。

纵断面图的上部表示中线纵断面情况(线路中线地面起伏及线路中线的设计坡度线)和各

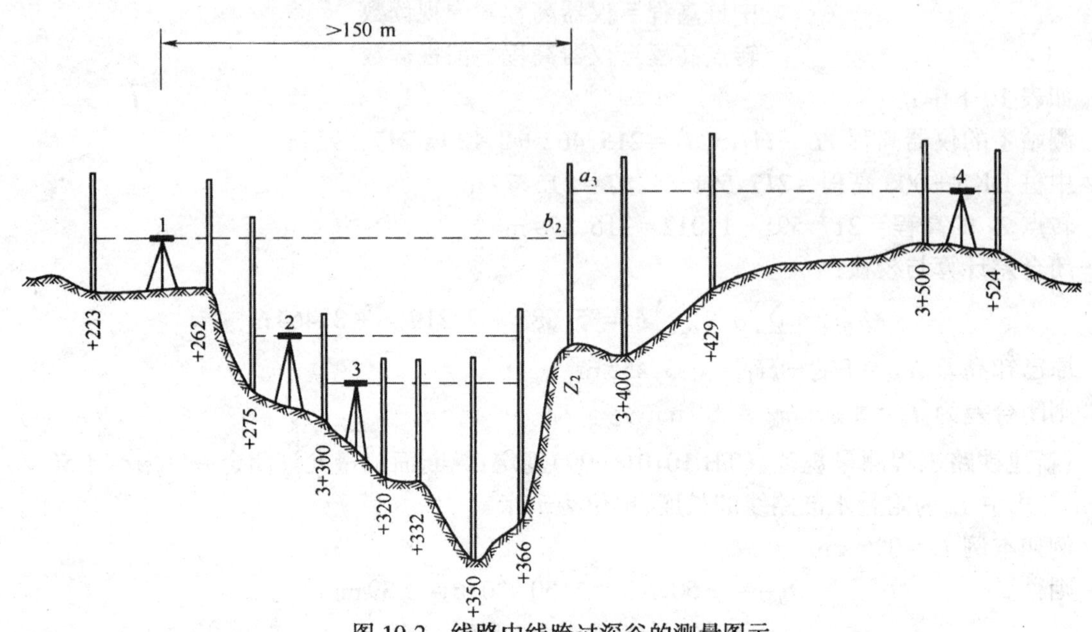

图 10-2　线路中线跨过深谷的测量图示

种桥隧、车站等建筑物及水准点位置等。下半部分表示线路中线地质情况及勘测和各项设计资料。

绘制纵断面图时,需按照图左边所规定的横栏位置,根据外业纪录资料,首先将里程、加桩按比例尺由左向右填写在里程、加桩栏内。方格的粗线为百米桩的位置。加桩栏内竖线表示加桩位置,旁边的数字表示离前一个百米桩的距离。

将各桩高程填注在地面标高栏内,并在图的上部按照规定的比例尺绘出位置,连接所绘出的各点,即为线路纵断面的地面线。由于高程数字一般很大,在绘图时,高程坐标不是由零开始,而是选定某一适当的高程开始,使绘出的断面在图纸的中央部分;由于线路连续升高或降低,当地面线超出图的范围时,则将高程坐标断开,重新选择起始标高。

由于先例局部改线或分段测量等原因,使连接处原百米桩里程与后测里程不一致,称为断链。如果测得的该点里程大于该点原有的里程,称为长链,否则称为短链。例如图 10-3 中两个勘测队的分段点,原有里程 DK65+300,而后测得的该点里程 DK64+299.84,则此处实际短链 1000.16 m。为了使百米桩在图纸上均绘在方格纸的粗线上,在这里仍按一个方格绘制而不按比例绘制,当需在上下各画一粗线段,在该方格内注明实际长度,例如图 10-3 中 DK64+200～300 之间实为 99.84 m。

在里程栏下面绘出线路平面图,曲线部分用折线表示,向上凸出时,表示曲线向右转,向下凸出时,表示曲线向左转。缓和曲线部分用斜线表示。圆曲线部分则用平行于线路的直线表示。在每个曲线上,要注明曲线要素。在曲线起终点上标注出离前一个百米桩的距离。

连续里程,是表示距线路起点的实际公里数,在公里标处也注明它与前一个百米桩的距离。

设计坡度栏内填注设计坡度及坡段长度,斜线倾斜的方向,表示上坡或下坡,斜线上的数字表示设计坡度的千分率,下面的数字为坡度长度,其单位为米。

路肩设计标高,是根据设计坡度及里程推算出来的。

工程地质特征栏内,填写沿线的地质情况。

关于设计线的确定、桥涵类型的选择、隧道位置的设计等问题,将在铁路设计等课程中学习。

1—2.0 m 拱涵 +656
1—2.0 m 拱涵 +746
1—12.0 m 小桥 +923
黄家沟隧道 540 m
钻 166
1—1.5 m 箱涵 +557
1—1.5 m 箱涵 +619
1—1.0 m 箱涵 +732
1—2.0 m 拱涵 +845
2—4.0 m 拱涵 +987
柳树坪
至黄石驿 11.240 km 24.2 nin
至刘庄 10.820 km 22.4 nin
DK63+130
钻 167 钻 168
1—2.0 m 拱涵 +451
1—2.0 m 拱涵 +557
1—12 m 小桥 +768
1—8.0 m 小桥 +932
1—12 m 小桥 +000
钻 169
1—16.0 m+5—23.8 m 沙河大桥
钻 172
黄家沟
BM40 576.508 在 DK62+935 左 25 m 柳树坪洋灰桩上
BM40-1 574.374 DK63+830 右 15 m 刘家弯至刘民房边洋灰桩上
99.84 第一勘设队定测终点 DK64+299.84 第二勘设队测起点 DIK65+300 短链 1000.16 m 断高—0.11 m
工程地质特征
横沟割切基岩出露变质砂岩夹片岩，棕黄色，片理不明显，节理发育，风化颇重，岩质坚硬，其间夹数厘米软弱层 V 级次坚石。[σ]=6 kg/cm²。
阶地边缘，平缓，砂黏土，棕黄色，黏性高 II 级土，边坡 1：0.75 卵石土灰黄色。II 级土。
地形平缓属冲积洪积交替地带，砂黏土，棕黄色，黏性大，土质不均匀，含砂及角砾多少不等，并夹有碎石块石尖灰体，半坚硬至可塑中等紧密。II 级土。
断层通过岩性呈泥状 II 级土。
路肩设计标高
设计坡度
地面标高
加桩
里程
线路平面
连续里程
264.96
α—25°27′00″ R—600 l—140 T—205.76 L—406.51
1567.67
α—31°28′00″ R—500 l—130 T—206.21 L—404.61
209.03

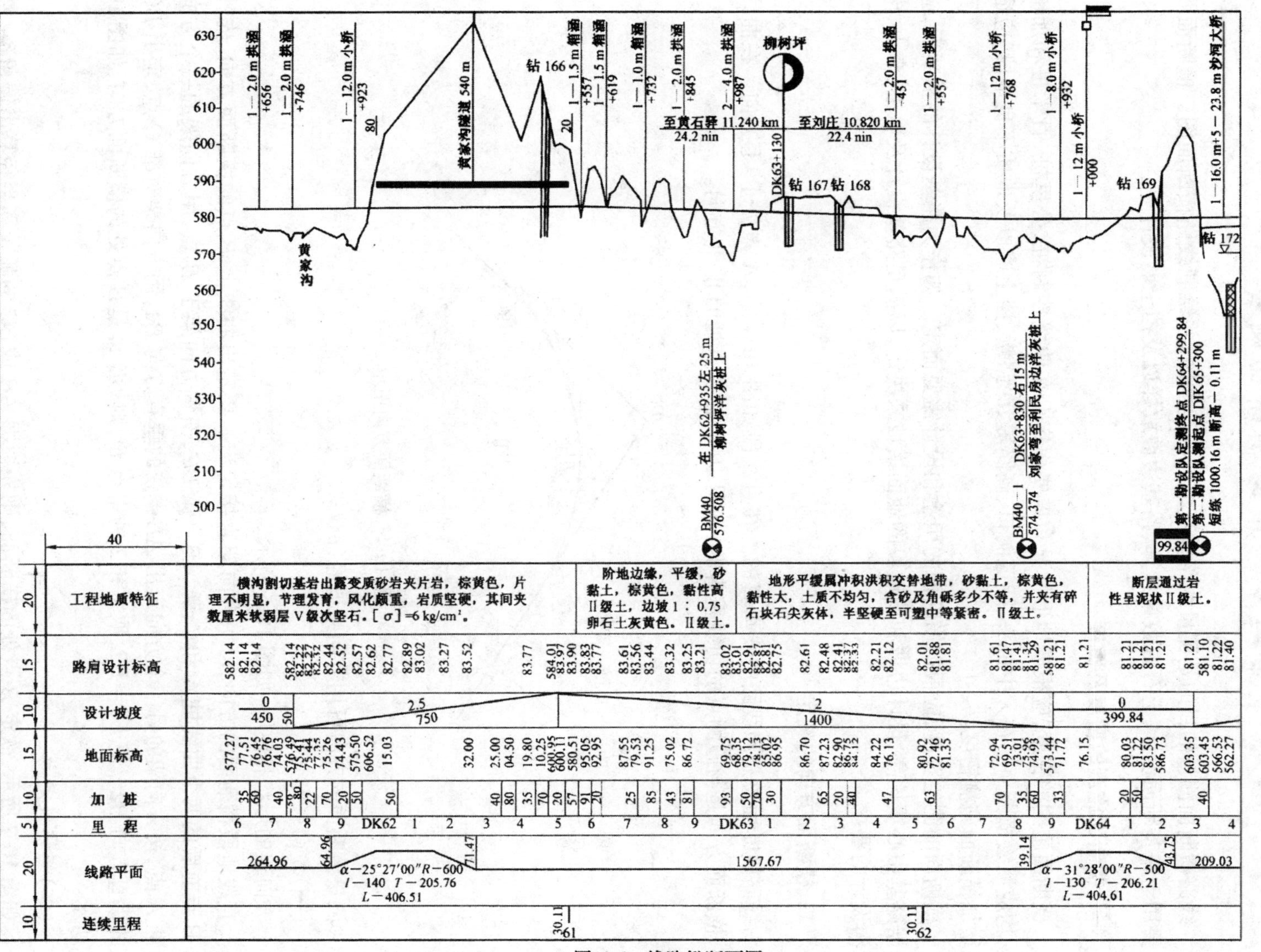

图10-3　线路纵断面图

第二节　线路横断面测量

线路横断面测量的目的是测量线路垂直方向的地面线,并绘制线路横断面图。横断面图主要用于路基断面设计、土石方数量计算、路基边坡放样以及挡土墙设计等。

一、横断面施测的密度及宽度

横断面施测的密度,应根据地形情况和需要而定。在曲线控制桩、公里桩、百米桩和加桩处,均应测绘横断面。在大中桥头、隧道洞口、高路堤、深路堑、挡土墙以及地质不良地段,应适当增加横断面施测密度。

横断面的测绘宽度,应根据横断面的用途和设计需要而定。如作为路基设计的横断面,应根据路基中心填挖高、设计边坡和该地段的地面横坡来决定,以满足路基设计及取土、弃土、排水沟设计的要求。

二、横断面方向的确定

线路横断面总是和线路中线垂直的。在直线段如图 10-4 中,A 点处Ⅰ-Ⅰ方向。在曲线段,横断面方向是与施测点的切线垂直的,如图 10-4 中 B 点处的Ⅱ-Ⅱ方向。

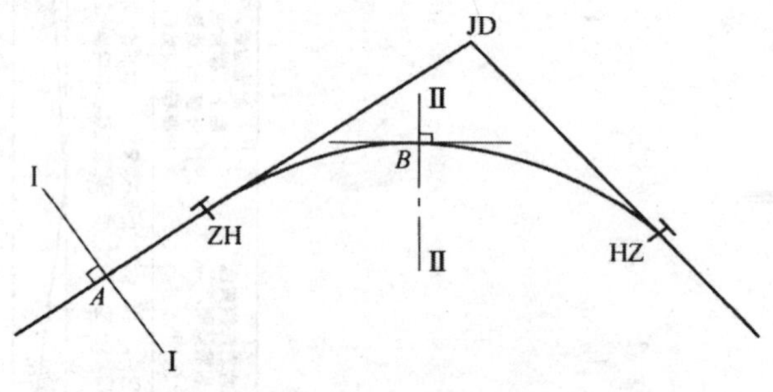

图 10-4　横断面方向图示

测量横断面的方向可用方向架或经纬仪。

(一)方向架定向

方向架的形状和使用,如图 10-5 所示。

直线地段横断面的方向,可用方向架直接定出。要定出曲线上 B 点的横断面方向,先找出 B 点前后的两个曲线桩 A 和 C,弧 AB = 弧 BC,安置方向架于 B 点,用方向架的一个方向对准 A 点,按方向架的另一个方向定出 AB = 弦的垂直方向 $B1$,用方向架对准 C 点,定出 BC 弦的垂直方向 $B2$。使 $B1 = B2$,取 1 和 2 的中点 D,则 BD 即是 B 点处的横断面方向,如图 10-6 所示。

(二)经纬仪定向

如图 10-7 所示,欲定 B 点处的横断面,则先根据 AB 或 BC 的弧长和半径算出偏角 δ。然后,置镜于 B 点,以 0°00′00″后视 A 点,拨 $90° + \delta$ 角(若前视 C 点,则拨 $90° - \delta$ 角),则 BD 方向即为 B 点处横断面的方向。

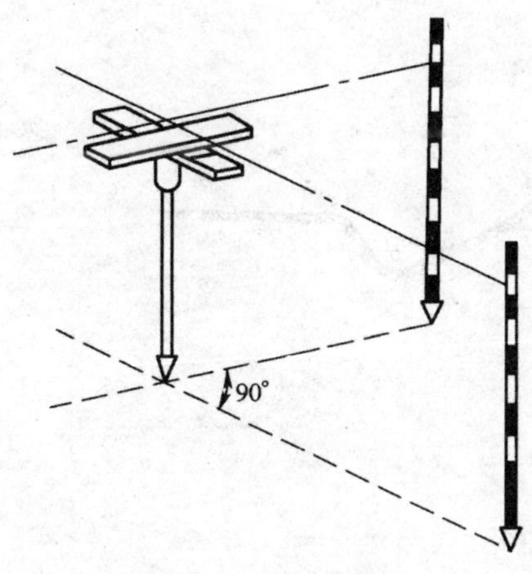

图 10-5　方向架

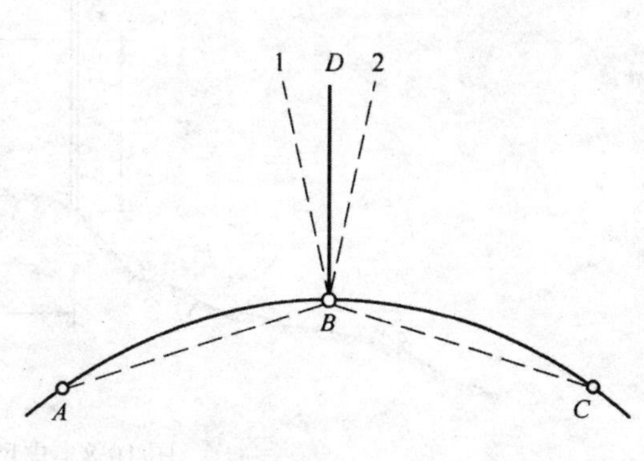

图 10-6　用方向架确定横断面方向图示

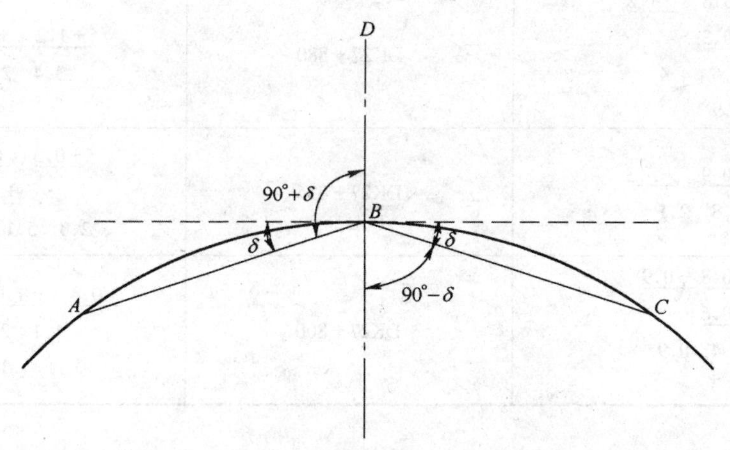

图 10-7　用经纬仪确定横断面方向图示

三、横断面测量方法

横断面测量方法有多种，现介绍下面三种常用的方法：

(一)皮尺花杆施测横断面

用皮尺花杆测量横断面精度较低，以施测中桩 DK27 + 800 的横断面为例，其操作方法如下：

将花杆立在中桩 DK27 + 800 上，同时在施测方向的横断面变化点 a 处立花杆，用皮尺测出两花杆的距离及皮尺到花杆底部的距离。如图 10-8 所示，则两点间高差为：$h = 1.5 - 2.1 = -0.6\,\text{m}$。

将中桩上的花杆移到 b 点，再测 a、b 两点间的高差和距离。如此继续往前施测。

用皮尺花杆施测横断面的记录表格如表 10-2。横线以上是相邻两点间的高差，横线以下是相邻两点间的水平距离。记录时按线路前进方向分出左、右测，并按自上而下的顺序记录。以中桩为起点，前点比后点高，高差为正，前点比后点低，高差为负。

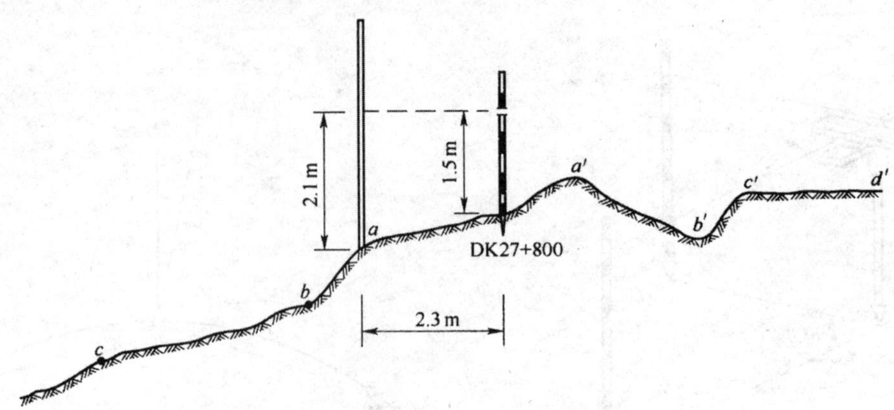

图 10-8　皮尺花杆测横断面图示

表 10-2　横断面测量记录(皮尺花杆法)

左侧	里程	右侧
$\frac{+1.1}{2.9}$ $\frac{+0.8}{5.6}$ $\frac{-1.2}{4.4}$ $\frac{-0.3}{3.9}$	DK27 + 880	$\frac{+1.2}{3.4}$ $\frac{+0.8}{2.4}$ $\frac{+0.9}{1.0}$
$\frac{-1.0}{5.6}$ $\frac{+0.9}{1.8}$ $\frac{+3.3}{2.1}$	DK27 + 835	$\frac{+0.3}{2.3}$ $\frac{+0}{5.1}$ $\frac{+1.3}{8.1}$ $\frac{+1.4}{6.7}$
$\frac{-1.8}{3.0}$ $\frac{-0.8}{3.4}$ $\frac{-0.9}{0.9}$ $\frac{-0.6}{2.3}$	DK27 + 800	$\frac{+0.4}{1.1}$ $\frac{-1.0}{2.0}$ $\frac{+0.7}{0.7}$ $\frac{+0}{1.8}$

(二)水准仪施测横断面

如图 10-9 所示,欲测 DK63 + 500 的横断面,先用方向架定出横断面的方向,然后在该横断面的方向上竖立两根花杆,持水准尺者根据花杆方向选定地形变化点立尺(如图中中桩右侧的 1、2 点和左侧的 1、2、3 点),并量出立尺点到中桩的距离,水准仪安置在视线良好的位置,后视 DK63 + 500 然后前视各立尺点,并记入记录表格中如表 10-3。

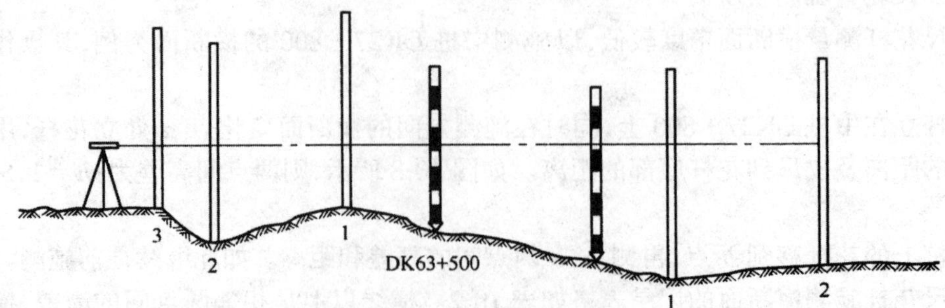

图 10-9　水准仪测横断面图示

表 10-3　横断面测量记录

桩号 DK63+500　　高程 580.02 m											
左　侧						右　侧					
高程	前视	仪器高程	后视	距离	测点	测点	距离	后视	仪器高程	前视	高程
582.02		582.05	2.03		DK63+500	DK63+500		2.03	582.05		582.02
580.23	1.82			2.0	1	1	5.1			3.33	578.72
579.45	2.60			4.0	2	2	9.4			2.84	579.21
580.25	1.80			1.5	3						
说明											

如果水准仪安置地方适当，置一次镜可以观测几个断面。如果横坡度较大，为了减少置镜次数，可用两组水准仪分别沿线路左、右侧测量。

用水准仪施测横断面，主要用于精度要求高、地形平坦的地段。

(三)经纬仪视距法施测横断面

经纬仪视距法测横断面，是用视距测量的方法来测定距离和高差，如图 10-10 所示，要测出中桩 DK63+100 的横断面，安置经纬仪于该桩上，定出横断面方向，然后用视距测量的方法，观测该方向上各地形点，求得各点至中桩的距离和各点的高程。

用经纬仪视距法测量横断面，施测精度较低，适用于地形困难地段。

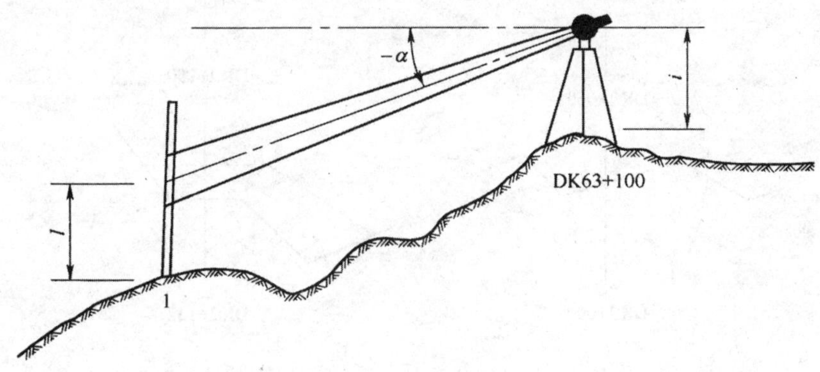

图 10-10　经纬仪视距法测横断面图示

四、横断面的测量精度要求

按照《新建铁路工程测量规范》(TB 10101—99)要求，横断面测量的误差检查时应不超过下列限值：

高程　$$d_{H限}=0.1\left(\frac{h}{10}+\frac{l}{100}\right)+0.2$$

距离　$$d_{L限}=\frac{l}{100}+0.1$$

式中　h ——检查点至线路中桩的高差(m)；

l ——检查点至线路中桩的水平距离(m)。

五、横断面图的绘制

横断面图是根据各测点至中桩的距离(或测点间的距离)和测点的高程来绘制的。它是绘在毫米方格纸上，水平方向表示距离，竖直方向表示高程，横断面图纵、横向比例尺应采用1∶200。其绘制方法如下：

在毫米方格纸上，根据中桩高程和填挖高度定出中桩位置。为了便于绘图，毫米方格纸粗线的高程最好为整米数。

根据左、右两侧的测点距中桩的距离和相应的高程，点绘出地形变化点，依次连接各点，即为横断面的地面线，如图10-11所示。相邻断面间应留有一定的空隙，以便绘出路基断面。线路横断面图按桩号先后顺序，在图幅内自下而上，自左而右地均匀布置，且每行的横断面中线应排在一条线上。

目前，横断面的绘图大多数采用计算机，选用合适的软件在室内进行绘制。

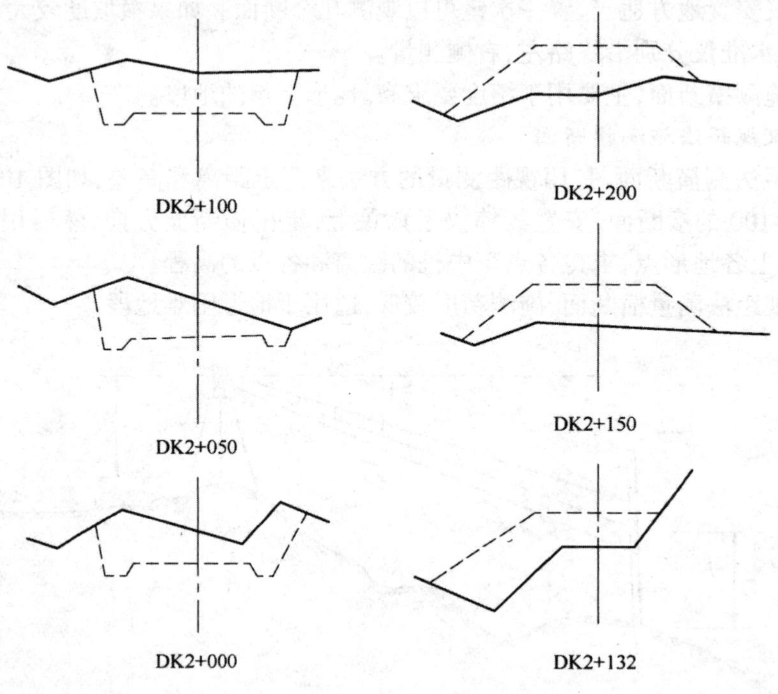

图10-11　横断面的绘制

1．线路的水准测量有哪几种？线路的断面测量有哪几种？为什么要进行线路的断面测量？

2．某段纵断面水准测量如图10-12所示，列表计算各中桩高程。

3．某段线路水准测量记录资料如下表，计算各中传高程，并绘出该段的地面线。

4．如何测定横断面的方向？测横断面有哪些方法？如何施测？

5．某横断面测量记录资料如下表，用1∶200比例尺绘出横断面图的地面线。

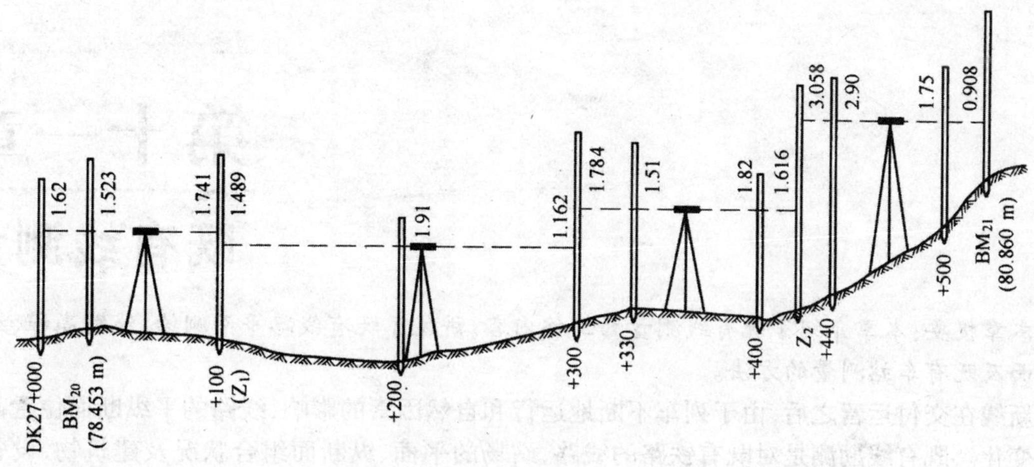

图 10-12

水准测量记录

测点	后视	仪器高程	中视	前视	计算高程	附注
BM_1	2.006					
Z_1	2.113			1.203		
DK1+200			1.91			
300			1.67			
345			1.58			BM_1 在 DK1+000 右侧 80 m 处，为民房基础脚上，其高程为 506.265 BM_2 在 DK2+050 左侧 50 m 水井旁水泥桩上，高程为 506.713
Z_2	1.18			1.594		
DK1+400			1.20			
500			1.43			
560(Z_3)	1.030			1.615		
DK1+600			1.23			
1+680			1.24			
Z_4	1.179			1.314		
BM_2				1.348		

左　侧	桩　号	右　侧
$\frac{575.2}{25.2}$　$\frac{575.2}{20.4}$　$\frac{572.9}{9.6}$	$\frac{579.12}{\text{DK63+050}}$	$\frac{570.4}{6.6}$　$\frac{568.2}{13.2}$　$\frac{566.5}{24.0}$　$\frac{566.0}{30.0}$

注：表中分子表示高程，分母表示距中桩的距离。

第十一章

既有线测量

本章提要：本章介绍了既有线测量的工作内容；讲述了既有线路平面测绘、线路高程、线路横断面及既有车站测量的方法。

新线在交付运营之后，由于列车不断地运行和自然因素的影响，线路的平纵断面位置都要发生变化。既有线勘测是对既有铁路的线路、站场的平面、纵断面组合状况及建筑物、设备的空间位置所进行的调查和测绘，经过整理使其全面反映既有铁路的状况，为铁路大修、改建及增建第二线的技术设计提供翔实的资料。既有线测量测绘资料也是日常运营管理、线路的正常维修、养护和特殊情况下线路修复的重要依据。

既有线大修、改建及增建第二线的勘测设计工作分阶段进行。阶段的划分，要根据既有铁路的具体情况和改建方案的确定程度决定。如对于长大干线，一般经过初测，编制初步设计；定测，编制施工设计等勘测设计阶段。

既有线线路测量的内容有线路平面测绘（包括里程丈量、中线测量、地形测绘）、纵断面测量、横断面测量及站场测绘等。各勘测阶段由于其目的不同，因而对某些测量资料的深广度的要求也不同。

既有线测量是在运营的铁路线上进行。要力求不干扰正常的运输生产；要保证行车和测量工作的安全。为此，测量队要制定切实可行的安全措施和制度，测量工作人员必须严格遵守有关规定和制度。

第一节　线路平面测绘

一、线路里程丈量

线路里程丈量又称百米标纵向丈量或纵向丈量，是沿着既有线丈量，定出既有线的公里标、百米标及加标作为勘测设计和施工的里程依据。

（一）纵向丈量

线路里程丈量起点，应由《设计任务书》规定。按工务部门的习惯，一般从指定的道岔岔尖开始；或从指定的车站中心或桥梁建筑物中心的既有里程引出；支线、专用线与联络线等，以联轨道岔岔尖为里程起点，按其原有里程连续推算。所有起点里程均应与既有线文件里程取得一致。

里程丈量按原里程的方向（一般为下行方向）连续进行，如现定下行方向与原定里程方向相反，应在任务书中规定里程方向。双线区段里程沿下行方向丈量，并行直线地段的上行里程，是采用下行线里程向上行线投影的方法来确定，使两线里程一致；曲线地段，宜从曲线测量起点（简称曲起点）开始分别丈量，并在曲线测量终点（简称曲终点）外的直线上取得投影断链。

当曲线间的夹直线较短时，可几个曲线连续丈量，在最后一个曲线测量终点的直线上取得投影断链。当上行线为绕行线时，应单独丈量，外业断链应设在绕行线终点外的百米标处，困难时可设在以 10 m 为单位的加标处，不应设在车站、桥隧建筑物和曲线范围内。车站内的里程丈量沿正线进行。

里程丈量原则上在线路中心上进行。实际工作时，除曲线范围内在线路中心线上丈量外，在距曲线起、终点 40～80 m 以外的直线地段沿左轨轨顶丈量或将线路中心线平行移到路肩上，沿路肩丈量。设有轨道电路的线路，里程丈量时应采用绝缘措施，以保证列车正常运行。

丈量里程所用使用的钢尺应经过检定或已检定过的钢尺比长。尺长误差大于尺长的 1/10 000时，应在量距时改正；当丈量时的温度与钢尺检定时的温差等于或大于 9℃时，还应进行温差改正；如线路大于 13%时，量距时仍平铺拉链，尚应考虑倾斜改正。

量距一般应由两组人员持不同长度的钢尺依次向前丈量。两组丈量结果每公里核对一次，当相对误差不大于 1/2 000 时，以第一组丈量的里程为准；如精度超限，由第二组重新丈量，当确信无误后，应立即通知第一组重新丈量并改正，之后，再继续前进。既有线丈量里程应与原有桥隧及车站等建筑物里程核对，其差数应记录在手簿上。

在既有线测量中，因为测量时不能准确定出曲线起、终点，整正时可能取用不同的曲线半径或缓和曲线而改变曲线起、终点位置，而且在曲线两端有时存在称为“鹅头”的小弯，必须一同整正，所以应将曲线测量的起、终点延伸到曲线直缓、缓直两点外各 40～80 m 的直线上。既有线曲线地段的线路轨道中心是距外轨轨顶内侧 1/2 标准轨距处，测量时用轨距方尺可定出线路中心位置。

（二）加标的设置

线路里程丈量应按实测里程位置设置公里标、半公里标、百米标和加标。纵向丈量到设标位置时，先用轨道方尺将点平移到钢轨顶、侧面画粉笔线，用钢刷除去铁锈后，用白油漆在左轨外侧腹部按粉笔位画竖线（左轨为曲线外轨时，内轨外侧也要画竖线），在左轨竖线左侧标注公里整数，右侧标注里程零数。公里标和半公里标应写全里程，百米标和加标可不写公里数。如图 11-1 所示。设置加标的地点和里程取位的规定如下：

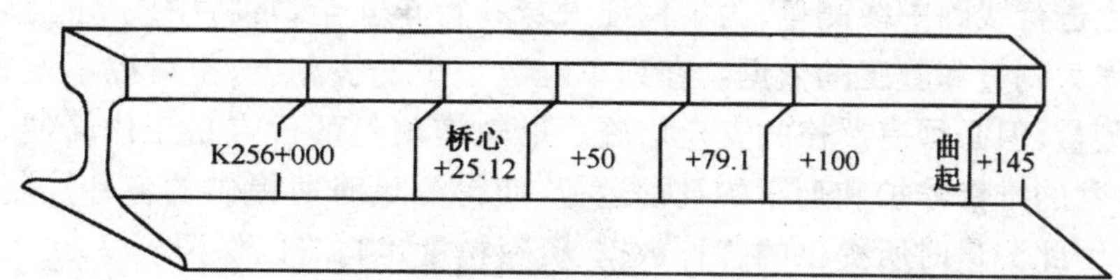

图 11-1　加标设置图示

（1）曲线测量范围，里程为 20 m 整倍数的点；直线段里程为 50 m 整数的点。

（2）桥梁中心、中桥以上的桥台挡碴墙前缘和桥台尾，隧道进出口、车站中心、进站信号机及远方信号机等处，取位至厘米。

（3）涵渠、渡槽、平交道口、跨线桥、坡度标、曲线控制桩、跨越线路的电力线通讯线和地下管线等中心、新型轨下基础、站台、路基防护、支挡工程的起始点和中间变化点等，取位至分米。

（4）地形变化处，路堤、路堑边坡的最高和最低处，路堤路堑的交界处，路基宽度变化处，路基病害地段等，取位至米。

拟加设的加标具体位置，最好在里程丈量前，用粉笔划在钢轨腹部，并在轨枕头部注明名称。所有百米标及加标的里程，均应记录，其格式如表 11-1。

表 11-1 百米标测量记录表

记录者 年 月 日 天气

里程及百米标	加标	丈量结果			差数	校正	附注
		第一次	第二次	检查			
364+100		100	100				
	142						通讯线交叉中心
	152.15						台前
	164.45						桥梁中心
	176.75						台尾
	187						220 V 电力线交叉中心
364+200		100	99.99		−0.01		
	250.70						平交道中心
	256.50						直缓标
364+300		100	100.02		+0.02		
	336.50						缓圆标
	339.85						涵心

二、中线测量

既有线中线，特别是曲线地段的中线，由于受到列车强大的横向推力作用，常常会离开原设计的正确位置而发生移位。线路中线平面测绘，主要是沿既有铁路中心线进行方向测量，包括直线方向、曲线偏角和分弦(20 m)的角度或矢距。中线测量的成果结合里程丈量所得纵向长度，用来整正线路，进行线路平面计算和坐标计算。

中线测量应连续贯通。测量起、终点及不大于 30 km 处，应与国家大地点(三角点、导线点)或其他单位不低于四等的大地点联测；当联测有困难时，可观测真北。测量要求与新线中线测量相同。

(一)中线外移桩的设置

在运营线上进行线路中线测量，为了保证人身和行车安全，常将中线平行移到路肩上，并用桩加以标定作为测量和施工的依据。在列车对数很少的线路上，也可以不设置外移桩而沿线路外轨进行测量，但必须有严格的安全措施。沿轨道测量的优点是工作简便、测量精度高；但是测量后，日常的维修养护和列车的日常运行，使得测量时所提供的各种控制点，将不同程度地产生移位，因此测量时所提供的各种数据、资料精度也将难以保证。

设置外移桩，一般用轨道方尺或经纬仪定出与中线垂直的方向，用钢尺顺垂直方向按所定的外移距量出线路中心至外移桩的距离，钉桩定点，作为中线测量的转点。为了行人安全和保护外移桩，应将桩顶打到与地面齐平。外移桩一般测量两次，较差小于 5 mm 时，以第一次为准。

外移桩距线路中心的距离一般为 2～3 m，并尽量设在线路的同一侧，直线地段宜设在左侧路基上，曲线测量范围一般设在曲线外侧。外移桩应注明里程，但不用编号。在同一曲线范围内的外移距应相等，在同一条线路上的外移桩的外移距也宜相等。外移桩换侧应在较长的直线段上测设平行线，在两个外移桩上置镜，按线路两侧的外移距之和，量直角放出相等的垂直距离，测设对侧的两个外移桩。

直线地段外移桩间或中线转点间距离，一般为 200～400 m，不应大于 500 m，桩与桩之间应通视，并尽量设置在公里标和半公里标处。每设置一个标桩，都应及时记入手簿，并注明左右侧位置及外移距离等。

同曲线测量起、终点相连的直线段，一般应设两个与曲线外移桩同侧等距的外移桩，夹直线较短时也应设 1～2 个外移桩或转点，以便确定切线方向。曲线测量的转点（置镜点）间的距离，采用偏角法时不宜大于 300 m；采用光电测距仪极坐标法时不宜大于 500 m；采用矢距法时，根据曲线半径选用置镜点和外移桩间的距离，半径在 200～350 m 时距离为 60 m，350～500 m时为 80 m，500 m 以上时为 100 m。采用偏角法和极坐标法测量虽然可用较长的转点距离，但为便于恢复曲线的测时位置，曲线地段外移桩间的距离宜为 100 m。

中线测量可沿外移桩或线路中线进行，也可沿一条钢轨中心进行测量。

随着测量方法的改变，外移桩用作置镜点的作用已逐渐减少，在有些既有线上只起到护桩的作用。但设置外移距相等的平行于线路的外移桩形成统一而有规律的标志，便于测设、记录和恢复中线位置，因此在有条件设置外移桩的既有线上仍需按要求设置外移桩。

（二）直线测绘

直线地段中线测量，是在外移桩上或在线路中心、左轨中心的转点上安置经纬仪，用测回法测量外移桩间的转向角，一般测量一个测回。当直线段有大中桥、隧道、站台、挡墙、跨线桥等控制线路位置的建筑物时，还要测绘该段直线上的百米标和加标线路中心点位的偏角（直线段一般用支距法整正，可在外移桩直接测量线路中心的偏角），结合建筑物净空或工作线位置和限界整正线路。

（三）曲线测量方法

既有曲线测量，是为了给既有线选择合理的设计曲线半径及计算曲线的拨正量提供平面资料。既有线曲线测量方法有正矢法、矢距法、偏角法和极坐标法。正矢法由于操作、计算都比较简便，易于掌握，是铁路工务部门养护线路时，用以拨道的常用方法，但是测量精度难以保证，在线路改建及增建第二线的勘测设计很少被采用。既有曲线测量，早期采用矢距法（现已不用），后来多用偏角法，在使用光电测距仪后逐渐用任意点置镜极坐标法测量。近年使用全站仪配合电子手簿，采用坐标法测量既有曲线可实现内外业一体化。

用偏角法测量既有曲线的方法与新线偏角法测设曲线基本相同，区别是在新线测量中是测设曲线，而既有线测量中是测绘曲线，即根据里程丈量设置的整 20 m 倍数的加标和建筑物的加标与设定的曲线起点里程差得出各测点（加标）的曲线长度 l，以曲线起点端直线为切线方向，测量出各测点（加标）的偏角 φ。

在测量前要根据既有资料和现场标志，估推 ZH、HY、YH、HZ 的里程，在 ZH 和 HZ 两端 40～60 m 的直线上设定曲线起、终点。在起点上置经纬仪开始测量各测点偏角至曲线终点，若距离较长或中间有障碍不通视时，可选择适当位置设转点。相邻两置镜点间的距离不大于表 11-2 中的规定。

表 11-2　偏角法测量曲线相邻两置镜点间距离（m）

曲线半径	相邻两置镜点间距离	
	有缓和曲线地段	圆曲线地段
250～350	140	300
351～500	180	
501～800	240	
800 以上	300	

既有曲线测量可以在线路中线、外轨或外移桩上进行。在线路中线置镜测角时，按外轨上的里程标线，用轨道方尺检查或恢复中线点位。当置镜于外轨中心时，测点以里程标线处外轨中心对点。当置镜于外移桩测角时，应用轨道方尺定向，横尺(在尺上外移距处作标记)对点。

如图 11-2，Ⅰ点是曲线起点，Ⅱ点位于 HY 点附近，分别在Ⅰ、Ⅱ等点置镜，测出其前方每 20 m 曲线点及控制点加标的偏角。每个偏角应用全测回法测量一个测回，当上、下两个半测回间较差在 30″以内时，取平均值。

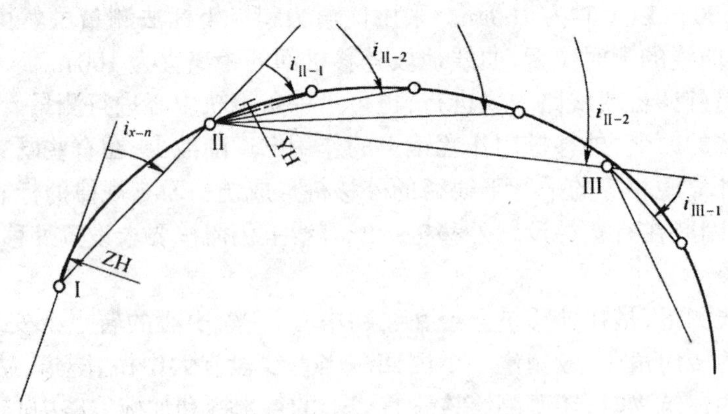

图 11-2　偏角法测量既有曲线示意图

为了检核转向角 φ，应每隔一个或几个中线外移桩测一个大偏角 $\beta_1, \beta_2, \cdots$，如图 11-3。各转向角总和与大偏角总和之差，即为角度闭合差 $\Delta\beta$。

$$\Delta\beta = \sum\varphi - \sum\beta$$

《新建铁路工程测量规范》规定，角度闭合差的容许值为

$$\Delta\beta_{容} = \pm 30\sqrt{n}\,('')$$

式中　n ——置镜点数。

角度闭合差 $\Delta\beta \leqslant \Delta\beta_{容}$ 时，以各分转向角之和作为曲线的转向角值。

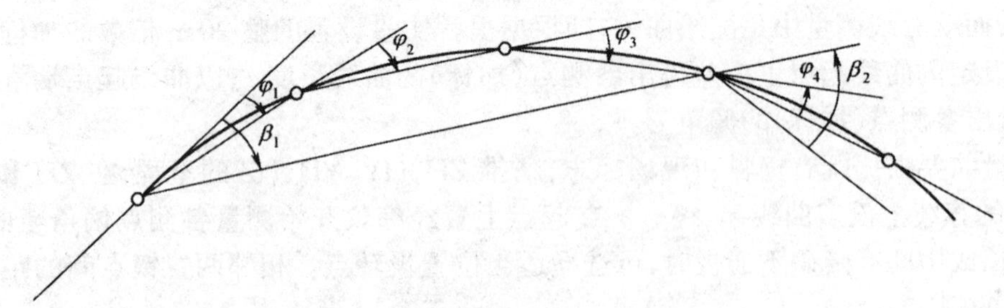

图 11-3　转向角检核示意图

三、地形测量

既有线勘测一般应测绘 1∶2 000 或 1∶1 000 的地形图。既有线地形图应能全面反映路基边坡以内的建筑物、设备和线路状态，边坡以外的自然地形、地物和地貌，作为拆迁建筑物、路

基加宽、路基防护、排水系统布置、土方调配以及进行增建第二线平面设计的依据。

地形测绘前,应收集既有地形图并进行现场核对,确认可以利用时可不重测,仅对宽度不足或地形、地物有明显变化的部分进行补测。在地形复杂地段,地形变化较大,而又要根据地形图进行既有线平面改建或增建第二线平面设计时,应重新测量 1:2000 的地形图。线路绕行地段,若距既有线较远则应按新线处理进行地形测量。

地形测量一般在外移桩或导线点、基线点上进行。测图前,要先将既有线中线或基线、外移桩;站场股道、道岔、站台、房屋、标志、界桩及信号、机务、给水等设备;桥梁、涵洞、隧道、跨线建筑物、挡墙等工程建筑物的中心或两端的位置;道路、管槽、电力通信线及交叉位置等,根据中线测量、平面测绘和横断面等资料在底图上标绘出来。再测绘区间距线路中心、站内距站台或最外股道中心 30 m 以内及改建工程范围的地形,其测量方法与新线测图相同。

对既有线上及其两侧的建筑物、铁路标志、设备和有关地物等,在地形图上精度达不到要求或显示有困难时应进行调绘。调绘工作可在里程丈量之后并结合有关调查工作一并进行。线路调绘又称横向测绘,是对既有线两侧 30～50 m 以内的地物、地貌的调查测绘。调绘时,经纵向里程为纵坐标、横向距离为横坐标,以支距法进行测绘;测绘比例尺为 1:2000 或 1:1000,测绘结果必须在现场按比例描绘在记录簿上,记录簿中间一条上下直线代表线路中线,在其左右各 1 cm 划两条平行线用以代表路肩。

横向测绘开始前,先在室内根据纵向百米标丈量记录,将所测地段的百米标及加标,自下而上地抄在簿内中线右侧的 1 cm 宽度内;路肩上的各种标志则根据实际情况,画在中线两侧的路肩线内。测绘时,一人用方向架瞄准施测点,两人用皮尺以附近桩号为准,量出该点的纵向里程;再以中线为准量出横向距离。绘图时横向距离一般减去 3 m,以路肩线为零点,向两侧按比例绘图。每边的调绘宽度,一般以 20 m 为原则,重点工程及用地较宽处,再酌量加宽。在 30 m 以外的地物、地貌可用目估测绘。

测绘内容基本上可分为两大类:

1. 地貌、地物的调绘

包括山丘、河流、公路、小路、水塘、房屋、电杆、路堤路堑分界点、取土坑、弃土堆等位置的调绘,并应注明情况。如河流应注明名称、流向及能否通航;公路应注明宽度、路面材料及去向;水塘、取土坑应注明深度;房屋,如属路产应与台账核对,如有拆迁的可能则应详细调查户主姓名、建筑材料类别、新旧程度等;通讯及电力线路应注明业主、电线对(根)数、电杆材料等,当其跨越线路时,应测出最低电线到轨顶的高度及电线与线路的交角;防护林,则应调查植物名称、树龄,并丈量距线路中心的距离,等等。省、市、县、乡分界线,水田、旱地、荒地等土地种类分界线,亦应调绘、核对。

2. 线路标志与设备的调绘

包括路基上的各种标志、桥涵、平(立)交道口、排水设备以及挡土墙、护坡等的调绘。如坡度应注明坡度、坡长;曲线标应标明曲线要素;桥梁应按比例绘出平面示意,并注明中心里程及孔数,如系跨线桥尚应注明与铁路的交角及净空;平交道口,应注明宽度、与线路交角、防护栏栅类别、有无看守、每昼夜通车对数及行人情况等。沿线排水系统,应按照要求进行调查,特别是排水不良地段,要详细查明原因。当排水系统设备远离中线,而该设备有改造可能时,或排水特别困难地段,须测绘 1:500 或 1:1000 大比例尺地形图,或测绘排水沟及其纵、横断面。

第二节　线路高程测量

既有线高程测量,是为了核对或补设沿线水准点;测量既有线中桩(百米标及加标)的高程,作为纵断面设计的依据。

一、水准点的设置

既有线水准点测量,要充分利用原水准点的点位、编号和高程资料,并应了解原水准点的高程系统。

(一)水准点的布设

既有线高程测量一般利用原有水准点,当原水准点遗失、损坏或水准点间距离大于 2km 时,应补设水准点;在大、中桥及隧道口、车站及单独的场、段等处应有水准点,否则应予以增设。为方便桥涵施工,最好在一般小桥涵处设置临时水准点。增补的水准点,均应设置在拟修建第二线的另一侧,以防施工时受到破坏,并顺线路里程方向按原水准点或上一水准点的编号加注后标,如 BM35-1 等;而绕行地段设置在绕行线同侧为宜,按新线要求设置水准点。

(二)高程系统

既有线高程应采用国家高程系统(1985 国家高程基准),如个别地段困难,可引用其他独立高程系统。但在全线高程测量接通后,应消除断高,换算成国家高程基准系统。

全线水准点的高程仍应连续测量贯通,与原有水准点高程的闭合差在 $\pm 30\sqrt{K}$ mm(K 为单程水准路线长度,以 km 为单位)以内时采用原有高程;如超过限制且确认原水准点高程有误时,可更改原有高程。新补设的水准点高程应从邻近的水准点引出,并闭合到另一水准点。

(三)水准点高程测量

水准点测量可采用水准测量和光电测距仪三角高程测量。用水准测量方法确定水准点高程时,可使用不低于 DS_3 的水准仪,采用一组往返测量或两组并测。测量方法及精度要求见第二章水准测量。用光电测距仪或全站仪确定水准点高程时,所用经纬仪精度不低于 J_2 级。测量方法及精度要求见第五章光电测距及全站仪。

二、中桩高程测量

中桩高程,在线路直线地段为左轨的轨顶高程,曲线地段为内轨轨顶高程。

中桩高程测量路线应起闭合于水准点,并应测量两次。当闭合差在 $\pm 30\sqrt{K}$ mm 以内时,转点按个数平差后再推算中桩高程。转点高程取至毫米。测量两次中桩高程的较差在 20 mm以内时,以第一次测量平差后的高程为准,取位至 cm。

第三节　线路横断面测量

既有线横断面图是线路维修、技术改造时设计、施工的重要资料。既有线路基改扩建,是在既有路基上为拨道、起落道、改线、改坡、增建线路而进行加宽、加固、填切路基面的工程。在线路维修或改建时,要考虑到限界的要求,因此,对既有工程建筑与设备的位置、标高等,在测量横断面时均应详细测绘、记录。既有线横断面测量不但工作量大,精度要求也比新线横断测量高。

一、测绘宽度

一般横断面从既有线正线中心向两侧测绘，测绘到路基坡脚、堑顶以外 20 m，或用地界以外 10 m。在改扩建工程超出路基范围一侧，按设计需要确定横断面测绘宽度。

二、横断面位置和密度

初测阶段只在路基个别设计工点：高路堤、深路堑、陡坡地段边坡最高点，路基宽度不足地段，并行不等高控制线间距地段，零断面处；路基与桥、隧、车站接头处，既有或改扩建的路基支挡、防护工程及公里标等处实测控制性路基横断面。

定测阶段在百米标；改扩建工程起、终点，路基边坡高度和路基面宽度突出变化点；路基与车站及其他既有、改扩建的工程建筑物分界点；路基支护、防护工程及其结构类型、结构尺寸的变化点；地形、地质变化点等处都需测绘横断面。

线路横断面的密度应满足设计的需要。一般在直线地段不宜大于 50 m，曲线地段不宜大于 40 m，个别设计路基工点一般为 10～20 m，复杂工点为 5～10 m 应测绘一个横断面。

三、测绘内容

由既有正线中心起，顺序测出两侧的道床碴肓、碴脚，路基的路肩，侧沟或排水沟槽的沟底，路堤或路堑边坡变化点，路堤坡脚或路堑坡顶，取土坑及弃土堆的边缘、路基其他设备边沿、电线跨越横断面时两者的交叉点、电线高度以及所有的地面转折点、地物点等。对桥涵、挡土墙及护坡等工程基础，应根据开挖丈量资料，用实线画出。

横断面比例尺，一般采用 1∶200，特殊情况可用 1∶100 或 1∶500。线路中心线和轨面高程线应绘在纵、横方格的粗线上，图上要注明冠号、里程、轨面高程及特殊地物点如房屋、道路、灌渠、河边，以及地质、地类分界点等。

四、测量方法及测量精度

横断面的方向可用轨道方尺、方向架或经纬仪测定。

横断面测绘中的距离，可用皮尺或钢尺丈量。距离应自轨道中心起算，但为了便于丈量，可自轨头内侧开始量起，以 0.72 m(半个轨距)为起点；曲线上内轨有加宽，所以应从外轨的内侧量起，丈量曲线内侧的距离时应扣除 0.72 m。

测点高程，一般用水准仪测定。在每个断面上根据轨面高程求出其他点的高程；对于深堑高堤和山坡陡峻的断面，可用经纬仪斜距法、水准仪斜距法进行测绘，但路肩及其以上的测点仍应用水准仪测定。

测量精度要求：距离和高差都取位至厘米；检查时的限差，高程为 ±5 cm，距离为 ±10 cm。如图 11-4 为区间线路横断面示意图。

第四节　既有线站场测绘

既有线站场测量是为车站改扩建设计提供依据。站场测量的特点是面积大、地物多、测量精度要求高，因车站作业频繁，车站作业与测量工作互相干扰，测量的难度和复杂性均较区间线路测量大得多。在站场测量工作开始前，要细致地做好测量前的准备工作，广泛、详尽地向

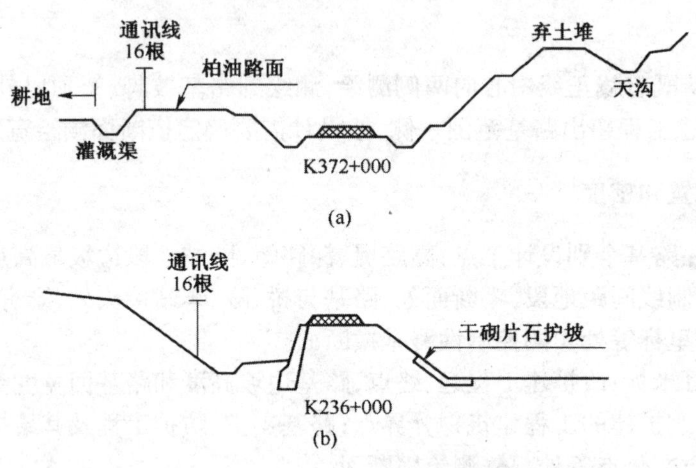

图 11-4　区间线路横断面示意图
(a)路堑横断面　(b)路堤横断面

有关各方面(包括地方有关厂矿企业)搜集站场资料,如线路或站场总平面图、曲线要素、道岔号数、坐标系统、高程系统以及测量标志的点之记,了解车站作业状况、车流密度等,并与有关方面取得联系,求得配合与支持。

既有站场测量内容,视车站类型及要求而有所不同,主要有站场平面测量(包括纵向丈量、基线测设、道岔测量、站内平面测绘)、高程测量及横断面测量等,其中高程测量、横断面测量与区间线路测量基本一样。站场平面测量是确定站内所有线路、建筑物及设备的位置,即确定:正线、支线、专用线线路平面;站线的编号、长度、有效长、道岔辙叉号数及编号、道岔连接曲线、线路平面及线间距;建筑物、设备及标志;站内排水系统及管道设施。站场平面测量一般利用正线或基线作为坐标纵轴,用法线或坐标测定两侧站线和建筑物、设备及标志等位置。站内纵向丈量时,采用正线连续里程,较长的联络线、岔线、场、段、所及其他单独线路作支导线(辅助基线)单独丈量里程,并正线联测里程和坐标关系。形成闭合导线时,闭合差应符合初测导线规定的精度要求。附合在正线上时,以正线坐标为准进行简易平差。

一、基线测量

基线是站场平面控制的基础、细部测量的依据。基线的设置必须满足测绘、车站改建或扩建时与施工的需要。基线是否与车站附近的城市、厂矿的平面控制点联测,可根据需要确定。

(一)基线布设原则

(1)中间站和区段站一般利用正线或其外移桩作基线。车场或横向平行股道较多的站场,也可另设基线。基线宜布设在正线与到发线之间,并尽可能与正线平行。

(2)基线控制点点位的选择,应考虑测绘工作的安全与方便,并尽量减少与站内作业的干扰,控制点间距以 100～300 m 为宜。

(3)基线以直线最佳,如果必须布设成折线时,应力求减少转点个数。

(4)基线长度根据实际需要确定,但最短基端点也应位于车站两端进站信号机的外方。

(5)站场测绘宽度大于 30 m 为时,一般应加设辅助基线,基线(亦称主要基线)与辅助基线,或辅助基线之间距,以 30 m 为宜,但最大不要超过 50 m(光电测距不受此限)。基线间应构成闭合网。

(二)基线类型

1. 直线型基线

直线车站的基线应布置为成与正线重合或平行于正线的直线型基线,如图 11-5 所示。在站内机务段、货场以及到发线、编组场等处,沿直线股道布设的辅助基线,亦可采用直线型基线。

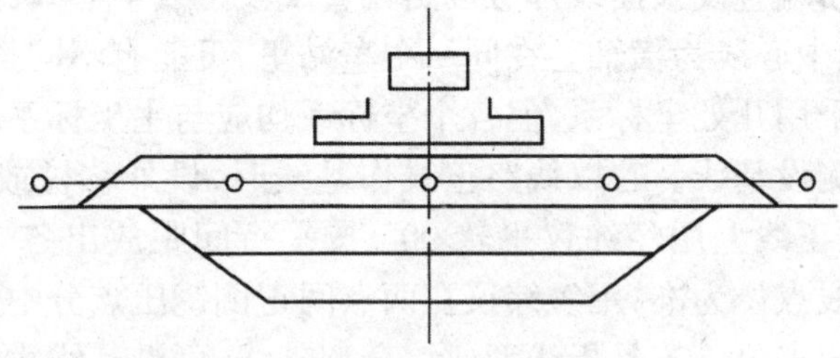

图 11-5　直线型基线

2. 折线型基线

设在曲线上的车站,基线可布设成折线型,如图 11-6 所示。

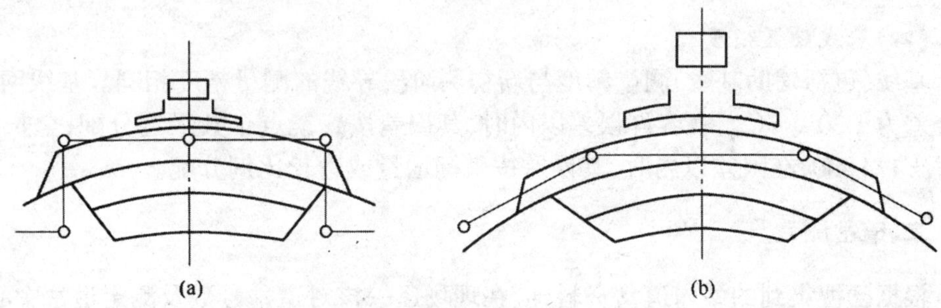

图 11-6　折线型基线

3. 综合型基线

在大型车站上,站场面积大,建筑物及设备多,一般采用基线与站场导线配合布设的所谓综合型基线,如图 11-7 所示。图中实线为基线;点划线为辅助基线;虚线为导线。

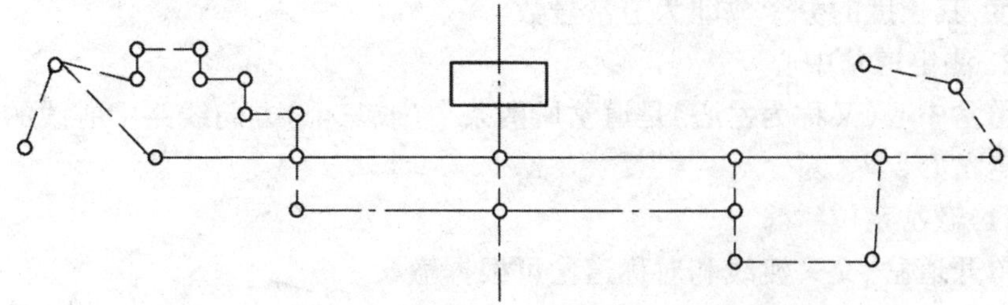

图 11-7　综合型基线

站场导线包括中线外移导线,地形导线,给、排水管路导线,为控制曲线平面而布设的股道导线等。站场导线除了应满足本身专业要求外,有时也要求起辅助基线的作用。因此,对站场导线的测量精度要求,同基线是一致的。

(三)基线测设方法

站场平面测绘一般采用平面直角坐标系。直线车站通常以正线中心线为坐标横轴(x轴)、以里程增加方向为正向,以正线里程(可略去公里的10位数)作为x轴的坐标值。以通过车站中心并且垂直于x轴的轴线为y轴,两轴正交之点为原点。坐标原点一般为车站中心。车站中心通常是站房中心或运转室中心,它可由车站提供或重新测定。曲线车站,分别以两端直线为坐标横轴。始端直线及曲线部分以始端直线段正线中心线为横轴,终端直线(不含曲线)以终端直线段正线中心线为横轴。在同一个车站里,可能有不同类型的基线或轴辅助基线,为了测绘方便,可以采用几处坐标系,但各个坐标系均应与主坐标系取得联系。

根据整正后线路可测设基线。若以线路正线作基线时,设外移桩或护桩固定线位。若设平行于正线的基线时,在正线上用经纬仪平转90°,按平行间距放出各个基线点桩位,再以桩位中两个距离较远的基线点位为准,用经纬仪在两点间正倒镜压点分中定出各基线点点位,两端外延时用正倒镜分中定点位。若是折线型或综合型基线,可沿基线丈量基线长度及转折角,测量方法与新线勘测中的导线测量方法相同。站内布设的辅助基线,均应与主要基线相联系,组成基线控制网。

基线原点应埋设永久基线桩标志。基线丈量中要钉设百米标,并用白色油漆标记在相应的轨道上。

(四)基线设置精度

基线(包括辅助基线)测量精度与新初测阶段导线的测量精度相同。基线网的水平角容许闭合差为$\pm 30\sqrt{n}('')$,在容许误差以内时,其误差按置镜点个数平均分配;全长相对闭合差不超过±1/4 000,在限差以内时,其误差按坐标增量或边长比例分配。

二、道岔测量

根据已搜集到的站内道岔资料,应在现场逐一核对道岔号数及测定道岔中心。

1. 道岔号数的测定

道岔号是辙叉角的余切,一般采用下列两种方法测定:

(1)步量法。在撤叉尾端找出与量测者脚的长度相等处,然后由此处用脚量至撤叉的理论尖端,所量的脚数即为该道岔的号数。

(2)尺量法。如图11-8,在撤叉尾端分别找出宽为1 dm和2 dm处的两点,再量出两点间的长度,其长度的分米数即为道岔号数。

2. 测定道岔中心

道岔中心(又称为岔心)是道岔所两条个(或三个)方向线路中心线的交点。一般用以下方法测定岔心:

(1)辙岔定位

单开道岔、交叉渡线和对称道岔可根据辙叉尖端测定岔心位置。辙叉理论尖端位于辙叉心轨两条工作边(两翼轨顶外侧面)的交点,可用两条弦线沿外侧面张直相交定位,或在辙叉两翼外侧横宽为0.2 m处往尖端按道岔号数乘以0.2 m的长度量出理论尖端位置。辙叉理论尖端(顺道岔直股线路中心线)至岔心的长度b_0为定值,可

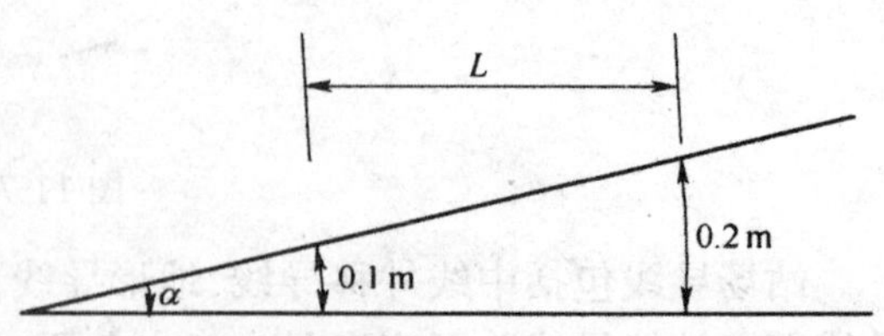

图11-8 尺量法确定道岔号数示意图

根据 b_0 量出岔心位置，如图 11-9 所示。

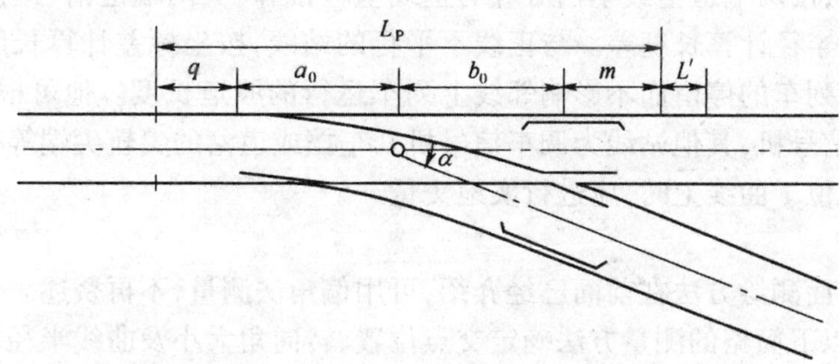

图 11-9　辙岔定位测定岔心示意图

(2)交点定位

对于曲线道岔、对称道岔及复式交分道岔的岔心位置，应用经纬仪在各岔向线路中心线上置镜定出。曲线道岔以 q(基本轨接缝至尖轨段)和 mn 段(辙叉附近)分别定出直股和侧股两个方向的线路中心线直线段，再把它们延长相交定出岔心，如图 11-10 所示。

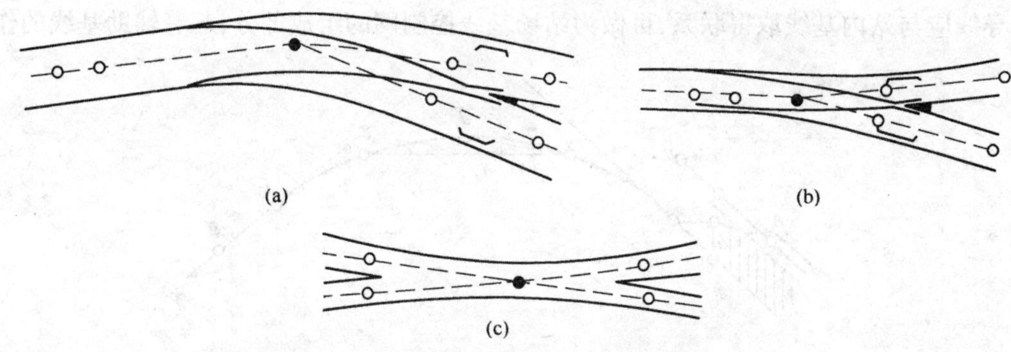

图 11-10　交点定位测定岔心示意图

(3)轨缝定位

标准型号道岔，各种轨型、式样、号数的道岔都有标准设计尺寸，只需测出尖轨前基本轨接头和辙叉跟端基本轨接头两处轨缝中心(线路中心线)的距离和坐标，便可确定岔心的位置，推算岔心坐标。

按照工务部门的习惯和要求，一般只需确定道岔尖轨尖端的位置，而不必确定岔心的坐标。

3. 道岔主要尺寸的丈量

道岔除标出岔心位置外，还要丈量细部尺寸。标准设计的道岔各部尺寸为固定值，可不全部丈量。岔后岔枕因道岔排列等原因，有缩短情况时，应量出道岔跟端轨缝中心至末根岔枕中心的距离，作为设计资料。

三、站场线路平面测绘

(一)股道全长和有效长测量

股道长度测量是在站内横向测绘后进行的，应充分利用已经掌握的资料，尽量避免重复丈量,现场丈量只是补充其长度推算的不足部分。正线股道长度按道岔中心里程差推算。平行于正线的股道长度,按两端道岔或车挡对应的正线里程推算,其两端道岔、连接曲线段长度按线间距及连接曲线半径计算长度差。与正线不平行的站线,按坐标差计算长度。股道有效长是指股道内能容纳列车的停留而不影响邻线上列车运行的股道长度。他可根据警冲标、信号机(到发线为出发信号机,其他站线为调车信号机)、车挡或道岔的尖轨尖端等行车标志的坐标计算求得。当股道位于曲线上时,应进行实地丈量。

(二)曲线测绘

既有线曲线平面测绘方法在前面已经介绍,可用偏角法测量,不再赘述。当站线仅有圆曲线时,一般均采取以下简略的测量方法确定交点位置、转向角大小及曲线半径。

1. 用导线控制平面位置

导线的形式,可根据具体条件布设成:

(1)股道导线。沿线路中心敷设导线以控制曲线平面称为股道导线。曲线的直线部分,至少应有两个导线点来固定切线方向(如图 11-11 中的 a、b 两点),如有可能应定出交点,测出转向角 α,量出外矢距 E。

(2)辅助导线。沿线间距敷设导线,然后用极坐标法测设点位,以控制曲线平面位置称为辅助导线。如图 11-11,置仪器于点 B,后视点 A,分别测出点 a、b 的极坐标。

导线应与站内基线取得联系,可做为站场基线控制网的组成部分,起着辅助基线的作用。

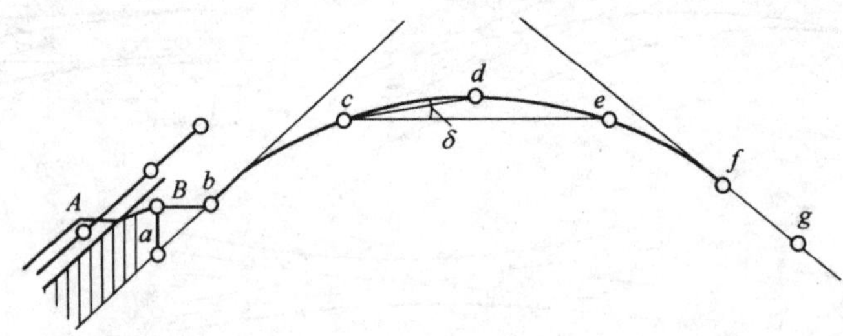

图 11-11 辅助导线示意图

2. 计算曲线转向角

若能定出交点位置,则可直接测出转向角;否则,可根据曲线两端直线点的坐标,反算出切线的方位角来求转向角;若用中线法测绘线路时,把导线有关转角相加,即可得出曲线转向角。

3. 计算曲线半径

(1)正矢法。从曲线测量起点开始测量,逐一量测 ΔL(一般为 20 m 或 10 m)线段的正矢 f,按下式计算曲线半径 R。

$$R=\frac{n\cdot\Delta L^2}{8\sum f} \tag{11-1}$$

式中 n ——正矢个数;

ΔL ——线段长度。

(2)偏角法。如图 11-11,c、d、e 为线路中心之三点,间距为 ΔL,测得$\angle dce=\delta$,则

$$R=\frac{\Delta L}{2\sin\delta} \tag{11-2}$$

(3)外矢法。利用外矢距 E 及转向角 α 求算 R。

$$R=\frac{E}{\sec\frac{\alpha}{2}-1} \tag{11-3}$$

（三）站内建筑物及设备测绘

站内线路、建筑物、设备，以线间距或坐标确定平面位置。

1. 测绘内容

除已用中线测量方法测绘的站线、道岔的平面位置外，对与建筑限界有关的建筑物和设备均需测出其边缘与线路中心的距离，岔心、警冲标、信号机等测出中心坐标，取位至厘米，点位误差不大于5cm，其他建筑物和设备，其距离取位至分米，检测误差与横断面测量要求相同，对穿越线路的天桥、地道、电力和通信线路等跨越建筑物，还要测量与线路的交角和净高。

2. 线间距和横向测绘方法

线间距及横向测绘，以正线中心线或单独进行中线测量的站线中心线为轴线进行测量。测量方法与区间线路横向测绘方法相同，可采用直角坐标法和极坐标法。

（四）三角线测量

三角线是机车转向的重要设施。三角线曲线要素是利用站内三角线测量的部分外业资料来求算的。三角线的中线位置，可用股道导线控制。现仅以三个道岔均为对称式道岔的三角线（图11-12）为例，简单介绍其测量方法。

1. 外业测量

(1)定出岔心 A、B、C 位置并安置经纬仪，测出三点连线与辙叉中线的夹角 β_i；

(2)量出 A、B、C 三点之间距 L_1、L_2 及 L_3；

(3)量出各曲线短弦 ΔL（20 m 或 10 m）之正矢 f_i。

2. 内业计算

(1)计算 L 边与其相应曲线切线之夹角 γ_i

$$\gamma_i=\beta_i-\frac{\alpha}{2} \tag{11-4}$$

式中　α——道岔辙叉角。

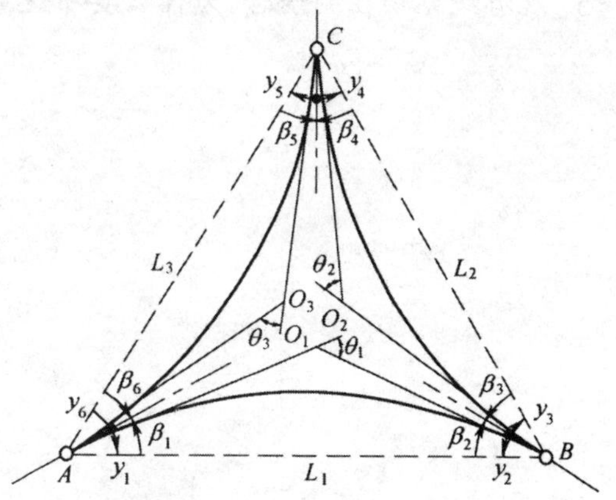

图11-12　三角线测量法图示

(2)求算各曲线的转向角 θ

$$\theta_1=\gamma_1+\gamma_2,\theta_2=\gamma_3+\gamma_4,\theta_3=\gamma_5+\gamma_6 \tag{11-5}$$

(3)利用正弦定律，求出$\triangle ABO_1$、$\triangle BCO_2$、$\triangle CAO_3$ 之边长 AO_1、BO_2…

(4)根据公式(14-3)，求算曲线半径 R；

(5)计算曲线要素，推算曲线起始点到岔心的距离。

四、横断面测量

（一）横断面位置

站内除了在正线公里标、百米标、加标及曲线地段不大于40 m 处需要测横断面外；根据具体情况，尚需单独施测支线、专用线、机务段、车辆段、大型货场等的横断面；车站中心、站台坡顶、站台坡脚、道岔区路基变化处、站内平交道等处,亦需测量横断面。

(二)横断面宽度

站内横断面宽度,应根据实际需要确定。一般应在取土坑或堑顶天沟外缘 5～10 m 处;在站场改、扩建一侧,则应测到至路基设计坡脚或堑顶以外 30 m。

(三)测绘内容

站内横断面除了与区间横断面测绘内容相同以外,尚需在各股道的轨顶、碴肩、碴脚、路肩、排水沟等处测点;各股道间隔、断面方向上所遇到的设备及其相互位置,均应测量。

站内横断面测量,距离用钢尺丈量,高程用水准仪测量。距离、高程均取位到厘米。

1. 既有线测量的目的是什么? 与新线测量有何不同之处?

2. 在既有线的曲线测量中,所设置的“曲线测量起点”和“曲线测量终点”,是否就是曲线实际的 ZH(或 ZY)点和 HZ(或 YZ)点? 它有什么作用? 如何设置?

3. 既有线高程测量的目的是什么? 如何进行?

4. 为什么要进行既有线站场横断面测量? 它与新线站场横断面测量有何不同?

5. 既有线站场在测绘时,为什么要布设基线? 基线布设的原则是什么?

第十二章

施工测量的基本工作

本章提要：本章主要介绍施工测量的目的、特点及组织原则；施工测量的基本工作；点的平面位置的放样方法。

第一节 施工测量概述

一、施工测量的目的和内容

施工测量的目的与测图工作相反，它是把设计图纸上的建筑物、构筑物的平面位置和高程位置，按照设计要求和施工需要在地面上标定出来（放样），作为施工的依据，并在施工过程中进行一系列的测量工作，以衔接和指导各工序间的施工。

施工测量贯穿于施工过程的始终，从场地平整、建筑物定位、基础施工到建筑物构件的安装等工序，都需要进行施工测量，才能保证施工质量满足设计要求。

主要内容有：

(1)建立施工控制网。

(2)建筑物、构筑物的详细放样。

(3)施工过程中的检查、验收。每道施工工序、单元工程、单位工程施工完后，都要通过测量检查工程各部位的平面、高程位置是否满足设计要求。

(4)变形观测。根据施工的进展情况，测定建筑物、构筑物在平面和高程方面产生的位移和沉降，收集整理各种变形资料，作为鉴定工程质量和验证工程设计、施工是否合理的依据。

二、施工测量的原则和特点

为了保证施工能满足设计要求，施工测量也必须遵循"从整体到局部，先控制后细部"的原则，即先在施工现场，根据自然地理条件和工程的需要，建立满足本工程的施工控制网，以此为基础，再放样建筑物的细部位置。采取这一原则，可以减少误差的积累，保证放样精度，正确指导施工。

施工测量是将设计的建筑物、构筑物的平面位置、高程位置在地面上标定出来，作为施工依据。它与测图（测绘）工作相比具有如下特点：

1. 目的不同

测图（测绘）工作是将地面上的地物、地貌测绘到图纸上；施工测量是将图纸上设计的建筑物和构筑物放样到地面上。

2. 精度要求不同

施工测量的精度要求取决于工程的性质、规模、材料、施工方法等因素。

3. 施工测量工序与工程施工工序密切相关

测量人员要了解设计的内容、性质及其对测量的精度要求，并熟悉图纸，了解施工的全过程。掌握施工现场的变动情况，使施工测量工作与工程施工紧密配合。

4. 受施工干扰

由于施工场地工种多，交叉作业频繁，并有土、石方的开挖、回填，以及施工机具的震动，测量控制点易被破坏。因此，控制点常采用二级布控方式，设置基准点和工作点，基准点远离施工现场，工作点设置在施工现场，当工作点不够或被破坏时，可用基准点增设或恢复。

第二节　施工测量的基本工作

施工测量的目的是把设计图纸上的建筑物、构筑物的平面位置和高程位置，按照设计要求和施工需要在地面上标定出来，其实质就是确定地面点位，而点位的确定通常是测设水平距离、水平角、点的高程。因此施工测量的基本工作主要包括：测设已知水平距离、已知水平角和已知高程。

一、已知距离的放样

(一)用钢尺放样已知水平距离

1. 一般方法

当精度要求不高时，可使用普通钢尺从线段起点沿给定的方向直接丈量水平距离，以标定线段的终点。为了检核，应往返丈量，当达到规定精度后，取其平均值，并与欲放样的水平距离比较，根据二者的差值调整所定点位，即可标定出线段的终点。

2. 精确方法

当精度要求较高时，应使用检定后的钢尺先按一般方法放样，再对放样距离进行尺长、温度、倾斜三项精确改正，计算出实地放样距离。但要注意三项改正数的符号与量距时相反，计算公式为

$$d = D - \Delta D_{l} - \Delta D_{t} - \Delta D_{h} \tag{12-1}$$

式中　d——实地放样长度；

D——设计的水平距离；

ΔD_{l}——尺长改正数；

ΔD_{t}——温度改正数；

ΔD_{h}——倾斜改正数。

【例】　设欲放样的水平距离 $D = 28$ m，使用的钢尺名义长度为 30 m，实际长度为 29.992 m，钢尺检定时的温度为 20 ℃，钢尺膨胀系数为 1.25×10^{-5}，已测得两端点的高差为 0.5 m，实测时的温度为 10 ℃。求放样时在地面上应量出的长度是多少？

解：尺长改正

$$\Delta D_{l} = \frac{29.992 - 30}{30}\times 28 = -0.007(\text{m})$$

温度改正　$\Delta D_{t} = 0.0000125\times28\times(10-20)\approx -0.004(\text{m})$

倾斜改正数　$$\Delta D_{h} = -\frac{0.5^{2}}{2\times28} = -0.004(\text{m})$$

代入公式(12-1)得地面放样应量的距离：

$$
\begin{aligned}
d &= D - \Delta D_{l} - \Delta D_{t} - \Delta D_{h} \\
&= 28 - (-0.007) - (-0.004) - (-0.004) \\
&= 28.015(\text{m})
\end{aligned}
$$

(二)用光电测距仪(全站仪)放样已知水平距离

当精度要求更高时,应使用相应等级的光电仪或全站仪进行放样。在放样时,应使用仪器的"跟踪测量"功能,在线段终点前后钉设临时桩。架设反光镜后测量其长度,再与给定的水平距离比较进行改动,标定终点。

二、已知水平角的放样

测设已知水平角,是在给定水平角的顶点和一个已知方向的条件下进行,要求标定出水平角的另一个方向。

(一)正倒镜分中法

当放样水平角的精度不高时,可采用经纬仪盘左、盘右取平均值的方法来放样。如图12-1所示。设地面上已有方向 OA,从 OA 向右边(或左边)放样已知水平角 β。将经纬仪安置在 O 点,用盘左瞄准 A 点,读取度盘数值,松开制动螺旋,旋转照准部,使度盘读数增加(或减少)β 角值,在此视线方向上定出 B' 点。为提高测设精度,用盘右再重复上述步骤,如若定出的点不与 B' 点重合而定出另一点 B'' 时,则取 B' 和 B'' 的中点 B,即为所要测设的点,$\angle AOB$ 就是要放样的 β 角。

使用电子经纬仪或全站仪放样时方法相同。只须注意瞄准 A 点归零后,根据 B 点在 OA 的左右侧,决定使用左角或右角模式放样。

(二)垂线改正法

放样水平角精度较高时,先用一般方法放样出 OB' 以后,再用多个测回精确测出 $\angle B'OA$ 的角值。如图 12-2,设 $\beta_{测}$ 为各测回的平均值,已知角值为 $\beta_{知}$,则两者之差 $\Delta\beta = \beta_{测} - \beta_{知}$,由此可根据 OB' 的长度和 $\Delta\beta$ 计算垂直距离 BB'。

$$BB' = OB' \tan\Delta\beta$$

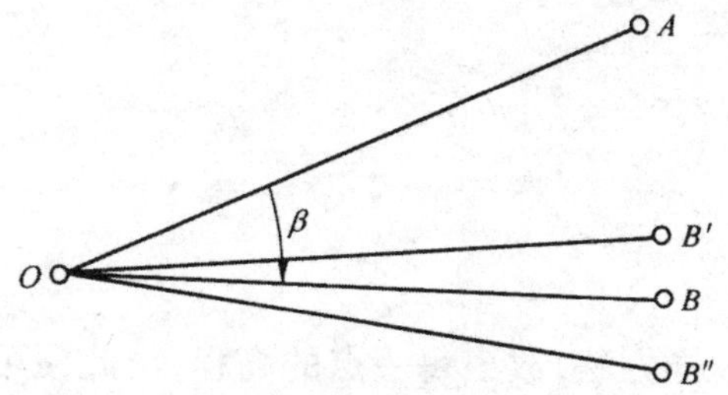

图 12-1　正倒镜分中法测设水平角示意图

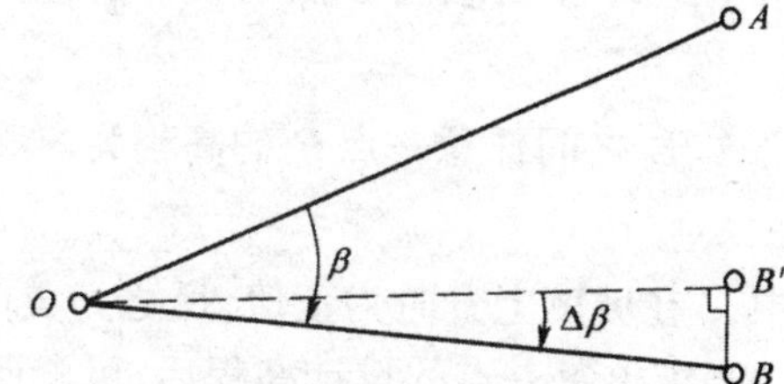

图 12-2　垂线改正法测设水平角示意图

如 $\Delta\beta$ 为"+",说明 B' 点需向内侧移动;如 $\Delta\beta$ 为"−",则需要向外侧移动。然后过 B' 点作垂直于 OB' 的垂线方向,并在此方向上测设 BB' 的距离,定出 B 点,则 $\angle AOB$ 等于已知角值。

三、已知高程的放样

测设已知高程,是在已知水准点和待定点位给定的条件下,要求待定点具有已知的高程。

测设已知高程，可根据精度要求的高低，分别采用水准测量、钢尺丈量垂直距离、三角高程测量等方法。

如图 12-3 所示，采用水准测量的方法进行放样。已知水准点为 A，其高程为 H_A；待定点位为 B，设计高程为 H_B。要求将对应的高程位置标定出来。

放样时，将水准仪安置于 A、B 中间，在水准点 A 上立水准尺，读后视 a，则可按公式(12-2)计算出与 H_B 对应的前视读数 b。

$$b=(H_A+a)-H_B \tag{12-2}$$

在设定 H_B 时，如果通过打桩的方法使立尺于待定点 B 时的读数恰好为 b 是较困难的。通常是在待定点 B 上打一个较长的木桩，将水准尺沿木桩上、下移动，使其读数恰好等于前视读数 b，根据尺底在木桩上的位置做一标志(一般画一条横线或作一个三角形符号"▼")，则该标志即具有设计的已知高程 H_B。

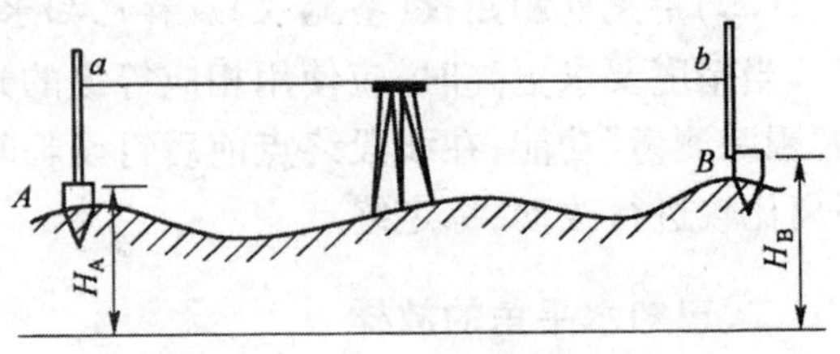

图 12-3 水准测量法测设高程图示

如果待定点的设计高程相对于已知水准点的高差太大，如开挖较深的基坑、道路施工中的高路堤和深路堑，由于水准尺长度有限，可借助于钢尺进行高程传递。用水准仪先将地面水准点的高程传递到建筑物高处或基坑的低处。如图 12-4 所示。基坑中悬挂一根钢尺，在尺的下端吊一 10 kg 的重锤，用地上水准仪分别读地面水准点 A 的水准尺读数 a 和钢尺读数 b，用坑内水准仪读取钢尺读数 c。根据读数 a、b、c 和待定点的设计高程 H_B，计算出水准尺在 B 点处对应于设计高程 H_B 的水准尺读数 d，即

$$d=H_A+a-(b-c)-H_B \tag{12-3}$$

根据 d 的读数，就可以标定出 B 处的设计高程。

四、已知坡度的放样

(一)水平视线法

如图 12-5 所示，A、B 为设计坡度线的两端点，已知 A 点的高程 H_A，设计坡度为 i，则根据水平距离 D 可求出 B 点的设计高程：

$$H_B=H_A+iD$$

A、B 之间任意一点 P 的高程为

$$H_P=H_A+iD_P$$

式中，i 在坡度上升时为正值，反之为负值。

当求出每一点的设计高程后，可参照已知高程的放样方法，放出每一点的高程，由此便可得到要放样出的已知坡度。

(二)倾斜视线法

在地面上测设已知坡度线是已知 AB 直线水平距离为 D，A 点高程为 H_A，从 A 处开始沿 AB 方向放出 $i\%$ 的坡度线。可先算出该坡度线的倾斜角为

$$\alpha=i\%\times180°/\pi$$

然后安置经纬仪于 A 点，设置倾斜角为 α，此时视线轴为要测设的坡度线，在视线方向上，按一定间距钉出 $P_1, P_2, P_3\cdots$等点，使各点桩顶立标尺或标杆的读数恰为仪器高 i 时，则

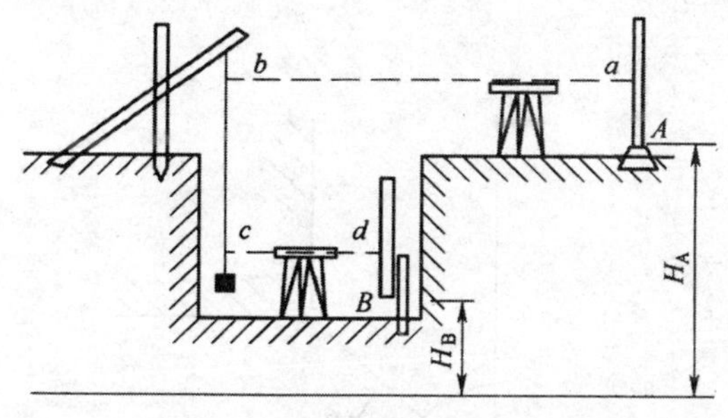

图 12-4　高差较大时用水准测量法测设高程图示

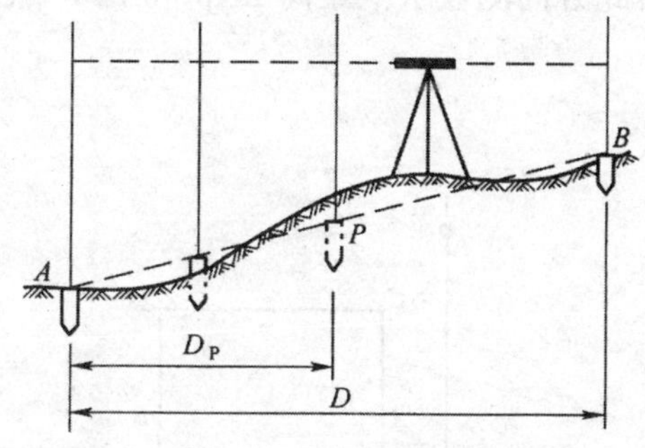

图 12-5　水平视线法测设坡度示意图

各桩顶即为设计的坡度线。

第三节　点位的平面位置放样

点位的平面位置放样常用的方法有极坐标法、角度交会法、距离交会法和直角坐标法。具体采用哪种方法，应根据控制网的形式、现场情况、精度要求等因素进行选择。

一、直角坐标法

当施工现场地形较为平坦，且有相互垂直的主轴线或方格网时，一般采用直角坐标法放样点的平面位置。

如图 12-6 所示，1、2、3 点为方格网点，A、B、C、D 为建筑物角点，各点坐标分别为 $A(30,30)$，$B(30,110)$，$C(50,30)$，$D(50,110)$。在 2 点安置经纬仪，后视 3，得 2—3 方向线，沿此方向线分别量距30 m和 110 m，得 P、M 两点，并作出标志。再在 P 点安置经纬仪，瞄准 2 或 3 点中的一个较远的点，正倒镜拨角 90°取其平均值，得 P—C 方向线，沿此方向线分别量距 30 m 和50 m，得 A、C 两点，作出标志。同法在地面上标出 B、D 两点。对照设计检查各边长及对角线长度，若不满足精度要求，则进行调整，直到满足精度要求，并加固标志点。

二、极坐标法

极坐标法是根据一个角度和一段距离测设点的平面位置的一种方法。当已知点与放样点之间的距离较近，且便于量距时，常用极坐标法放样点的平面位置。

如图 12-7 所示，A、B 是已知平面控制点，其坐标为 $x_A = 1\,000.00$ m，$y_A = 1\,000.00$ m，$\alpha_{AB} = 305°48'32''$，$P$ 为放样点，其设计坐标为 $x_P = 1\,033.640$ m，$y_P = 1\,028.760$ m。

用极坐标放样，首先计算放样数据 D_{AP}和 β(图中为$\angle BAP$)。其计算公式为

$$\left.\begin{aligned}
\alpha_{AP} &= \arctan\frac{y_P - y_A}{x_P - x_A}\\
\alpha_{AB} &= \arctan\frac{y_B - y_A}{x_B - x_A}\\
\beta &= \alpha_{AP} - \alpha_{AB}\\
D_{AP} &= \sqrt{(x_P - x_A)^2 + (y_P - y_A)^2}
\end{aligned}\right\} \tag{10-2}$$

放样时，把经纬仪或全站仪安置在 A 点，瞄准 B 点，测设已知角$\angle BPA$，得到 AP 方向，

沿此方向测设水平距离 D_{AP},得到 P 点的平面位置。

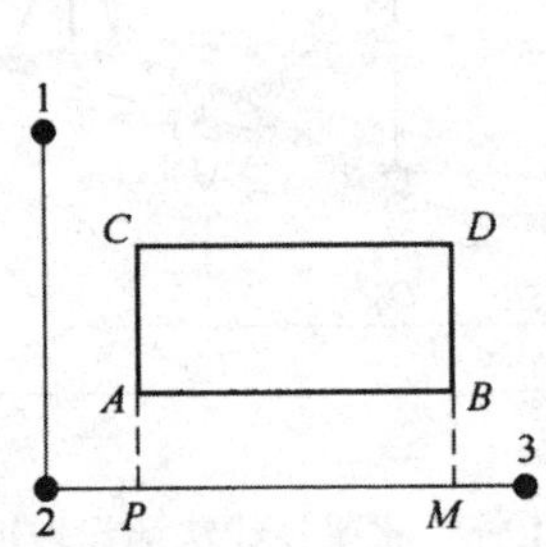

图 12-6 直角坐标法放样点的平面位置

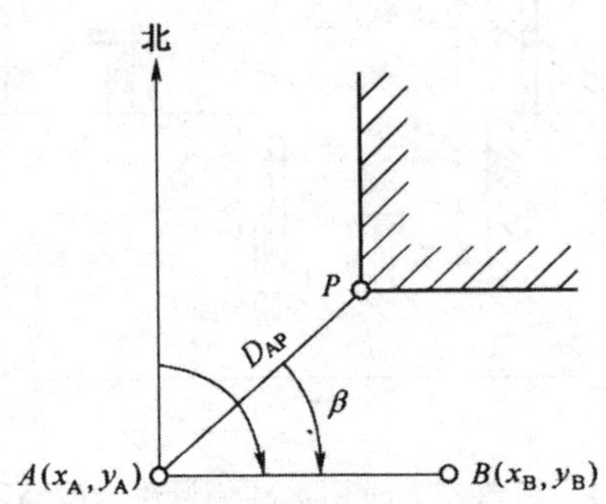

图 12-7 极坐标法放样点的平面位置

三、角度交会法

角度交会法是根据测设角度所定的方向交会出点的平面位置的一种方法。如图 12-8 所示,根据控制点 A、B、C 和放样点 P 的坐标计算 β_1、β_2、β_3、β_4 角值。将经纬仪安置在控制点 A 上,后视点 B,根据已知水平角 β_1 盘左盘右取平均值放样出 AP 方向线,在 AP 方向线上的 P 点附近定两点,如图 12-8(b)中的 1、2 点。同法,分别在 B、C 两点安置经纬仪,放样出 3、4 和 5、6 四个点,分别表示 BP 和 CP 的方向线。将各方向用细线拉紧,在地面上拉出三条线,得三个交点。由于放样中的误差,由此而产生的这三个交点就构成了误差三角形。当误差三角形的边长不超过规定的限值时,可取误差三角形的重心作为所求 P 点的位置。若误差三角形的边长超限时,则应重新放样。

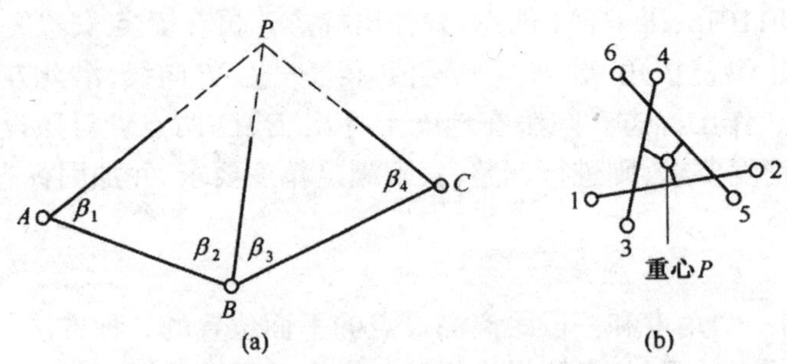

图 12-8 角度交会法放样点的平面位置

角度交会法的优点是只用测角,而无需量距。广泛应用于视线开阔而又无法量距时的点位放样。如桥梁的墩、台定位测量。

四、距离交会法

距离交会法是根据放样的距离交会定出点的平面位置的一种方法。当地形较平坦,且待定点到两个控制点的距离均不超过一个整尺段时,则可采用距离交会法来放样待定点。

如图 12-9 所示,根据控制点 A、B 和待定点 P 点的坐标,计算出放样数据 D_{AP}, D_{BP}。放样时,用钢尺分别以控制点 A、B 为圆心,以 D_{AP}、D_{BP}为半径,在地面上画弧,交出 P 点。

距离交会法的优点是不需用仪器,但精度低,在施工细部放样时,常用此法。

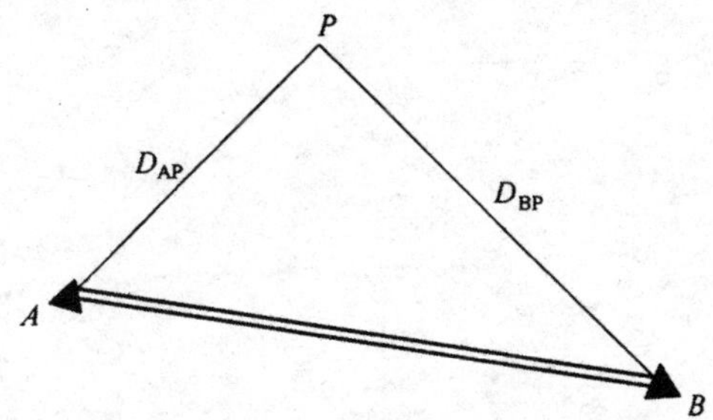

图 12-9 距离交会法放样点的平面位置

五、全站仪坐标放样法

全站仪坐标放样法其实质就是极坐标法，它能适应各种地形，操作简单，且精度高，在施工现场已经被广泛应用。

放样时，将全站仪置于放样模式，输入测站点坐标、后视点坐标(或方位角)，再输入放样点坐标。采用“跟踪测量”，确定待定放样点的位置。

1. 施工测量的目的和任务是什么？应遵守什么原则？又有何特点？

2. 试述测设已知距离、已知水平角和已知高程的方法？

3. 已知点的平面位置测设有哪几种常见的方法？

4. 如图 12-10，已知地面水准点 A 的高程为 $H_A=40.00\,m$，若在基坑内 B 点测设 $H_B=30.000\,m$，测设时 $a=1.415\,m$，$b=11.365\,m$，$a_1=1.205\,m$，问当 b_1 为多少时，其尺底即为设计高程 H_B？

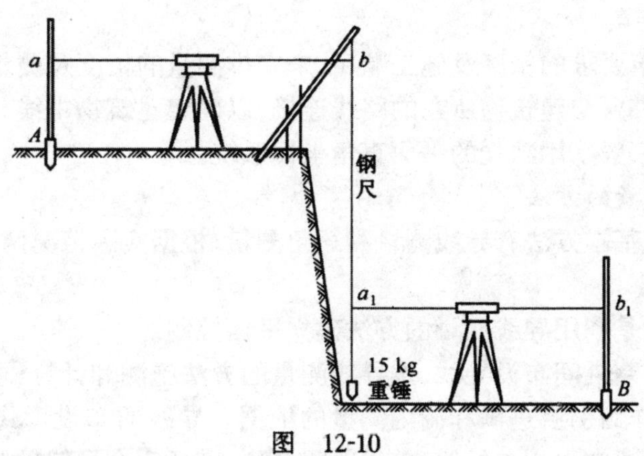

图 12-10

5. 设地面上 A 点高程已知为 $H_A=32.785\,m$，现要从 A 点沿 AB 方向修筑一条坡度为 -2% 的道路，AB 的水平距离为 120 m，每隔 20 m 打一中间点桩。试述用经纬仪测设 AB 坡度线的作法，并绘一草图表示。

第十三章

桥隧施工测量

本章提要：本章简单介绍施工控制测量；重点讲述桥梁、隧道以及涵洞施工测量的基本方法。

第一节　控制测量概述

铁路工程控制测量包括平面控制测量和高程控制测量两大部分，其控制对象为长隧道、特大桥及展线地段的桥隧群。

一、平面控制测量

（一）平面控制测量的任务、对象及特点

1. 平面控制测量的任务

平面控制测量的任务在于保证各项建筑物修建时的平面位置精度，对于隧道工程，主要是按规定的精度正确贯通，并测定施工中线，使各部分建筑物按设计的平面位置正确地放样和修建；对于桥梁工程，即保证所有墩台的平面位置以规定的精度，按设计平面位置放样和修建，使预制梁安全架设。

2. 平面控制测量的对象

铁路工程平面控制的主要控制对象是：1000 m 以上的直线隧道、500 m 以上的曲线隧道的平面控制；特大桥以及测量条件特殊困难的大桥的平面控制测量。

3. 平面控制的特点

(1)根据工程建筑要求的精度及施工顺序，来安排测量的精度及测量的程序。

(2)平面控制网都要与建筑物所在的路线连接，以确定建筑物中线与设计路线的关系。

(3)平面控制网一般采用独立的平面直角坐标系统。

（二）平面控制测量的方法

平面控制测量的基本方法有导线测量和三角测量，根据实际情况两者可以结合使用。

1. 导线控制测量

导线控制测量就是利用导线测量的方法建立平面控制。

在已确认中线控制桩间布设导线，按导线测量的方法施测和计算，求得隧道两洞口中线控制点间的相对位置，作为引测进洞和洞内测量的依据。导线的布设形式应根据地形情况和隧道的具体情况而定。通常采用单导线、单导线闭合环、多环闭合导线网及主、副导线环等形式。

2. 三角控制测量

用三角测量建立平面控制网，是根据建筑物所在的位置，选择有利位置布设三角锁（网），并与建筑物所在铁路线的位置连接。对于隧道较长、地形复杂的山岭地区，常采用三角测量的方法建立平面控制。即在已确认的两端洞口中线控制点间布设单三角锁，按三角测量的方法施测和计算，求得两洞口中线控制点间的相对位置，作为引测进洞和洞内测量的依据。

二、高程控制测量

特大桥施工水准网中的各水准点，应沿桥轴线两侧均匀布设，间距宜为 400 m 左右，并构成连续水准环。水准网根据不同项目内容，选择相应测量等级，并应满足相应等级的精度要求。如跨水准测量在跨河距离小于 800 m 时，应进行三等水准测量。

隧洞高程控制测量应根据测量设计所需的精度，结合仪器设备条件，采用水准测量或光电测距三角高程测量。二、三等高程控制测量应采用水准测量，四、五等高程控制测量可采用水准测量，也可采用光电测距三角高程测量。隧道高程测量必须利用一端洞口线路定测的高程(即设计高程)作为起算高程，测量并传算至隧道另一端口与定测高程闭合。

第二节　桥梁施工测量

一、桥梁墩、台中心定位资料计算

桥墩台中心的放样(也称定位测量)，是一项很重要的测量工作，放样的原始资料是在设计图纸上给出的，因而，首先需对资料进行仔细校核，然后根据控制网或桥轴线长度资料计算出放样数据，并据此进行放样。

(一)直线桥墩、台中心放样资料计算

在直线桥上，梁中心线和线路中线完全吻合，即桥梁的墩台中心均位于桥轴线方向上，如图 13-1 所示。在桥梁施工坐标系中，各墩台中心的横坐标均为零；已知桥轴线控制桩 A、B 和各墩台中心的里程，则各墩台中心的纵坐标等于墩台中心与控制桩的里程之差，且相邻二墩台里程之差即为跨距。

设控制点 A 的里程为 $\mathrm{DK_A}$，第 i 墩的里程和纵横坐标分别为 DK_i 和 x_i、y_i，第 i 跨的跨距为 l_i，则有

$$\left.\begin{aligned} x_i &= \mathrm{DK}_i - \mathrm{DK_A} \\ y_i &= 0 \\ l_i &= \mathrm{DK}_i - \mathrm{DK}_{i-1} \end{aligned}\right\} \tag{13-1}$$

为了简化计算，在给定控制点 A 的坐标时，可以是一个常数，使所有控制点的坐标均为正值。

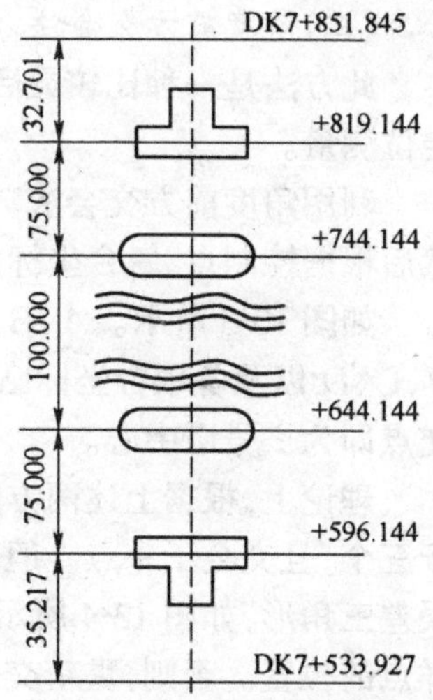

图 13-1　直线桥放样计算图示

(二)曲线桥墩、台中心放样资料计算

桥梁位于曲线上时，线路中线为曲线，而每跨梁却是直的。这样，在桥梁修建过程中，就要求相邻梁中线必须随线路中线的弯曲而连成连续折线。这条折线称为曲线桥梁的工作线。它与线路中线不能完全吻合，如图 13-2 所示。曲线桥的墩台放样实际就是测设曲线桥的工作线的转折角的顶点。其放样资料有偏距 E(工作线的转折点向线路中线外侧移动的一段距离)、桥梁偏角 α(相邻梁跨工作线构成的偏角)、桥墩中心距 L(每段折线

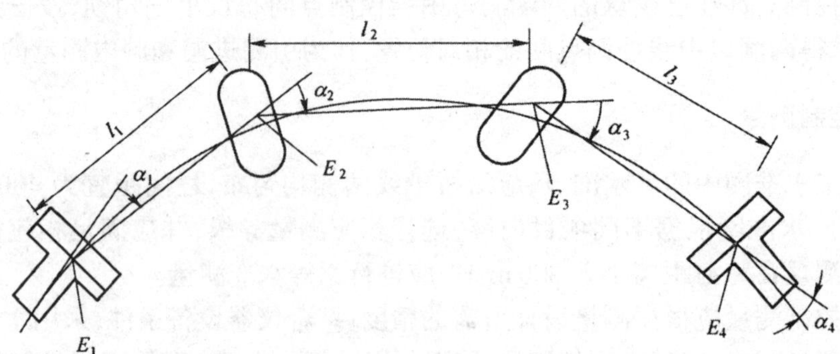

图 13-2　曲线桥放样计算图示

的长度)。其数据在设计图上都会给出。根据给出的 E、α、L,把桥梁工作线视为桥梁控制网的一条导线,这样就可以计算出各墩台中心的坐标。

二、桥梁墩、台中心放样

桥梁墩台中心放样的方法较多,应根据所处的施工条件和要求精度的高低选用。

(一)直接丈量法

此法适用于墩台位于干沟、干涸河道或水面较窄,用钢尺可以跨越丈量的直线桥。它采用放样水平距离的方法,沿桥梁中线依次直接放样出各墩台的中心位置,跨距丈量精度不得低于设计跨距的 1/5 000。

(二)偏角法

偏角法适用于可以丈量距离的桥跨短、跨数多的曲线桥。测设时,根据各墩台中心的设计里程,按照线路测量中曲线测设的偏角法,首先测设出线路中线与各墩台横轴线的交点,然后安置仪器于其上,找出墩台横轴线方向,并沿此方向自置镜点向曲线外侧量出相应的偏距,即可定出墩台中心的位置。

(三)角度前方交会法

此方法是一种比较灵活、应用广泛的方法,既可用于直线桥定位测量,又可用于曲线桥的定位测量。

利用角度前方交会法,首先要根据桥梁施工控制网中控制点的坐标,推算出墩台的坐标,然后根据控制点,墩台坐标反算所需放样的距离、角度。

如图 13-3 所示。A、B、C、D 为桥梁施工控制网中的控制点,AB 方向为桥轴线方向。A、B、C、D 以及各墩台坐标已知。欲放 i 号墩,置镜于 D、C 分别瞄准A、B,拨角 α_i、β_i。两方向交点即为 i 号墩中心。

理论上,根据上述两方向即可定出墩中心。实际交会时,为了检核,规定交会方向不得少于三个,且交会于一点。但由于控制测量和交会放样的误差影响,往往不能交会于一点,形成误差三角形,如图 13-4 所示。当误差三角形最大边长不超过规定要求时,则可取其重心为放样点的位置。否则,重新交会。

(四)极坐标法

当使用光电测距仪或全站仪时,采用极坐标法定位是一种最简单的方法,而且精度较高。

如图 13-5 所示,图中 N 为墩中心的理论位置,N'为浮运中沉井的中心位置。如果能测出

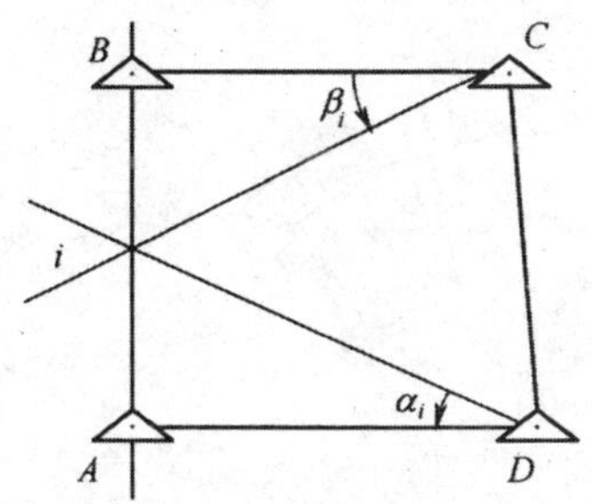

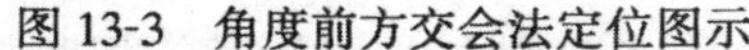

图 13-3　角度前方交会法定位图示

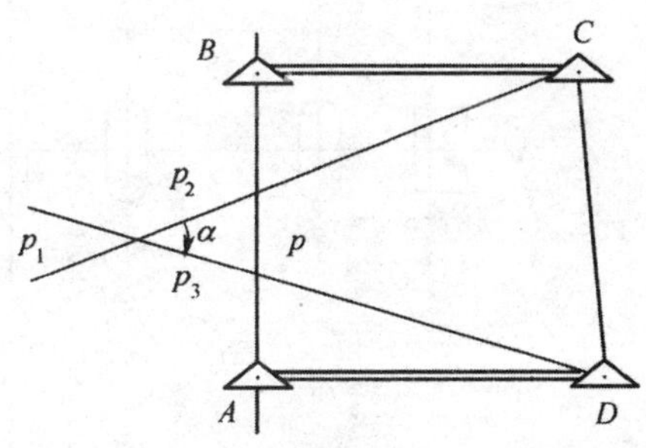

图 13-4　角度前方交会(三个方向)法定位图示

N'相对于N点的瞬时坐标差δ_x、δ_y,它就是沉井在平行及垂直于桥轴线方向所应移动的距离。在定位时,在控制点C安置仪器,在沉井中心置反光镜。为了计算方便,最好使仪器在CN'方向上的水平读数为该方向的坐标方位角。由于C点坐标和AC坐标方位角是已知,当使水平度盘读数以$\alpha_{AC}+180°$照准A点时,则CN'方向的读数就是它的坐标方位角值。当测出CN'的距离后,算出其坐标增量$\Delta x_{CN'}$、$\Delta y_{CN'}$,则

$$x_{N'}=x_C+\Delta x_{CN'} \tag{13-2}$$

N'与N的坐标差为

$$\begin{aligned}\delta_x&=x_N-x_{N'}\\ \delta_y&=y_N-y_{N'}\end{aligned} \tag{13-3}$$

图 13-5　极坐标法定位图示

根据算出的δ_x、δ_y及时移动沉井的位置。这样连续进行观测直至沉井到达规定的位置。为了避免错误,可用两台仪器在不同的控制点上进行观测,或者用一台仪器在不同的控制点上进行检核。

三、桥梁墩台纵横轴线的放样

墩台的纵轴线是指过墩台中心平行于线路方向的轴线。横轴线是指过墩台中心垂直于线路方向的轴线。桥台的横轴线就是桥台的胸轴线。

直线桥各墩台的纵轴线与桥轴线重合,不需要另行测设。放设横轴线的方法是在墩台中心安置仪器,自桥轴线方向旋转 90°,即得横轴线方向,如图 13-6(a)所示。

曲线桥墩台的纵轴线位于桥梁偏角的分角线上,横轴线与纵轴线垂直。测设时,在墩台中心安置仪器,自相邻的墩台中心方向测设桥梁偏角的一半,即得纵轴线方向;自纵轴线方向转 90°,即为横轴线方向,如图 13-6(b)所示。

四、桥梁架设的施工测量

桥梁架设是桥梁施工的最后一道工序。在架梁前,应对墩台方向、距离、高程进行复核和进行适当的调整,使之完全符合设计要求。

大跨度钢桁架或连续梁采用悬臂或半悬臂安装架设。安装开始前,应在横梁顶部和底部的中点作出标志。架梁时,用来测量钢梁中心线与桥梁中心线的偏差值。

在梁的安装过程中,应不断地测量以保证钢梁始终在正确的平面位置上,高程(立面)位置应符合设计的大节点挠度和整跨拱度的要求。

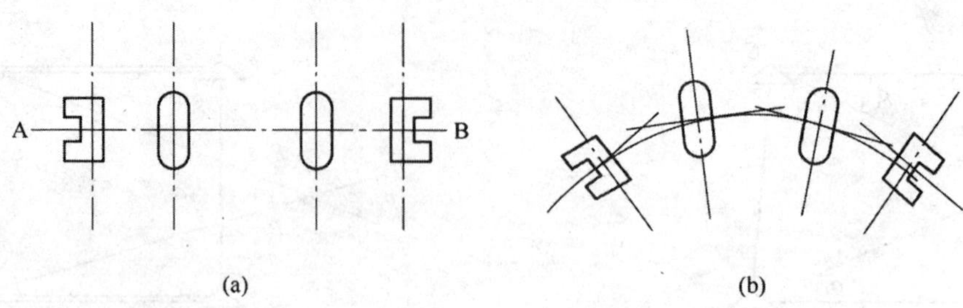

图 13-6 桥梁墩台的纵横轴线

如果梁的拼装是两端悬臂在跨中合拢，则合拢前的测量重点应放在两端悬臂的相对关系上，如中心线方向偏差、最后节点高程差和距离差要符合设计和施工要求。

全桥架通后，应对方向、距离、高程进行全面的测量，其成果可作为钢梁整体纵、横移动和起落调整的施工依据，称为全桥贯通测量。

第三节 涵洞工程施工测量

一、涵洞纵、横轴线的放样

在涵洞放样时，首先要放出涵洞的纵、横轴线位置。即根据设计绘出的涵洞所在里程，放出涵洞轴线与线路中心线的交点，并根据涵洞轴线与线路中线所构成的夹角，放出涵洞的方向。

（一）直线上的涵洞轴线放样

当涵洞位于直线上时，依涵洞里程，自附近的里程桩沿线路方向量出相应的距离，即得涵洞轴线与线路中线的交点。此时，涵洞横轴线方向就是线路方向。安置仪器于交点，照准中线方向，平转 90°（或斜交角值 θ），就可以得到涵洞的纵向轴线，如图 13-7(a)、(b)所示。

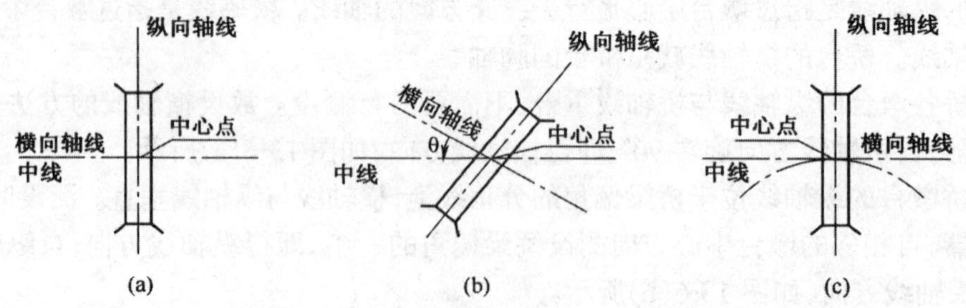

图 13-7 涵洞纵横轴线

(a)直线正交涵洞；(b)斜交涵洞；(c)曲线正交涵洞

（二）曲线上的涵洞轴线放样

涵洞位于曲线上时，依涵洞里程，用测设曲线的方法定出涵洞轴线与线路中线的交点。安置仪器于交点处，按照曲线上的点定切线的方法，定出焦点处的切线。即切线就是涵洞的横向轴线，然后，自切线方向水平转动 90°（或斜交角值 θ），即可得到涵洞的纵向轴线，如图 13-7(c)所示。

二、基坑放样

基坑放样是根据涵洞的轴线和基坑宽度以及边坡放设出基坑的开挖界线，确定基坑边桩位置。其方法可采用先在图纸上绘制纵、横向开挖基坑边线图，然后到现场沿涵洞纵向测纵向地面线，在横向测若干个横向地面线，把测得的纵横向地面线套绘在相应的挖基边线图上，地面线与挖基边线的交点就是基坑的边桩。在基坑开挖前，应在纵横轴线上、基坑边桩以外设控制桩，每侧至少两个，供施工中随时校核放样之用，如图 13-8 所示。图中 $A,B,C,D,\cdots,H$ 为纵横轴线控制桩；1,2,3,…,20 为基础放样桩；0 为涵洞中心点。在基坑开挖过程中，还应进行高程的放样，标定基坑底部的设计高程。

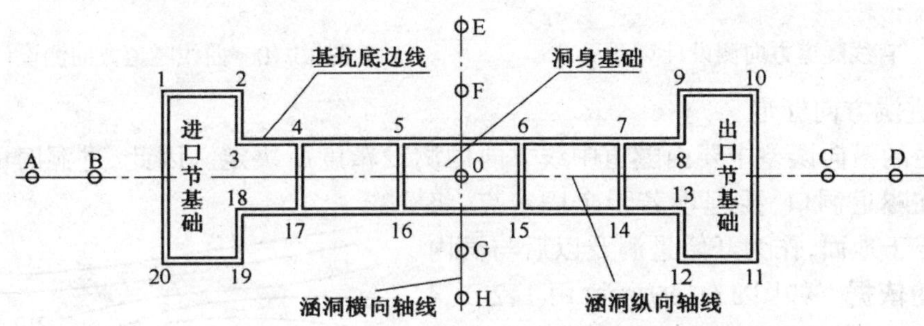

图 13-8　基坑放样图示

三、涵洞基础放样

基坑挖好后，应重新放设涵洞的纵横轴线，按涵洞设计图的基础平面尺寸，丈量距离，准确放样。同时，按涵洞分节抄平，逐节钉设水平桩，控制基座和基顶标高。

第四节　隧道施工测量

一、隧道进洞的方向、里程和高程的测设

洞外控制测量完成后，即可求得洞口点（各洞口至少有两个）的坐标和高程，根据设计参数计算洞内中线点的设计坐标和高程。坐标反算得到测设数据，即洞内中线点与洞口控制点之间的距离、角度和高差关系。测设洞内中线点位。

1. 方向测设数据计算

如图 13-9 所示，一直线隧道的平面控制网，$A,B,C,\cdots,G$ 为地面控制点。其中 A、G 为洞口点，S_1、S_2 为设计进洞的第 1、第 2 个中线里程桩。为了求得 A 点洞口中线进洞方向及进洞后测设中线里程桩 S_1，用坐标反算公式求得测设数据：

$$\alpha_{AB}=\arctan[(y_B-y_A)/(x_B-x_A)]$$

$$\alpha_{AG}=\arctan[(y_G-y_A)/(x_G-x_A)]$$

$$D_{A-S_1}=\sqrt{(x_{S_1}-x_A)^2+(y_{S_1}-y_A)^2}$$

对于 G 点洞口的进洞测设数据，可以做类似计算。

对于中间具有曲线的隧道，如图13-10所示，隧道中线转折点 C 的坐标和曲线半径 R 已由设计文件给定。因此，可以计算两端进洞中线的方向和里程并测设。当开挖达到曲线段的里程后，按照测设线路平面曲线的方法测设曲线上的里程桩。

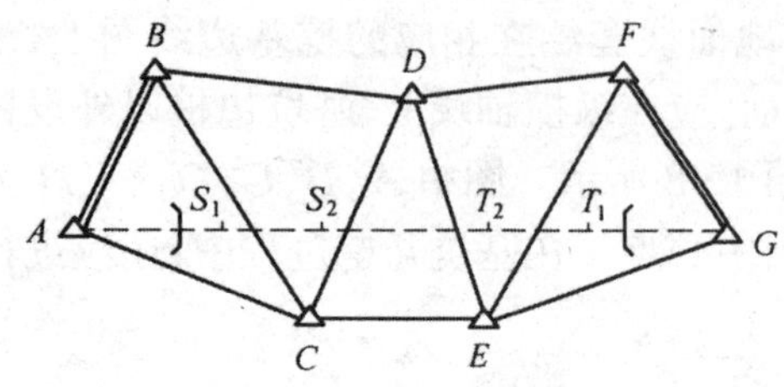

图13-9　直线隧道方向测设计算图示

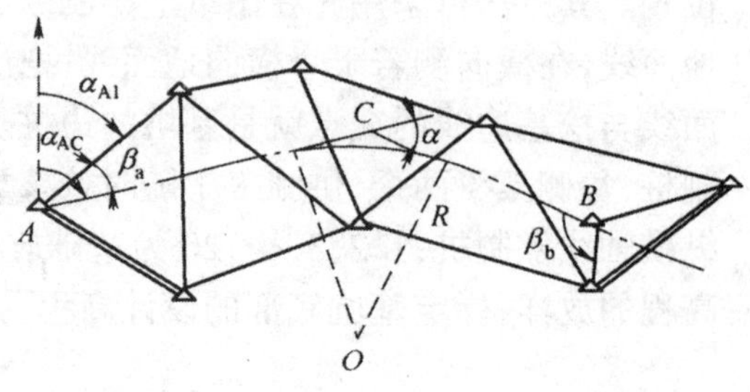

图13-10　曲线隧道方向测设计算图示

2. 洞口进洞方向标定

隧道贯通的横向误差主要由隧道中线方向的测设精度所决定。因此，进洞时的初始方向尤为重要。在隧道洞口，要埋设若干个固定点，将中线方向标定于地面，作为开始进洞及以后与洞内控制点联测的依据。如图13-11所示，用1、2、3、4标定进洞方向，再在洞口点 A 与中线垂直方向上埋设5、6、7、8桩，且应固桩并测 A 点至2、3、6、7点的距离。这样，在施工过程中随时可以检查或恢复控制点的位置和进洞中线的方向及里程。

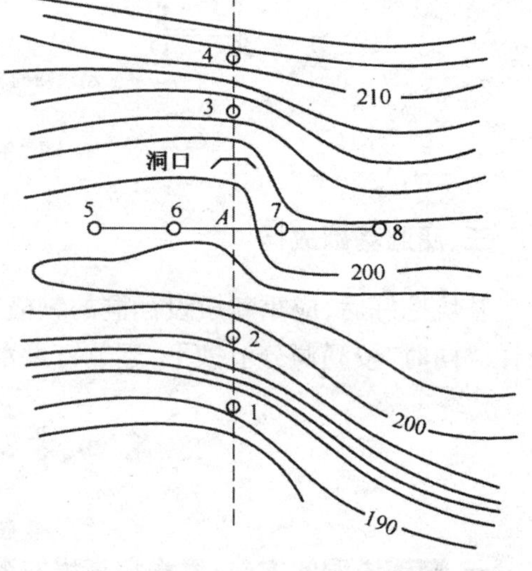

图13-11　隧道洞口进洞方向标定图示

3. 洞内中线和腰线的测设

中线测设：根据隧道洞口中线控制桩及方向桩，在洞口开挖面上测设开挖中线，并逐步往洞内引测中线上的里程桩。一般情况下，隧道直线段每掘进20 m，曲线段每10 m就要埋设一个里程桩。中线桩可以测设在隧道的底部或顶部。

腰线测设：在隧道施工中，为了控制施工的标高和隧道横断面的放样，在隧道侧壁上，每隔一定距离测设出比隧底设计标高高出1 m的标高线，称为腰线。腰线的高程由引入洞内的水准点进行测设。

4. 掘进方向指示

在隧道开挖掘进的施工过程中，经常使用激光指向仪以指示中线和腰线的方向。它具有直观、对其他工序影响小、便于实现自动控制等优点。如，采用机械化掘进设备，用固定在一定位置上的激光指向仪，配以装在掘进设备上的光电接收靶，当在掘进过程中方向如果偏离了指向仪发出的激光束，则光电接收靶会自动指出偏移方向及偏移值，为掘进设备提供自动控制的信息。

二、洞内施工导线和水准测量

1. 洞内施工导线

测设隧道中线时,每掘进一段距离就要埋设一个中线桩。由于定线误差,所有中线桩不可能严格位于设计位置上。因此,隧道每掘进一定长度应布设一个导线点(可利用中线桩),组成洞内导线。洞内施工导线只能布设成支导线的形式,并随隧道的掘进而延伸,缺乏检核条件。在观测时,转折角应观测左右角,边长应往返丈量。根据导线点的坐标来检查和调整中线桩位置。

2. 洞内水准测量

用洞内水准测量控制隧道施工的高程。隧道向前掘进,洞内应每隔 200～500 m 设置一对高程控制点。并据此测设需要的高程。水准点可埋设在洞顶或洞壁上比较稳固和便于观测的地方。洞内水准测量应进行往返测,同时还需要经常进行复测。

3. 盾构施工测量

盾构法是隧道施工采用的一种综合性施工技术,它是将隧道的定向掘进、运输、衬砌、安装等各种工种组合成一体的施工方法。其施工不受地面建筑和交通的影响,机械化和自动化程度很高,是一种先进的土层隧道施工方法,广泛应用于城市地下铁道、越江隧道等工程的施工中。

盾构的标准外形是圆形,也有矩形、半圆形等与隧道断面相近的特殊形状。如图 13-12 所示,为圆筒形盾构及隧道衬砌管片的纵剖面示意图。切口环是盾构掘进的前沿部分,利用沿盾构圆环四周均匀布置的推进千斤顶,顶住已拼装完成的衬砌管片(钢筋混凝土预制),使盾构向前推进。

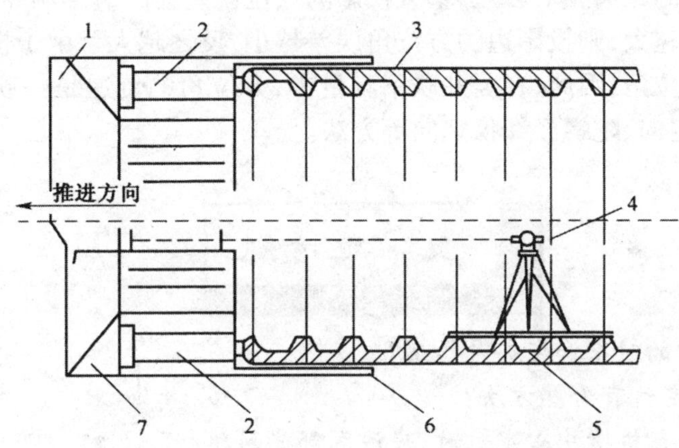

图 13-12　圆筒形盾构及隧道衬砌管片纵剖面示意图

1—切口环;2—推进千斤顶;3—衬砌管片;4—激光定向仪;
5—洞内导线点;6—盾尾;7—切口

盾构的施工测量主要是控制盾构的位置和推进方向。利用洞内导线点测定盾构的当前位置,用定向仪指示推进方向,用千斤顶编组施以不同的推力,进行纠偏,即调整盾构的位置和推进方向。

三、隧道结构物的施工放样

1. 隧道开挖断面测量

在隧道施工中,为使开挖断面能较好地符合设计断面,在每次掘进前,应在开挖断面上根据中线和设计标高,标出设计断面尺寸。

分部开挖的隧道在拱部和马口开挖后,全断面开挖的隧道在开挖成形后,应采用断面自动测绘仪或支距法测绘断面,检查端面是否符合要求;并用来确定超挖、欠挖工程数量。测量时应按中线和外拱顶高程,从上而下每0.5m(拱部和曲墙)和1m(直墙)向左右量测支距。量支距时,应考虑施工预留宽度。

2. 结构物的施工放样

在施工放样前,对中线点和高程点进行加密。中线点加密的间隔应根据施工需要而定。在衬砌之前,应进行衬砌放样,包括立拱架或衬砌台车的定位、边墙等一系列的测量工作。

四、竖井联系测量

在隧道施工中,除了采用开挖平洞、斜井增加开挖工作面,还可以采用开挖竖井的方法增加工作面,将整个隧道分成若干段,实行分段开挖。

在采用竖井开挖时,为了保证地下各方向的开挖面能准确贯通,必须将地面控制网中的点位坐标、方位和高程,通过竖井传递到地下,这项工作称为竖井联系测量。

竖井施工前,根据地面控制点把竖井的位置测设于地面。竖井向地下开挖,其平面位置用悬挂重锤或垂准仪测设铅垂线,将地面控制点垂直投影至地下施工面。高程控制点的传递可以用钢卷尺垂直丈量法或全站仪天顶测距法。

竖井施工到达设计底面后,应将地面控制点的坐标、高程和方位作最后的精确传递,以便能在竖井的底层确定隧道的开挖方向和里程。由于竖井的井口宽度有限,用于传递方位的两根铅垂线间(投影边)的距离相对较短,垂直投影的点位误差会严重影响井下方位定向的精度。两垂直投影点的距离越大,则投影边的方位角误差越小;反之越大。由于投影边的方位角是作为洞内导线的起始方位角,因此,在竖井联系测量中,方位角的传递是一项重要的工作。常常采用一井定向、两井定向、陀螺经纬仪定向等方法。

1. 平面控制测量的对象和任务是什么?
2. 直线桥墩、台定位有哪些方法?
3. 用极坐标法进行桥墩中心定位时,应注意哪些问题?
4. 涵洞施工测量有哪些内容? 如何放样?
5. 跨河水准测量如何实施? 需要注意哪些事项?
6. 隧道地面平面控制测量、高程控制测量有哪些内容?
7. 用导线建立隧道的平面控制网,为何要使导线成为延伸形?
8. 隧洞施工测量中的有关测量工作有哪些?
9. 何谓隧道贯通误差的测定?

第十四章

GPS 测量简介

本章提要：本章主要介绍全球定位系统（GPS）的组成、基本原理以及 GPS 测量的作业模式等。

第一节 概 述

一、全球定位系统概述

全球定位系统（GPS）是“导航卫星定时测距全球定位系统”（Navigation Satellite TimingAnd Ranging Global Positioning System）的简称。该系统由美国国防部在总结 NNSS（Navy Navigation Satellite System——美国海军导航卫星系统）的优劣之后，于 1973 年组织研制，主要为军事导航与定位服务的系统。GPS 系统总投资超过 200 亿美元，1978 年 2 月 22 日第一颗 GPS 试验卫星发射成功；1989 年 2 月 14 日第一颗 GPS 工作卫星发射成功；1994 年全部完成 24 颗工作卫星（含 3 颗备用卫星）的发射工作。GPS 是利用卫星发射的无线电信号进行导航定位，具有全球性、全天候、高精度、快速实时三维导航、定位、测速和授时功能以及良好的保密性和抗干扰性，被称为 20 世纪继阿波罗登月、航天飞机之后又一重大航天技术。

GPS 导航定位系统可以用于军事上各兵种和武器的导航定位，在美军的第一次海湾战争、科索沃战争及第二次海湾战争中起到了重要作用。同时，GPS 在民用上也发挥重大作用，广泛地应用于飞机、船舶和各种载运工具的导航及姿态测量；大气参数测试；电力及通讯系统中的时间控制；地震及地球板块运动监测；地球动力学研究等。特别在大地测量、城市和矿山控制测量、建筑物变形测量及水下地形测量等方面得到广泛的应用。

二、GPS 的特点

1. 定位灵活

GPS 点之间不要求相互通视，对 GPS 网的几何图形也没有严格的要求，因而 GPS 定位的选择更为灵活，可以自由布设。

2. 定位精度高

目前采用载波相位进行相对定位，精度可达 1ppm（1ppm＝百万分之一）。

3. 观测速度快

目前，利用静态定位方法，完成一条基线的相对定位所需要的时间，根据观测的精度的不同，一般约为 1～3 h。如果采用快速静态相对定位技术，观测时间可缩短到数分钟。采用实时动态（RTK）定位技术，只需要几秒钟的观测时间。

4. 功能齐全

GPS 测量可同时测定测点的平面位置和高程，采用实时动态测量可进行施工放样。

5. 操作简便

GPS 测量的自动化程度很高，作业员在观测时只需要安置和开启、关闭仪器，量取天线高度，监视仪器的工作状态及采集环境的气象数据，而其他如捕获、跟踪观测卫星和记录观测数据等一系列测量工作均由仪器自动完成。

6. 全天候、全球性作业

由于 GPS 有 24 颗卫星而且分布合理，在地球任何地点、任何时间均可以连续同步观测到 4 颗以上的卫星，因此在任何地点、任何时间均可进行 GPS 测量。GPS 测量一般不受天气情况的影响。

第二节　全球定位系统(GPS)的组成

全球定位系统(GPS)主要由空间卫星部分(GPS 卫星星座)、地面监控部分和用户设备三部分组成。空间星座部分包括 GPS 工作卫星和备用卫星；地面监控部分控制整个系统时间，负责轨道监测和预报；用户设备主要指各种型号的接收机。三者有各自独立的功能和作用，但又是有机地配合而缺一不可的整体系统。如图 14-1 所示。

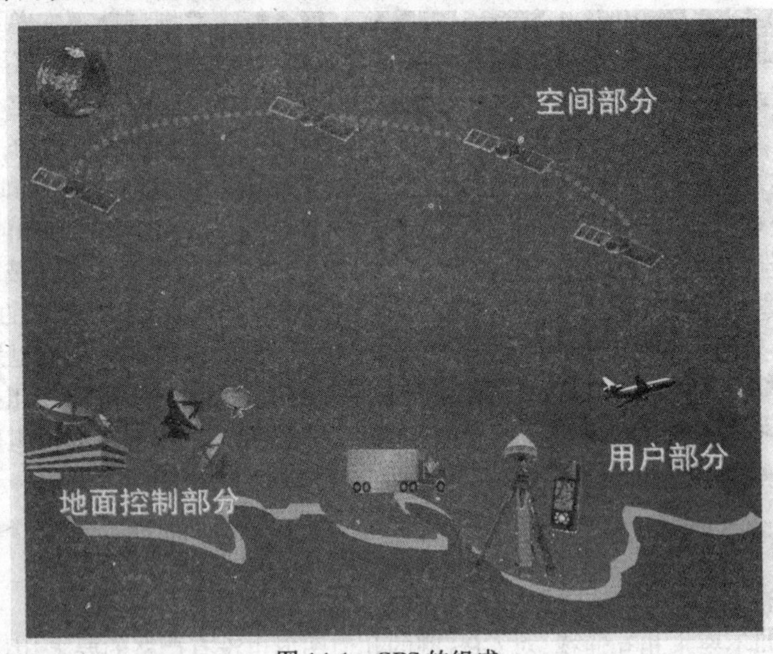

图 14-1　GPS 的组成

一、空间部分

全球定位系统的空间卫星星座由 21 颗工作卫星和 3 颗备用卫星所组成。如图 14-2 所示，24 颗卫星均匀分布在 6 个近圆形的轨道面内，每个轨道均匀分布有 4 颗卫星，以保证在世界任何地方、任何时间都可进行实时三维定位。

GPS 卫星星座的基本参数见表 14-1。

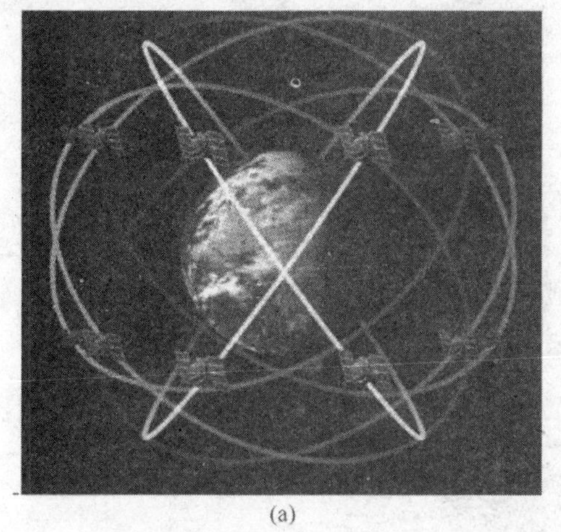
(a)

(b)

图 14-2　GPS的空间卫星

表 14-1　GPS卫星星座基本参数

内　容	GPS	内　容	GPS
卫星数(颗)	21+3	运行周期	11 h 58 min
轨道数(个)	6	卫星轨道高度	20 200 km
倾角	55°	覆盖面	38%
轨道平面升交点赤经间距	60°	载波频率	1 575 MHz,波长 19.05 cm 127 MHz,波长 24.45 cm

GPS工作卫星的作用有：

(1)向广大用户连续发送定位信息；

(2)接收和储存由地面监控站发来的卫星导航电文等信息,并适时地发送给广大用户；

(3)接收并执行由地面监控站发来的控制指令,适时地改正运行偏差或启用备用卫星等；

(4)通过星载的高精度铷钟和铯钟,提供精密的时间标准。

GPS工作卫星的核心部件是高精度的时钟、导航电文存储器、双频发射和接收以及微处理机。

二、地面监控部分

地面监控部分包括一个主控站、三个注入站和五个监测站。主要任务是监视卫星的运行;确定卫星时间系统;跟踪并预报卫星星历及卫星钟的状态;向每颗卫星的数据存储器注入卫星导航数据。其分布如图 14-3 所示。

1. 主控站

主控站设在美国本土科罗拉多空间中心。它除了协调管理地面监控系统外,还负责将监测站的观测资料联合处理推算卫星星历、卫星钟差和大气修正参数,并将这些数据编成导航电文送到注入站。此外,它还可以调整偏离轨道的卫星,使之沿预定轨道运行或启用备用卫星。

2. 监测站

监测站设在科罗拉多、南大西洋的阿松森群岛、印度洋的迭戈加西亚、南太平洋的卡瓦加兰和夏威夷。站内设有双频 GPS 接收机、高精度原子钟、气象参数测试仪和计算机等设备。其主要任务是对卫星进行连续观测,以采集数据和监测卫星的工作状况,所有观测数据连同气象数据传送给主控站,用以确定卫星的轨道参数。

3. 注入站

图 14-3　GPS 地面监控站分布图

注入站分别设在阿松森群岛、迭戈加西亚、卡瓦加兰。其主要任务是将主控站发来的导航电文注入到相应的卫星的存储器。此外,注入站能自动向主控站发射信号,每分钟报告一次自己的工作状态。全球共有 3 个地面天线站,分别与 3 个监测站重合。

整个 GPS 的地面监控部分,除主站外均无人值守。各站间用现代化的通讯网络联系起来,在原子钟和计算机的精确控制下,各项工作实现了高度自动化和标准化。

三、用户设备部分

GPS 用户设备部分包括硬件设备和各种软件,如图 14-4 所示。硬件设备有 GPS 接收机

图 14-4　GPS 的用户设备

及天线、微处理器及其终端设备和电源。软件有内软件和外软件。内软件是指诸如控制接收机信号通道,按时序对各卫星信号进行量测的软件以及内存或固化在中央处理器中的自动操作程序等,这类软件已和接收机融为一体。外软件主要指观测数据后处理的软件系统。

GPS 用户设备的主要任务是捕获卫星信号,跟踪并锁定卫星信号,对接收的卫星信号进行处理,测量出 GPS 信号从卫星到接收机天线间的传播时间。能译出 GPS 卫星发射的导航电文,实时计算接收天线的三维坐标、速度和时间。

第三节　WGS-84 大地坐标系及坐标转换

一、WGS-84 坐标系

美国国防部制图局(DMA)继世界大地坐标系(World Geodetic System)WGS-60,WGS-66,GS-72 后,于 1984 年开始,经过多年修正、完善、发展了一种新的世界大地坐标系,称之为美国国防部 1984 年世界大地坐标系(WGS-84),该系统于 1985 年启用。1986 年开始生产出第一批相对该系统的地图、航图及大地成果。GPS 系统从 1987 年开始使用 WGS-84 系统,为广播星历和精密星历提供准确的参考坐标系,这样用户可以从 GPS 定位测量中得到更精密的地心坐标,也可通过相似变换得到精度较高的局部大地坐标系坐标。目前采用的 WGS-84 坐标系是一个地心、地固坐标系,其坐标原点为地球质心。坐标系的定向与 BIH(Bureau International Deiheure——国际时间局)所定义的方向一致,亦即该坐标系的 Z 轴平行于协议地球极(Conventional Terrestrial Pole,CTP)的方向,首子午圈平行于 BIH 所规定的首子午圈;X 轴为 WGS 参考子午圈与平行于 CTP 赤道的平面的交线,当然,该平面必通过 WGS 所定义的地球质心,Y 轴同 X 轴、Z 轴构成右手坐标系。

WGS-84 系的椭球几何参数为:

长半轴:$a = 6\,378\,137$ m

短半轴:$b = 6\,356\,752.310$ m

扁率:$\alpha = 1/298.257\,222\,356\,3$

二、将 GPS 观测成果转换为我国大地坐标系

(一)我国目前所采用的坐标系

1. 1954 年北京坐标系

1954 年北京坐标系是我国目前广泛采用的大地测量坐标系。该坐标系源自于原苏联采用过的 1942 年普尔科夫坐标系。该坐标系采用的参考椭球是克拉索夫斯基椭球。椭球几何参数为:

长半轴:$a = 6\,378\,245$ m

短半轴:$b = 6\,356\,863.018\,8$ m

扁率:$\alpha = 1/298.3$

x 轴加常数为 0,y 轴加常数为 500 000 m。

2. 1980 年西安大地坐标系

椭球的短轴平行于地球的自转轴(由地球质心指向 1968.0JYD 地极原点方向),起始子午面平行于格林尼治平均天文子午面,椭球面同似大地水准面在我国境内符合最好。IGA-75 椭

球的几何参数为：

长半轴：$a=6\,378\,140$ m

短半轴：$b=6\,356\,755.288\,2$m

扁率：$\alpha=1/298.257$

x 轴加常数为 0，y 轴加常数为 500 000 m；高程系统以 1956 年黄海平均海水面为高程起算基准。

（二）坐标转换

在铁路线路控制测量和航空摄影测量中要求采用我国大地坐标系，这就有一个坐标转换问题。坐标转换有多种方法，用的较多的是在高斯坐标系内求坐标转换参数进行转换的方法。若在已知 54 高斯平面坐标的点上又进行了 GPS 观测，这些点称为公共点，在这些点上有两套高斯平面坐标，即$(x,y)_{54}$和$(x,y)_{84}$，则每个公共点可列出下面的转换方程：

$$\begin{bmatrix} x \\ y \end{bmatrix}_{54} = \begin{bmatrix} x \\ y \end{bmatrix}_{84} + \begin{bmatrix} 1 & 0 & \dfrac{y}{\rho} & x \\ 0 & 1 & -\dfrac{x}{\rho} & y \end{bmatrix}_{84} \begin{bmatrix} \Delta x_0 \\ \Delta y_0 \\ \mathrm{d}\alpha \\ \mathrm{d}m \end{bmatrix} \tag{14-1}$$

式中，Δx_0、Δy_0、$\mathrm{d}\alpha$、$\mathrm{d}m$ 分别为平移参数、旋转参数和尺度参数。式中有四个未知数，只要有两个公共点，即可唯一解出这四个转换参数。但是，由于没有多余的检查条件，若已知点坐标误差大或者点位有移动，在无法判断的情况下硬性进行坐标转换，则转换后的坐标也不可靠，为解决这个问题，公共点应多于两个，则方程个数多于待求参数，需用最小二乘法求解这四个转换参数。

为了方便计算施工放样数据，用于施工的控制网，例如隧道控制网和桥梁控制网，常采用独立坐标系。这种独立坐标系的坐标为假定坐标，一般选工程建筑物的主要轴线为 x 坐标轴方向，控制网的基准面为设计的某一高程面。

将 GPS 观测成果转换为这样的独立坐标系，一是在计算 WGS-84 高斯平面坐标时顾及独立网的基准面，二是在平面坐标系内进行平移和旋转。为解决第一个问题，在计算此高斯坐标时，用下式改变椭球长半轴，即：

$$a'=a+H_0+\zeta \tag{14-2}$$

$$\zeta=h-H \tag{14-3}$$

式中，$a=6\,378\,137$ m，H_0 为设计的施工高程面高程，ζ 为测区平均高程异常，可近似取某点相对于 WGS-84 椭球的大地高与该点高程之差。若将施工控制网的坐标起算点（称为 1 点）和独立坐标系方向上的任一点（称为 2 点）均作为 GPS 观测点，则 1 点上有两套坐标值，即$(x_1,y_1)_{84}$和$(x_1,y_1)_0$，坐标差值即为平移量。1～2 边在独立坐标系中的方位角为零，设 1～2 边在 WGS-84 高斯平面坐标系中的坐标方位角为 α_{12}，此角度就是应旋转的角度。

第四节　GPS 卫星定位系统基本原理

GPS 的定位原理简单说就是利用空间分布的卫星以及卫星与地面点间的距离交会出地面点位置的方法。当卫星的位置为已知后，只要能准确测量地面点至卫星的距离，再通过坐标转换，就能得到所需要的地面点坐标。根据 GPS 测距原理，其定位方法主要有伪距法定位、载波相位测量定位及 GPS 相对定位。根据地面点的运动状态可分为静态定位和动态定位。静态定位是指将接收机安置在固定不动的待定点上观测数分钟或更长时间,以确定该点的三维坐标,又称为绝对定位。若将两台或更多台接收机置于不同点上,通过一段时间的观测确定点间的相对位置关系,称为相对定位。

一、伪距测量及伪距单点定位

伪距测量就是测定由卫星发射的测距码信号到达接收机的传播时间乘以光速所得的距离,即

$$\rho' = \Delta t \cdot c \tag{14-4}$$

式中 Δt ——传播时间;

c ——光速。

由于卫星钟与接收机钟的误差以及信号在传播过程中经过电离层和对流层的延迟,以式(14-5)求出的距离并不是卫星与接收机间的准确距离 ρ,故称为伪距。

$$\rho = \rho' - \delta\rho_1 - \delta\rho_2 - c\delta t_k + c\delta t^j \tag{14-5}$$

式中 $\delta\rho_1$、$\delta\rho_2$ ——电离层与对流层的改正项;

δt_k ——接收机时钟相对于标准时间的偏差;

δt^j ——卫星时钟相对于标准时间的偏差。

根据对不同的码相位进行测量得出不同的伪距可分为 C/A 码伪距、P 码伪距。C/A 码伪距精度约为 20 m,P 码伪距精度约为 2 m。

伪距测量原理是 GPS 卫星依据自己的时钟发出某一结构的测距码,该码通过一定的时间 τ 到达接收机,同时接收机依据本身的时钟也产生一组结构完全相同的测距码(也称为复制码),并通过时延器使其延迟一定时间,将延迟后的测距码与接收到的测距码进行相关运算处理,通过测量相关函数的最大值位置来测定卫星信号的传播延迟,从而计算出卫星到接收机的距离。

伪距单点定位就是利用 GPS 接收机在某一时刻测定的四颗 GPS 卫星伪距及从卫星导航电文中获取的卫星位置,采用距离交会法求出天线所处位置的三维坐标。

二、载波相位测量

由于测距码的码元长,测距分辨率低,用伪距定位精度较低,不能满足一些工程测量的需要。而载波波长短,采用载波相位测量的精度要比伪距测量精度高得多,因此目前测地型 GPS 接收机普遍利用载波相位测量。

载波相位测量是测量 GPS 载波信号从 GPS 卫星发射天线到 GPS 接收机接收天线的传播路程上的相位变化,从而确定传播距离的方法。GPS 卫星载波上调制了测距码的导航电文,GPS 接收机接收到卫星信号后要将调制在载波上的测距码和卫星电文去掉,重新获得载波,这一工作称为重建载波。GPS 接收机将卫星重建载波与接收机内由振荡器产生的本振信号通过相位计比相,可得到相位差,从而求出距离。

当 GPS 接收机在跟踪卫星进行载波相位测量过程中,若因某种原因引起对卫星跟踪短暂失锁,如卫星和接收机天线之间视线方向有阻挡卷或接收机受到外界电磁干扰等,将造成载波相位整周观测值的意外丢失现象,称为整周跳变。在载波相位观测值数据处理时对整周跳变的探测和修复工作十分重要,许多处理软件中都已有这一功能。

三、GPS 相对定位

无论是测距码伪距单点定位还是载波相位绝对定位，由于各种误差的影响其精度较低。为了消除或减弱各种误差的影响，提高定位精度，应采用相对定位法。

相对定位是用两台接收机分别安置在基线的两侧，同步观测相同的 GPS 卫星，以确定基线端点在 WGS-84 坐标系中的相对位置或基线向量。同样，多台接收机安置在若干条基线的端点，通过同步观测 GPS 卫星可以确定多条基线向量。在一个端点坐标已知的情况下，可以用基线向量推求另一待定点的坐标。

第五节　GPS 测量的作业模式

GPS 测量的作业模式，是指利用 GPS 定位技术确定观测站之间相对位置所采用的作业方式，它与 GPS 接收设备的硬件和软件密切相关。不同的作业模式，其作业方法、观测时间及应用范围亦不同。

一、静态定位模式

静态定位模式是将 GPS 接收机安置在基线端点上，观测中保持接收机固定不动，以便能通过重复观测取得足够的多余观测数据，以提高定位的精度。这种作业模式一般是采用两套或两套以上 GPS 接收设备。分别安置在一条或数条基线的端点上，同步观测 4 颗以上卫星。可观测数个时间段，每时间段长 1～3 h。静态定位一般采用载波相位观测量。

静态定位模式所观测的基线边，一般应构成某种闭合图形。如图 14-5 所示。这样有利于观测成果的检核，增加 GPS 网的强度，提高成果的可靠性及平差后的精度。

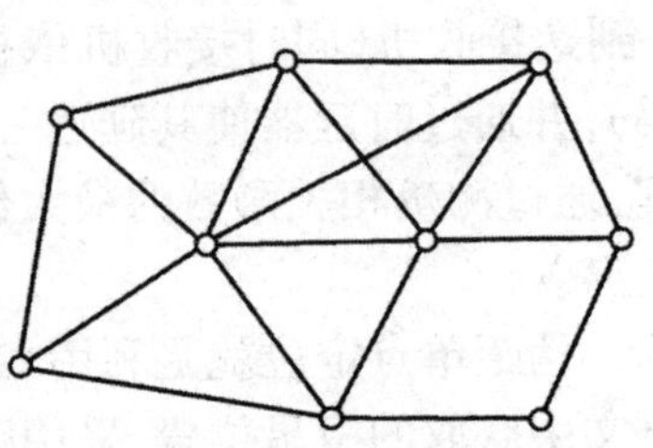

图 14-5　GPS 闭合环

静态定位测量一般需要有几套接收设备进行同步观测，同步观测所构成的几何图形称为同步环路。若有三套接收设备，同步环可以构成三角形，如图 14-6(a)所示。若有四套接收设备，则可构成四边形或中点三边形，如图 14-6(b)、(c)所示。GPS 网是由若干同步环路构成。

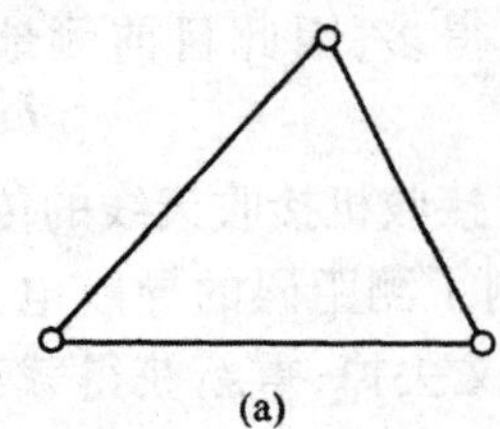

(a)

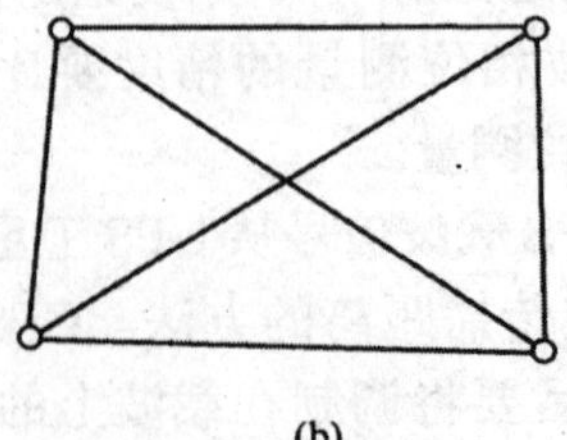

(b)

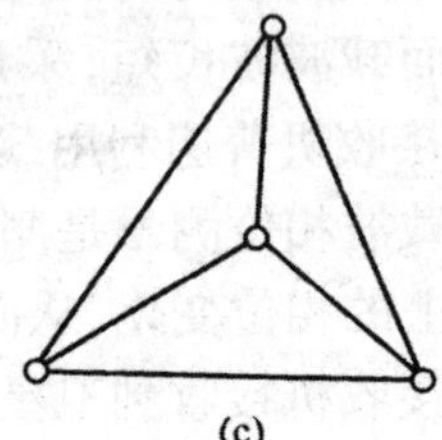

(c)

图 14-6　GPS 三边形与四边形

静态定位测量是目前 GPS 定位测量中精度最高的作业模式，基线测量的精度可达 5 mm $\pm 1\times 10^{-6}\times D$，其中 D 为基线长度。因此，静态测量广泛应用于大地测量、精密工程测量及其他精密测量。

二、快速静态定位模式

如图 14-7 所示，快速静态定位模式是在测区的中部选择一个基准站，并安置一台接收机，连续跟踪所有可见卫星；另一台接收机依次到各点流动设站，并在每个流动站上，静止观测数分钟，以快速解算整周未知数。

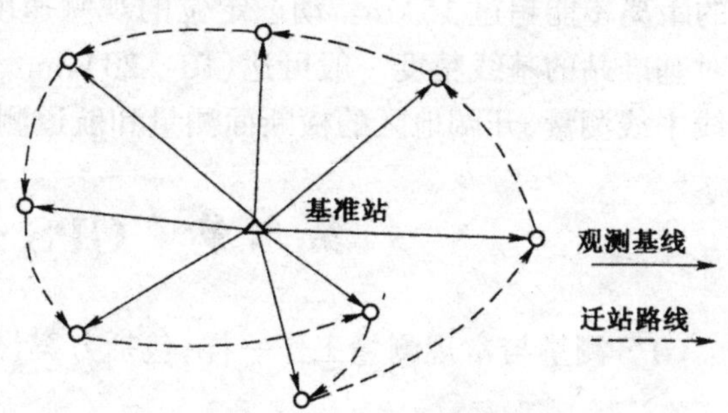

图 14-7　快速静态定位模位

这种作业模式要求在观测中必须至少跟踪 4 颗卫星，而且流动站距基准站一般不应超过 15 km。由于流动站的接收机在迁站过程中无须保持对所测卫星的连续跟踪，因而可以关闭电源以节约电能。

这种作业模式观测速度快，精度也较高，流动站相对基准站的基线中误差可达(5～10) mm ± $1\times10^{-6}\times D$。但由于直接观测边不构成闭合图形，所以缺少检核条件。

快速静态定位一般用于工程控制测量及其加密、地籍测量和碎部测量等。

三、准动态定位模式

如图 14-8 所示，在测区选择一基准站，安置接收机连续跟踪所有可见卫星，另一台接收机为流动的接收机，将其安置于起始点 1 上，观测数分钟，以便快速确定整周未知数。在保持对所测卫星连续跟踪的情况下，流动的接收机依次迁到 2，3，…点上各观测数秒钟，以获得相应的观测值。该作业模式在作业时，必须至少有 4 颗以上卫星可供观测。在观测过程中，流动接收机对所测卫星信号不能失锁，如果发生失锁现象，应在失锁后的流动点上，将观测时间延长至数分钟。流动点与基准点相距应不超过 15 km。

这种作业模式工作效率高。在作业过程中，虽然偶尔会发生失锁现象，只要在失锁的流动站上，延长观测时间数分钟，即可向前继续观测。各流动站点相对于基准点的基线精度一般可达(10～20) mm ± $1\times10^{-6}\times D$。

准动态定位适用于开阔地区的控制点加密、路线测量、工程定位及碎部测量等。

四、动态定位模式

如图 14-9 所示，先建立一个基准站，并在其上安置接收机，连续跟踪观测所有可见卫星。

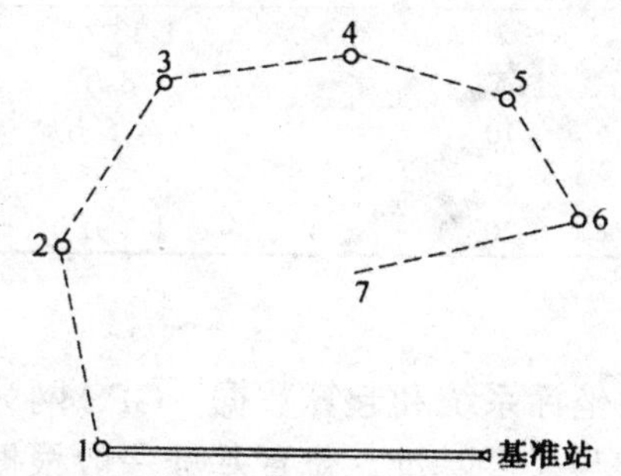

图 14-8　准动态定位模式

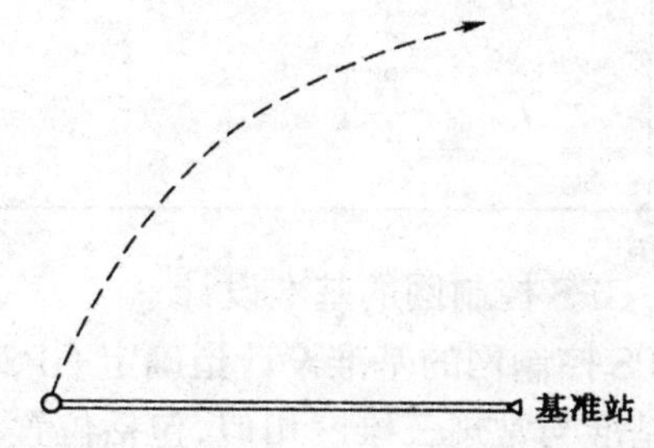

图 14-9　动态定位模式

另一台接收机安置在运动的载体上,在出发点静止观测数分钟,以便快速解算整周未知数。然后从出发点开始,载体按测量路线运动,其上的接收机就按预定的采用间隔自动进行观测。

该作业模式要求在作业过程中,必须至少能同时观测到4颗以上卫星。运动路线与基准站的距离不能超过15 km。动态定位的观测速度快,并可实现载体的连续实时定位。运动点相对基准站的基线精度一般可达$(10\sim20)\,\text{mm}\pm1\times10^{-6}\times D$。适用于测定运动目标的轨迹、路线中线测量、开阔地区的横断面测量和航道测量等。

第六节 GPS静态测量实施

GPS测量与常规测量工作一样,包括方案设计、外业测量和内业数据处理三部分。

一、GPS控制网的技术设计

应用GPS定位技术建立的控制网叫GPS控制网,其控制点叫GPS点。GPS控制网技术设计是进行GPS测量的基础,应根据用户提交的任务或测量合同所规定的测量任务进行设计,其内容有:测区范围、测量精度、提交成果方式、完成时间等。设计的依据是国家测绘局颁布的《全球定位系统(GPS)测量规范》、1998年建设部颁布的《全球定位系统城市测量规程》及各部委根据本部门GPS工作的实际情况制定的GPS测量规程与细则。

1. GPS测量精度指标

GPS网的精度指标通常是以网中相邻点之间的距离误差m_D来表示:

$$m_D = a + b\times10^{-6}D \tag{14-6}$$

式中 D——相邻点间距离;

a——固定误差;

b——比例误差。

不同用途的GPS网精度要求不同,见表14-2、表14-3。

表14-2 国家基本GPS控制网精度指标

级别	主要用途	固定误差a(mm)	比例误差$b(10^{-6}D)$
A	地壳形变测量及国家高精度GPS网建立	≤5	≤0.1
B	国家基本控制测量	≤8	≤1

表14-3 城市及工程GPS控制网精度指标

等级	平均距离(km)	a(mm)	$b(10^{-6}D)$	最弱边相对中误差
二	9	≤10	≤2	1/13万
三	3	≤10	≤5	1/8万
四	2	≤10	≤10	1/4.5万
一级	1	≤10	≤10	1/2万
二级	<1	≤15	≤20	1/1万

2. GPS控制网的基准设计

GPS控制网的基准设计指确定GPS成果所采用的坐标系统和起算数据。GPS网为三维网,其基准与常规三维网相似,包括位置基准、方位基准与尺度基准。位置基准一般根据给定起算点的坐标确定;方位基准一般根据给定的起算方位确定,也可以将GPS基线向量的方位作为方位基准;尺度基准一般可根据两起算点间的反算距离确定,也可利用电磁波测距边作为尺度基准，或者直接根据 GPS 边长作为尺算基准。

在 GPS 控制网的基准设计时，必须注意以下几个问题：

(1)GPS 网应根据测区实际需要和交通状况进行设计。GPS 网的点与点间不要求通视，但应考虑常规测量方法加密时的应用，每点应有一个以上通视方向。

(2)GPS 测量成果转化到所需要的地面坐标系时，应选择足够的地面坐标系起算数据与 GPS 测量数据相重合，或者联测足够的地方控制点，以求得坐标转换参数。一般控制网联测起算点的个数不少于 3 个。

(3)为保证整网的点位精度均匀，起算点一般应均匀地分布在 GPS 网的周围，要避免所有的起算点分布在网中一侧的情况。

(4)布设 GPS 网时，可以采用高精度的测距边作为起算边长，其数量可在 4 条左右，可设置在 GPS 网中的任意位置，但测距边两端点的高差不应过分悬殊。

(5)布设 GPS 网时，可引入起算方位，但不宜太多，起算方位可布设在 GPS 网中的任意位置。

(6)GPS 网经三维平差后，得到的是相对于参考椭球面的大地高，为求得 GPS 网点的正常高，应根据需要适当进行高程联测。

(7)GPS 网的坐标系统应尽量与测区原有坐标系统一致，若采用独立坐标系统，应掌握参考椭球、中央子午线经度值、纵横坐标的加常数、投影面正常高、测区平均高程异常、起算点坐标及起算方位角等参数。

3. 网形设计

常规控制测量中，控制网的图形设计十分重要。在 GPS 测量时，点间不需通视，其精度主要取决于观测时卫星与测站间的几何图形、观测数据的质量及相应的数据处理方法，与 GPS 网形关系不大，因此 GPS 网的布设灵活性比较大。

(1)概念及规定。

观测时段：测站上开始接收卫星信号进行观测到停止，连续观测的时间间隔，简称时段。

同步观测：两台及以上接收机同时对同一组卫星进行的观测。

同步观测环：三台及以上接收机同步观测所获得的基线向量构成的闭合环，简称同步环。

独立基线：由 N 台 GPS 接收机同步观测可得到的基线边条数。

独立观测环：由独立观测所获得的基线向量构成的闭合环，简称独立环或异步环。

GPS 网应由一个或若干个独立观测环构成，也可采用附合线路形式构成。各等级 GPS 网中每个闭合环或附合线路中的边数应符合表 14-4 的规定。

表 14-4　闭合环或附合线路边数的规定

等　级	二等	三等	四等	一级	二级
闭合环或附合线路的边数(条)	≤6	≤8	≤10	≤10	≤10

(2)GPS 网常用的几种布网形式。GPS 网最常用的布网形式是同步图形扩展式。同步图形扩展式是指 GPS 网以同步图形的形式连接扩展，并构成具有一定数量独立环的布设形式。首先多台接收机在不同测站上进行同步观测，在完成一个时段的同步观测后，又迁移到其他的测站上进行同步观测，每次同步观测都可以形成一个同步图形，在测量过程中，不同的同步图形间一般有若干个公共点相连。同步图形扩展式的布网形式具有扩展速度快，图形强度较高，且作业方法简单的优点。根据同步图形的连接形式不同，可分点连式、边连式、网连式、混连式等。

点连式是指只通过一个公共点将相邻的同步图形连接在一起。这样构成的图形检核条件太少，一般很少使用，如图 14-10 所示。

边连式就是通过一条边将相邻的同步图形连接在一起。这种方案边较多，非同步图形的观测基线可组成异步环。异步环常用于观测成果质量检查，因此边连式较点连式可靠，如图 14-11 所示。

网连式是指相邻同步图形之间有两个以上公共点相连接。这种方法需要 4 台以上的仪器。因其几何强度和可靠性高，花费时间和经费也更多，常用于高精度控制网。

边点混合连接是指将点连接和边连接有机结合起来，组成 GPS 网，如图 14-12 所示。

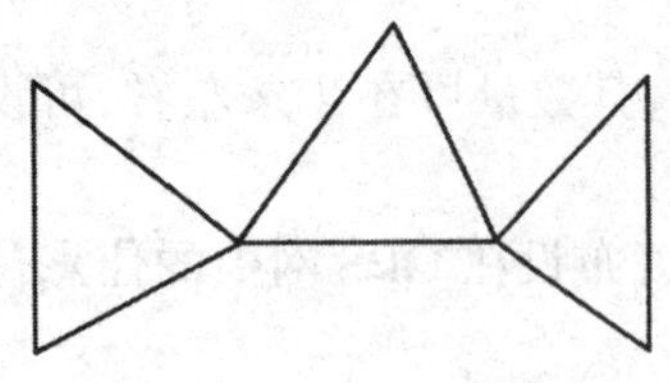

图 14-10　点连式

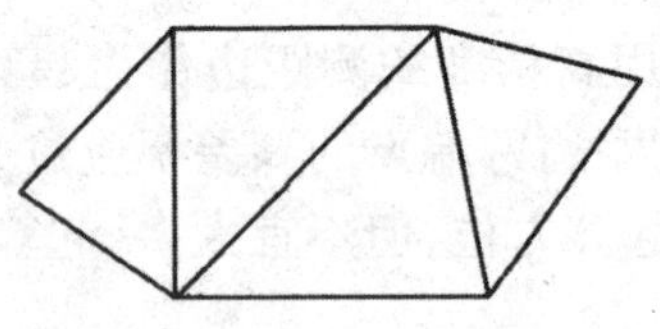

图 14-11　边连式

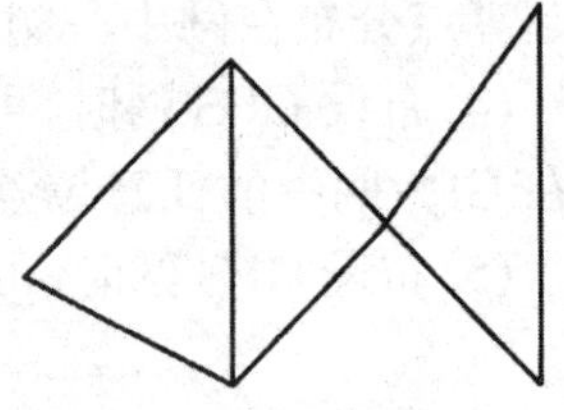

图 14-12　混连式

4. 施测调度

GPS 静态定位的施测调度主要有以下几种方案：

(1)三机点连推进式；

(2)三机边连推进式；

(3)三机交替推进式；

(4)三(双)机点连推磨式；

(5)三机旋轴式；

(6)双机点连追鱼式；

(7)双机点连蛙跳式。

二、外业观测

外业观测是指利用 GPS 接收机采集来自 GPS 卫星的电磁波信号，其作业过程大致可分为天线安置、接收机操作和观测记录。外业观测应严格按照技术设计时所拟定的观测计划进行实施，只有这样，才能协调好外业观测的进程，提高工作效率，保证测量成果的精度。为了顺利地完成观测任务，在外业观测之前，还必须对所选定的接收设备进行严格的检验。

天线的妥善安置是实现精密定位的重要条件之一，其具体内容包括：对中、整平、定向并量取天线高。

接收机操作的具体方法步骤，详见仪器使用说明书。实际上，目前 GPS 接收机的自动化程度相当高，一般仅需按动若干功能键，就能顺利地自动完成测量工作；并且每做一步工作，显示屏上均有提示，大大简化了外业操作工作，降低了劳动强度。

观测记录的形式一般有两种：一种由接收机自动形成，并保存在机载存储器中，供随时调用和处理，这部分内容主要包括接收到的卫星信号、实时定位结果及接收机本身的有关信息。另一种是测量手簿，由操作员随时填写，其中包括观测时的气象元素等其他有关信息。观测记录是 GPS 定位的原始数据，也是进行后续数据处理的唯一依据，必须妥善保管。外业的测量手簿如表 14-5 所示。

表 14-5　GPS 静态测量外业记录手簿

点　名		点　号	图幅编号		
观测员		日期段号		观测日期	
接收机名称 及编号		天线类型及 编号		存储介质编号 数据文件名	
近似纬度		近似经度		近似高程	
采样间隔		开始记录时间		结束记录时间	
天线高测定		天线高测定方法及略图		点位略图	
测前：　测后： 测定值———　———m 修正值———　———m 天线高———　———m 平均值———　———m					
天气状况					
记事					

三、成果检核与数据处理

观测成果的外业检核是确保外业观测质量，实现预期定位精度的重要环节。所以，当观测任务结束后，必须在测区及时对外业观测数据进行严格的检核；并根据情况采取淘汰或必要的重测、补测措施。只有按照《规范》要求，对各项检核内容严格检查，确保准确无误，才能进行后续的平差计算和数据处理。前已叙及，GPS 测量采用连续同步观测的方法，一般 15 s 自动记录一组数据，其数据之多、信息量之大是常规测量方法无法相比的；同时，采用的数学模型、算法等形式多样，数据处理的过程相当复杂。在实际工作中，借助于电子计算机，使得数据处理工作的自动化达到了相当高的程度，这也是 GPS 能够被广泛使用的重要原因之一。限于篇幅，数据处理和整体平差的方法不作详细介绍，仅将 GPS 测量数据处理的基本流程，绘于图 14-13以供参考（以天宝公司 GPS 的 TGO 处理软件为例）。

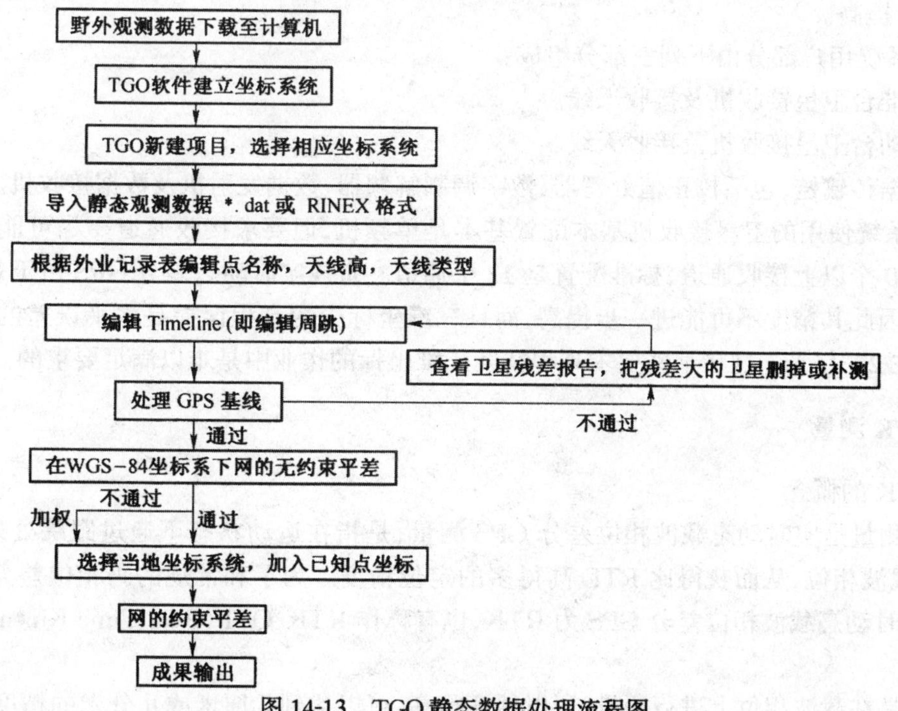

图 14-13　TGO 静态数据处理流程图

第七节 RTK测量

一、RTD技术的简介

RTD——常规实时动态差分GPS。

因为在实时动态测量中，最先在码相位测量上引入差分技术，所以把实时动态码相位差分测量称作常规差分GPS测量——RTD(Real Time Differential)。

GPS测量主要误差有下面三项：

(1)卫星时钟误差，约2～15 m。

(2)大气影响：包括电离层及对流影响，约2～15 m。

(3)选择可用性误差(SA)，约100 m。

由于上述几个主要误差的存在，所以单点定位精度只能在100 m左右。然而这些误差具有共同的特性，这就是在相距不远的(比如几十公里至几百公里)两台接收机同时对某卫星进行跟踪测量时，测量结果的误差对两台接收机的影响是相关的。根据此原理，如果其中一台接收机置于已知位置的点上进行测量，则可以计算出误差值(也称校正值)，将该校正值传送到另一台接收机，校正其测量值，因其误差有关，所以该接收机最后测量结果，其主要误差基本消除，这就是常规动态差分GPS定位的基本原理。

已知位置的接收机称基准台(或参考台)，其他接收机称移动台。校正值通过数据传输链由基准台发送给移动台。

差分方式有位置差分及伪距差分两种。前者简单，精度稍差，后者是在伪距上进行校正。RTD的测量误差与基线长度(移动台—基准台距离)成正比，如果经滤波或相位平滑处理，精度会进一步提高。

RTD系统用户部分由下列三部分组成：

(1)基准台卫星接收机及接收天线。

(2)移动台卫星接收机及接收天线。

(3)数据传输链，包括校正值处理器、数字调制解调器、数据发射机及数据接收机。

RTD系统使用的卫星接收机基本配置基本是单频机，但要求接收通道要尽可能的多，基准台要有10个以上接收通道，标准配置是12个通道。常规实时动态差分GPS由于是采用码相位测量，因此其精度不可能进一步提高，而且三维坐标中的高程误差是水平误差的2倍，即高程误差在2～15 m。这在某些要求高程精度三维坐标的作业中是难以满足要求的。

二、RTK测量

1．RTK的概念

RTK测量是实时动态载波相位差分GPS测量，是指在运动状态下通过跟踪处理接收卫星信号的载波相位，从而获得比RTD高得多的定位精度。为了和常规的码相位差分GPS相区别，称实时动态载波相位差分GPS为RTK，也有称作RTK/OTF(Real Time Kinematic/On-The Fly)。

RTK是在载波相位上进行测量，所以精度很高，可以达到几厘米或几分米的精度，这样高的精度使其应用领域扩展到许多范围。

2．RTK 系统用户部分的组成

RTK 系统主要由一个基准站、若干个流动站、通讯系统和 RTK 测量的软件系统等 4 大部分组成。其中，基准站包括 GPS 接收机（接收机通常具有数据传输参数、测量参数、坐标系统等的设置功能）、GPS 天线、无限电通讯发射设备、电源、基准站控制器等设备。流动站包括 GPS 天线、GPS 接收机、无线电通讯接收设备、电源、流动站控制器。

3．RTK 的优点与缺点

(1)优点。

①高精度。采用高性能双频机可达到 $2\,\mathrm{cm}+2\times10^{-6}\times D$，性能差的也可达到亚米级。

②实时性能。在现场即可得到三维坐标，并能实时放样出设计坐标。

③轻便灵活。

(2)缺点。

①作用距离有限。RTK 一般要得到厘米级精度作用距离不能大于 10～15 km，要得到亚米级精度，作用距离不能大于 50 km。

②初始化时间的等待在动态下求解整周模糊度。即初始化需要一定时间（几秒到几分钟），因此，在连续动态作业过程中，一旦信号失锁，需要重新进行初始化，在初始化过程中，精度降低到常规差分 GPS 的精度，只有等待初始化完成后，精度才能恢复到原有的精度。

三、RTK 系统工作及数据处理流程示意图

1．GPS—RTK 系统工作示意图

实时动态测量 RTK 是基于载波相位观测值的实时动态定位技术。在 RTK 作业模式下，基准站通过数据链—调制解调器，将其观测值及站点的坐标信息用电磁信号一起发送给流动站。流动站不仅接收来自基准站的数据，同时本身也要采集 GPS 卫星信号，并取得观测数据，在系统内组成差分观测值进行实时处理，瞬时地给出精度为厘米级（相对于参考站）的流动站点位坐标。如图 14-14 所示。

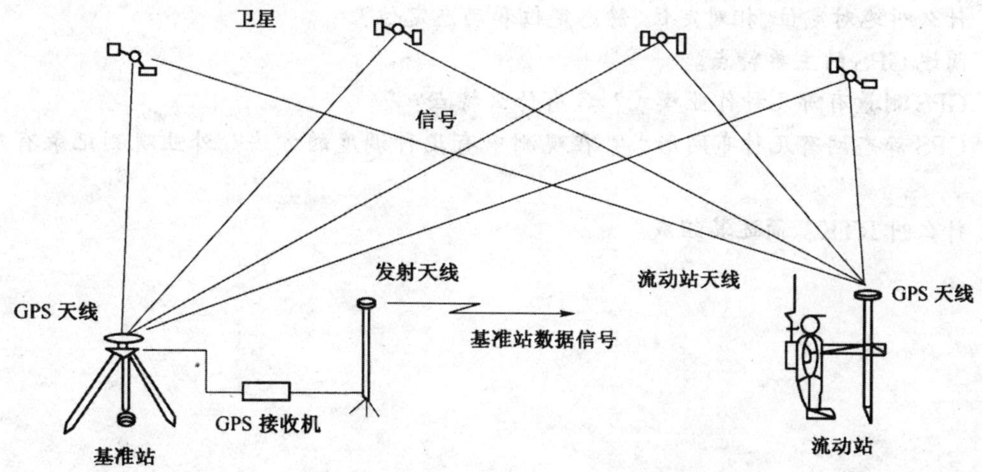

图 14-14　GPS—RTK 系统工作示意图

2. GPS—RTK 数据处理流程示意图

在 RTK 作业模式下，基准站通过数据链将其观测值（伪距和载波相位观测值）和测站坐标信息（如基准站坐标和天线高度）一起传送给流动站，流动站在完成初始化后，一方面通过数据链接接收来自基准站的数据，另外，自身也采集 GPS 观测数据，并在系统内组成差分观测值进行实时处理，再经过坐标转换、高程拟合和投影改正，即可给出实用的厘米级定位结果，如图 14-15 所示。

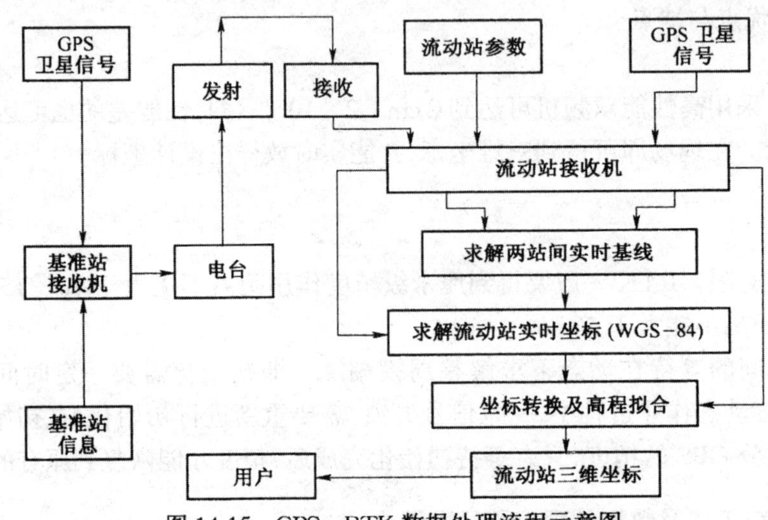

图 14-15　GPS—RTK 数据处理流程示意图

复习思考题

1. 何谓全球定位系统？它于何时完成？经历了几个阶段？
2. GPS 系统由几部分组成？简述各部分的主要功能。
3. 简述 GPS 系统确定地面点位的思路。
4. 什么叫绝对定位、相对定位、静态定位和动态定位？
5. 简述 GPS 的主要特点。
6. GPS 测量有哪几种作业模式？各有什么特点？
7. GPS 静态网有几种布网形式？在观测中有几种调度的方法？外业观测记录有几种形式？
8. 什么叫 RTK？简述其组成。

附　录

常用测量词汇汉英对照表

分类	中　文	英　文
基本概念	测绘	surveying and mapping
	测量学	Surveying
	测设(放样)	Setting out
	测量规范	specifications of surveys
	大地测量学	Geodesy
	普通测量学	Elementary surveying
	摄影测量学	Photogrammetry
	工程测量学	Engineering surveying
	遥感	Remote sensing (RS)
	水准面	Level surface
	大地水准面	Geoid
	水准原点	Height origin
	铅垂线	Plumb line
	参考椭球面	Surface of reference ellipsoid
	坐标	Coordinates
	高程	Height
	海拔	Height above sea-level
	地理坐标	Geographic coordinates
	高斯坐标	Gaussian coordinates
	平面直角坐标	Plane rectangular coordinates
	控制测量	Control survey
	水准测量	Leveling
	高程测量	Height survey
	三角高程测量	Trigonometric leveling
	水准仪	Level
	水准标尺	Leveling staff
	尺垫	Turning plate
	水准点	Benchmark
	转点	Turning point
	自动安平水准仪	Automatic leveling instrument
	精密水准仪	Precise leveling instrument
	精密水准尺	Precise leveling staff
角度测量	水平角	Horizontal angle
	竖直角	Vertical angle
	经纬仪	Theodolite, transit
	望远镜	Telescope
	物镜	Objective
	目镜	Eyepiece
	测站	Station
	测回法	Method of observation set
	方向观测法	Method of direction observation
	全圆方向法	Method of direction observation in rounds
	测回	Observation set
距离丈量	标石	Markstone
	测量标志	Survey mark
	水平距离	Horizontal distance

续上表

分类	中　　文	英　　文
距离丈量	电磁波测距仪	Tellurometer
	光电测距仪	Electro-optical distance
直线定向	子午线收敛角	Convergence of meridians
	方位角	Azimuth
	象限角	Quadrant angle
	罗盘仪	Compass
	陀螺仪	Gyro-theodolite
误差理论	误差	Error
	真误差	True error
	测量误差	Observation error
	系统误差	Systematic error
	偶然误差	Accident error
	中误差	Mean square error
	容许误差	Allowable error
平面控制测量	大地控制网	Geodetic control network
	三角测量	Triangulation
	三角点	Triangulation point
	三角网	Triangulation network
	三角锁	Triangulation chain
	导线测量	Traverse survey
	闭合导线	Loop traverse
	附和导线	Annexed traverse
	支导线	Spur traverse ,unclosed traverse
	坐标反算	Inverse calculation of coordinates
	坐标增量	Increment of coordinate
	基线	baseline
	交会法	Intersection method
地形测量	等高线	contour
	等高距	Contour interval
	平板仪	Plane-table
	图例	Legend list of symbols
	地图符号	Map symbols
	地貌	Land features relief
	地形	Land form
	地物	Planimetric feature
	比例尺	Scale
	地形图	Topographic map symbol
	地形图图式	Topographic map symbol
工程测量	工程测量	Engineering survey
	工程控制网	Engineering control network
	工程水准测量	Engineering leveling
	施工控制网	Construction control network
	施工测量	Construction survey
	路线测量	Route survey
	铁路测量	Railroad survey
	初测	Preliminary survey
	定测	Final survey
	纸上定测	Route location on paper
	中线测量	Center line survey

续上表

分类	中　文	英　文
工程测量	转向角	Deflection angle
	圆曲线	Circular curve
	复曲线	Compound curve
	竖曲线	Vertical curves
	线路水准测量	Route leveling
	基平	Benchmark leveling
	中平	Center-line stake leveling
	桥台定位	Abutment location
	隧道测量	Tunnel survey
	贯通误差	Through error
	市政工程测量	Public works survey
	城市三角测量	City triangulation
	城市导线测量	City traverse survey
	地下管线测量	Underground pipeline survey
	建筑测量	Building survey
	全球定位系统	Global positioning system (GPS)
	地理信息系统	Geographic information system (GIS)
	数字化测图	Measurements in digital
	测量机器人	georobot
	全站仪	Total station

参考文献

[1] 中华人民共和国铁道部.新建铁路工程测量规范(TB 10101—99).北京:中国铁道出版社,1999.

[2] 中华人民共和国建设部．工程测量规范(GB 50026—93).北京:中国计划出版社,1997.

[3] 邱国屏．铁路测量．北京:中国铁道出版社,2007.

[4] 王兆祥．铁道工程测量．北京:中国铁道出版社,2000.

[5] 李仕东．工程测量．北京:人民交通出版社,2002.

[6] 金仲秋,马真安．工程测量．北京:人民交通出版社,2007.

[7] 张延寿．铁路测量．成都:西南交通大学出版社,2004.

[8] 合肥工业大学,重庆建筑大学,天津大学,等．测量学．北京:中国建筑工业出版社,2001.

[9] 铁道部第二勘测设计院．铁路测量手册．北京:中国铁道出版社,1998.

[10] 王金玲．工程测量．武汉:武汉大学出版社,2004.

[11] 南方测绘公司．南方全站仪操作手册.2004.

[12] 中华人民共和国建设部．地形图图式(GB/T 7929—1995).北京:测绘出版社,1995.